软件开发魔典

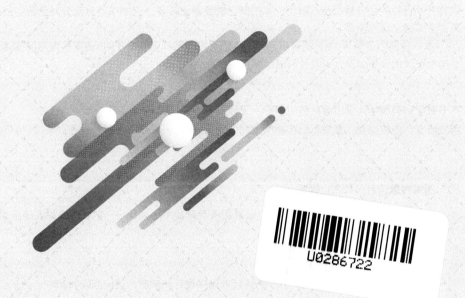

PHP
从入门到项目实践（超值版）

聚慕课教育研发中心　编著

清华大学出版社
北京

内容简介

本书采用"基础知识→核心应用→核心技术→高级应用→项目实践"结构和"由浅入深，由深到精"的模式进行讲解。全书共分为 5 篇 20 章，首先讲解 PHP 语言入门、面向对象的程序设计、流程控制语句、字符串操作、PHP 数组、正则表达式、错误处理和异常处理、PHP 动态图像处理等知识；接着深入讲解 phpMyAdmin 图形化管理工具、使用 phpMyAdmin 操作数据库以及数据表、PHP 操作 MySQL 数据库、PDO 数据库抽象层等 PHP 语言的高级应用，详细探讨了 PHP 在软件开发中所提供的各种技术和特性；在实践环节讲述了 PHP 语言在论坛、文章发布系统、企业网站管理系统以及图书管理系统行业的开发应用，全面展现了项目开发实践的全过程。

本书的目的是多角度、全方位地帮助读者快速掌握软件开发技能，构建学生从高校到社会的就业桥梁，让有志于软件开发行业的读者轻松步入职场。本书赠送的资源比较多，在本书前言部分对资源包的具体内容、获取方式以及使用方法等做了详细说明。

本书适合希望学习 PHP 语言编程的初中级程序员和希望精通 PHP 语言的程序员阅读，还可作为正在进行软件专业毕业设计的学生以及大专院校和培训学校的参考用书。

图书在版编目（CIP）数据

PHP 从入门到项目实践：超值版 / 聚慕课教育研发中心编著. —北京：清华大学出版社，2019（2024.1重印）
（软件开发魔典）

ISBN 978-7-302-52991-0

Ⅰ. ①P…　Ⅱ. ①聚…　Ⅲ. ①PHP 语言－程序设计－教材　Ⅳ. ①TP312.8

中国版本图书馆 CIP 数据核字（2019）第 093906 号

责任编辑：张　敏
封面设计：杨玉兰
责任校对：徐俊伟
责任印制：沈　露

出版发行：清华大学出版社
网　　　址：https://www.tup.com.cn，https://www.wqxuetang.com
地　　　址：北京清华大学学研大厦 A 座　　　邮　　编：100084
社 总 机：010-83470000　　　邮　　购：010-62786544
投稿与读者服务：010-62776969，c-service@tup.tsinghua.edu.cn
质量反馈：010-62772015，zhiliang@tup.tsinghua.edu.cn
印 装 者：天津鑫丰华印务有限公司
经　　销：全国新华书店
开　　本：203mm×260mm　　　印　　张：26　　　字　　数：770 千字
版　　次：2019 年 8 月第 1 版　　　印　　次：2024 年 1 月第 3 次印刷
定　　价：89.90 元

产品编号：075013-01

前言
PREFACE

丛书说明

本套"软件开发魔典"系列图书,是专门为编程初学者量身打造的编程基础学习与项目实践用书。

本套丛书针对"零基础"和"入门"级读者,通过案例引导其深入技能学习和项目实践。为满足初学者在基础入门、扩展学习、编程技能、项目实践等方面的职业技能需求,特意采用"基础知识→核心应用→核心技术→高级应用→项目实践"的结构和"由浅入深,由深到精"的模式进行讲解。

PHP 最佳学习模式

读万卷书,不如行万里路;行万里路,不如阅人无数;阅人无数,不如有高人指路。这句话道出了引导与实践对于学习知识的重要性。本书始于基础,结合理论知识的讲解,从项目开发基础入手,逐步引导读者进行项目开发实践,深入浅出地讲解 PHP 在程序开发中的各项技术和项目实践技能。

本书以 PHP 的最佳学习模式分配内容,前 4 篇可使读者掌握 PHP 应用程序开发基础知识、应用技能,第 5 篇可使读者拥有多个行业项目开发经验。遇到问题可学习本书同步微视频,也可以通过在线技术支持,让老程序员为你答疑解惑。

本书内容

全书分为 5 篇 20 章。

第 1 篇(第 1~4 章)为基础知识,主要讲解 PHP 安装与环境搭建以及常用的开发工具、Web 服务器、PHP 的控制语句、PHP 的面向对象编程等。读者在学完本篇后,将会了解 PHP 的安装与环境搭建以及常用的开发工具,了解 Web 服务器,掌握 PHP 的控制语句以及面向对象的开发基础,为后面更好地学习 PHP 程序开发打下基础。

第 2 篇(第 5~9 章)为核心应用,主要讲解字符串的操作、PHP 数组、正则表达式、日期和时间、PHP 中 Cookie 与 Session 管理等。通过本篇的学习,读者将对使用 PHP 开发技术有更深入的掌握。

第 3 篇(第 10~13 章)为核心技术,主要讲解错误处理和异常处理、PHP 文件系统处理的目录基本操作以及文件基本操作、PHP 动态图形处理、PHP 函数应用等。学完本篇,读者在 PHP 程序开发中的错误处理和异常处理能力将会有所提升。

第 4 篇(第 14~16 章)为高级应用,主要讲解 phpMyAdmin 图形化管理工具、使用 phpMyAdmin 操作数据库以及数据表、PHP 操作 MySQL 数据库的方法、PDO 数据库抽象层、PDO 中执行 SQL 语句、PDO 中获取结果集以及 SQL 语句中的错误等。

第 5 篇（第 17～20 章）为项目实践，主要学习论坛开发、文章发布系统、企业网站系统、图书管理系统以及软件工程师必备素养与技能等实战项目案例的开发。通过本篇的学习，读者将对 PHP 在项目开发中的实际应用拥有切身的体会，为日后进行软件开发积累项目管理以及实践开发经验。

全书不仅融入了作者丰富的工作经验和多年的使用心得，还提供了大量来自工作现场的实例，具有较强的实战性和可操作性。读者系统学习完本书后，可以掌握 PHP 基础知识，具备全面的 PHP 编程能力、优良的团队协同技能和丰富的项目实战经验。本书的目标就是让初学者、应届毕业生快速成长为一名合格的初级程序员，通过演练积累项目开发经验和团队合作技能，在未来的职场中立足于一个较高的起点，并能迅速融入软件开发团队。

本书特色

1. 结构科学、易于自学

本书在内容组织和范例设计中都充分考虑了初学者的特点，讲解由浅入深，循序渐进。对于读者而言，无论是否接触过 PHP 语言，都能从本书中找到最佳的起点。

2. 视频讲解、细致透彻

为降低学习难度，提高学习效率，本书录制了同步微视频（模拟培训班模式），通过视频学习，除了能轻松学会专业知识外，还能获取老师的软件开发经验，使学习变得更轻松有效。

3. 超多、实用、专业的范例和实战项目

本书结合实际工作中的应用范例，逐一讲解 PHP 的各种知识和技术，在项目实践篇中更以多个项目的实践来总结、贯通本书所学，使读者在实践中掌握知识，轻松拥有项目开发经验。

4. 随时检测自己的学习成果

每章首页均提供了"学习指引"和"重点导读"，以指导读者重点学习及学后检查；每章后的"就业面试技巧与解析"根据当前最新求职面试（笔试）精选而成，读者可以随时检测自己的学习成果，做到融会贯通。

5. 专业创作团队和技术支持

本书由聚慕课教育研发中心编著和提供在线服务。读者在学习过程中遇到任何问题，均可登录 www.jumooc.com 网站或加入读者（技术支持）服务 QQ 群（674741004）进行提问，作者和资深程序员为读者在线答疑。

本书附赠超值王牌资源库

本书附赠了以下极为丰富、超值的王牌资源库。

（1）王牌资源 1：随赠本书"配套学习与教学"资源库，提升读者学会用好 PHP 效率。
- 本书同步 172 节教学微视频录像（支持扫描二维码观看），总时长 14 学时。
- 本书中 4 个大型项目案例以及 260 个实例源代码。
- 本书配套上机实训指导手册及教学 PPT 课件。

（2）王牌资源 2：随赠"职业成长"资源库，突破读者职业规划与发展瓶颈。

- 求职资源库：100 套求职简历模板库、600 套毕业答辩与 80 套学术开题报告 PPT 模板库。
- 面试资源库：程序员面试技巧、200 道求职常见面试（笔试）真题与解析。
- 职业资源库：程序员职业规划手册、软件工程师技能手册、100 例常见错误及解决方案、开发经验及技巧集、100 套岗位竞聘模板。

（3）王牌资源 3：随赠"PHP 软件开发魔典"资源库，拓展读者学习本书的深度和广度。

- 案例资源库：60 套 PHP 经典案例库。
- 程序员测试资源库：计算机应用测试题库、编程基础测试题库、编程逻辑思维测试题库、英语测试题库。
- 软件开发文档模板库：10 套八大行业软件开发文档模板库、40 套 PHP 项目案例库。
- 电子书资源库：PHP 类库查询电子书、PHP 控件查询电子书、JavaScript 标签查询电子书、PHP 程序员职业规划电子书、PHP 常见错误及解决方案、PHP 开发经验及技巧大汇总电子书。

（4）王牌资源 4：编程代码优化纠错器。

- 本纠错器能让软件开发更加便捷和轻松，无须安装配置复杂的软件运行环境即可轻松运行程序代码。
- 本纠错器能一键格式化，让凌乱的程序代码更加规整美观。
- 本纠错器能对代码精准纠错，让程序查错不再困难。

资源获取及使用方法

注意：由于本书不配送光盘，因此书中所用及上述资源均需借助网络下载才能使用。

1. 资源获取

采用以下任意途径，均可获取本书所附赠的超值王牌资源库。

（1）加入本书微信公众号"聚慕课 jumooc"或 QQ 群，下载资源或者咨询关于本书的任何问题。

（2）登录网站 www.jumooc.com，搜索本书并下载对应资源。

（3）加入本书读者（技术支持）服务 QQ 群（674741004），读者可以打开群"文件"中对应的 Word 文件，获取网络下载地址和密码。

读者服务 qq 群

2. 使用资源

本书可通过 PC 端、App 端、微信端以及平板端学习和使用本书微视频和资源。

读者对象

本书非常适合以下人员阅读：

- 没有任何 PHP 基础的初学者。
- 有一定的 PHP 基础，想精通 PHP 编程的人员。
- 有一定的 PHP 基础，没有项目开发经验的人员。
- 正在进行软件专业相关毕业设计的学生。
- 大中专院校及培训机构的教师和学生。

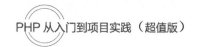
创作团队

本书由聚慕课教育研发中心组织编写，参与本书编写的主要人员有李正刚、陈梦、刘静如、刘涌、杨栋豪、王湖芳、张开保、贾文学、张翼、白晓阳、李伟、李欣、樊红、徐明华、白彦飞、卞良、常鲁、陈诗谦、崔怀奇、邓伟奇、凡旭、高增、郭永、何旭、姜晓东、焦宏恩、李春亮、李团辉、刘二有、王朝阳、王春玉、王发运、王桂军、王平、王千、王小中、王玉超、王振、徐利军、姚玉忠、于建彬、张俊锋、张晓杰、张在有等。

在本书的编写过程中，我们尽量将最好的讲解呈现给读者，但书中也难免有疏漏和不妥之处，敬请广大读者不吝指正。若您在学习中遇到困难或疑问，或有任何建议，可发邮件至 zhangmin2@tup.tsinghua.edu.cn。另外，读者也可以登录网站 www.jumooc.com 进行交流以及免费下载学习资源。

作　者

目录
CONTENTS

第 1 篇

基础知识

本篇是 PHP 的基础知识篇。从基本概念及基本语法讲起，结合第一个 PHP 程序的编写和结构剖析，带领读者快速步入 PHP 的编程世界。

读者在学完本篇后，将会了解到 PHP 软件和编程的基本概念，掌握 PHP 开发环境的构建、开发基础、程序流程控制以及面向对象编程等知识，为后面更深入地学习 PHP 编程打下坚实的基础。

- **第 1 章** 步入 PHP 编程世界——PHP 初探
- **第 2 章** 感受 PHP 精彩——PHP 快速上手
- **第 3 章** PHP 面向对象的程序设计
- **第 4 章** PHP 流程控制语句

第1章

步入 PHP 编程世界——PHP 初探

 学习指引

PHP 起源于 1995 年，到现在已经是全球最受欢迎的脚本语言之一。本章主要介绍 PHP 的安装及环境搭建、流行的开发工具和第一个 PHP 应用程序，让读者对 PHP 有一定的了解，为后续的 PHP 学习打下基础。

 重点导读

- 了解什么是 PHP。
- 了解 PHP 的优势。
- 了解 Web 服务器。
- 熟悉 PHP 的安装与环境搭建。
- 了解 PHP 的开发工具。
- 掌握 PHP 的第一个应用程序。

1.1 走进 PHP 语言

本节先来了解一下什么是 PHP 以及 PHP 的优势。

1.1.1 什么是 PHP

PHP（Hypertext Preprocessor，超文本预处理器）是一种开源、服务器端、跨平台、HTML 嵌入式的脚本语言，其语法吸收了 C、Java 和 Perl 的语言特点，利于学习，使用广泛，主要适用于 Web 开发领域。PHP 独特的语法混合了 C、Java、Perl 以及 PHP 自创的语法。它可以比 CGI 或者 Perl 更快速地执行动态网页。用 PHP 做出的动态页面与其他的编程语言相比，PHP 是将程序嵌入 HTML（标准通用标记语言）下的一个应用文档中执行，执行效率比完全生成 HTML 标记的 CGI 高出许多。

提示：CGI 是 Web 服务器运行时外部程序的规范。

PHP 在数据库方面的支持比较丰富，它支持的数据库有 MySQL、Adabas D、InterBase、PostgreSQL、dBase、FrontBase、SQLite、Empress、mSQL、Solid、Direct MS-SQL、Sybase、Hyperwave、IBM DB2、ODBC、UNIX dbm、informix、Oracle、Ovrimos。

1.1.2 PHP 语言的优势

使用 PHP 进行 Web 应用程序的开发具有以下优势：

1. 门槛低

使用 PHP 的一大好处是它对于初学者来说极其简单，同时也给专业的程序员提供了各种高级的特性。相比较 C/C++、Java、ASP 等开发语言，PHP 是最容易学的语言。

2. 竞争少

PHP 发展迅速，大学里基本未开设 PHP 课程，有实力的培训机构也很少，导致掌握 PHP 的程序员非常少。

3. 需求大

像百度、新浪、搜狐、淘宝、当当、腾讯 QQ 等大部分的互联网相关企业都在使用 PHP，对 PHP 人才需求旺盛。

4. 发展空间大

在无孔不入的互联网应用环境下，Web 2.0、云计算、物联网等新概念将不断催生出新的产业和服务，而支撑这些新型产业和服务的技术体系非 PHP 莫属。

1.2 认识 Web 服务器

Web 服务器概念较为广泛，最常说的 Web 服务器指的是网站服务器，它是建立在因特网之上并且驻留在某种计算机上的程序。Web 服务器可以向 Web 客户端（如浏览器）提供文档或其他服务。

1.2.1 什么是 Web 服务器

Web 服务器一般指网站服务器，是指驻留于因特网上某种类型计算机的程序，可以向浏览器等 Web 客户端提供文档，也可以放置网站文件让全世界浏览；还可以放置数据文件让全世界下载。目前主流的三个 Web 服务器是 Apache、Nginx 和 IIS。

Web 服务器也称为 WWW（World Wide Web）服务器，主要功能是提供网上信息浏览的服务。WWW 是因特网的多媒体信息查询工具，是因特网近年才发展起来的服务，也是发展最快和目前应用最广泛的服务。因为有了 WWW 工具，才使得近年来因特网迅速发展，且用户数量飞速增长。

1.2.2 Web 服务器原理简介

各种 Web 服务器的实现细节都不同，是为了某种情形而设计开发的。但是它们的基础工作原理是相同的，一般可分成如下 4 个步骤：连接过程、请求过程、应答过程以及关闭连接。下面对这 4 个步骤一一介绍。

（1）连接过程就是 Web 服务器和其浏览器之间所建立起来的一种连接。查看连接过程是否实现，用户可以找到和打开 socket 这个虚拟文件，这个文件的建立意味着连接过程已经成功建立。

（2）请求过程就是 Web 浏览器运用 socket 文件向服务器提出各种请求。

（3）应答过程就是运用 HTTP 把在请求过程中所提出来的请求传输到 Web 的服务器，进而实施任务处理，然后运用 HTTP 把任务处理的结果传输到 Web 浏览器，同时在 Web 浏览器上展示上述所请求的界面。

（4）关闭连接就是当应答过程完成以后，Web 服务器和浏览器之间断开连接的过程。

这 4 个步骤环环相扣、紧密相连，逻辑性比较强，可以支持多个进程、多个线程以及多个进程与多个线程相混合的技术。

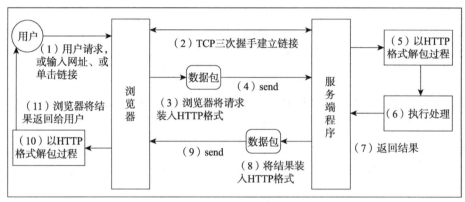

图 1-1　Web 服务的工作流程

图 1-1 所示是一次 Web 服务的工作流程，每个流程的介绍如下：

（1）用户做出一个操作，如填写网址，单击链接，接着浏览器获取该事件。

（2）浏览器与对端服务程序建立 TCP 连接。

（3）浏览器将用户的事件按照 HTTP 格式打包成一个数据包，其实质就是在待发送缓冲区中的一段有着 HTTP 格式的字节流。

（4）浏览器确认对端可写，并将该数据包推入因特网，该包经过网络最终递交到对端服务程序。

（5）服务端程序拿到该数据包后，同样以 HTTP 格式解包，然后解析客户端的意图。

（6）得知客户端意图后，进行分类处理，或是提供某种文件，或是处理数据。

（7）将结果装入缓冲区，或是 HTML 文件，或是一张图片等。

（8）按照 HTTP 格式将（7）中的数据打包。

（9）服务器确认对端可写，并将该数据包推入因特网，该包经过网络最终递交到客户端。

（10）浏览器拿到包后，以 HTTP 格式解包，然后解析数据，假设是 HTML 文件。

（11）浏览器将 HTML 文件展示在页面。

1.2.3　常用的 Web 服务器

Web 服务器也称为 WWW 服务器、HTTP 服务器，其主要功能是提供网上信息浏览服务。在选择使用 Web 服务器时应考虑的特性因素有性能、安全性、日志和统计、虚拟主机、代理服务器、缓冲服务和集成应用程序等。下面介绍常用的 Web 服务器。

1. Apache

Apache 是世界上应用最多的 Web 服务器，优势主要在于源代码开放、支持跨平台应用以及其可移植性等。虽然 Apache 的模块支持非常丰富，但在速度和性能上不及其他轻量级 Web 服务器，所消耗的内存也比其他 Web 服务器要高。因为它是自由软件，所以不断有人来为它开发新的功能、新的特性、修改原来的缺陷。

2. IIS

IIS 是 Internet Information Server 的缩写，就是"Internet 信息服务"的意思，它是微软公司主推的服务器，允许在公共 Intranet 或因特网上发布信息的 Web 服务器，包括 Web 服务器、FTP 服务器、NNTP 服务器和 SMTP 服务器，分别用于网页浏览、文件传输、新闻服务和邮件发送等方面。IIS 使得在网络上发布信息成了一件很容易的事情。它提供 ISAPI 作为扩展 Web 服务器功能的编程接口，同时还提供因特网，可以实现对数据库的查询和更新。

3. Nginx

Nginx 不仅是一个小巧且高效的 HTTP 服务器，也可以做一个高效的负载均衡反向代理，通过它接受用户的请求并分发到多个 Mongrel 进程，可以极大提高 Rails 应用的并发能力。

1.3　PHP 安装与服务器环境配置

在学习 PHP 之前，首先需要安装 PHP 以及服务器环境配置。对于新学者来说，PHP 环境的搭建，繁杂的配置过程既费事又容易出错，所以选择一款集成环境组合包是一种更高效的做法，能快速解决计算机环境的安装配置，把更多的时间精力放在学习上。

组合包就是将 Apache、PHP、MySQL 等服务器软件和工具安装配置完成后打包处理。开发者将已配置好的套件解压到本地硬盘中即可使用，无须另行配置。组合包实现了 PHP 环境的快速搭建。对于刚开始学习 PHP 的程序员，建议采用此方法搭建 PHP 的开发环境。

目前，网上流行的组合包有 10 多种，安装基本大同小异。这里推荐两种组合包：WampServer 和 XAMPP。

注意：在安装组合包之前，必须保证系统中没有安装 Apache、PHP 和 MySQL。否则，需要先将这些软件卸载后，再开始安装组合包。组合包的安装很简单，只要将程序解压或安装到指定目录后即可直接使用。

这里选用 WampServer 集成化安装包搭建 PHP 开发环境，操作步骤如下：

（1）首先官网下载 WampServer 安装包，网址为 http://www. WampServer. com/。

（2）双击安装包，这里选择 English，如图 1-2 所示，单击 OK 按钮。

图 1-2　选择语言

（3）选择接受 WampServer 协议，如图 1-3 所示，单击 Next 按钮。

（4）安装之前的一些说明，如图 1-4 所示，默认就可以了，单击 Next 按钮。

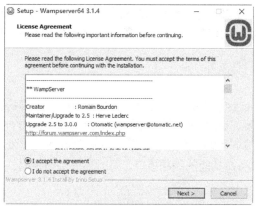

图 1-3　接受协议

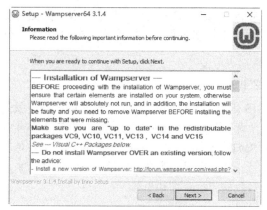

图 1-4　安装前的说明

（5）选择要安装的路径，这里选择默认，如图 1-5 所示。

（6）桌面快捷方式的名字，默认即可，如图 1-6 所示，单击 Next 按钮。

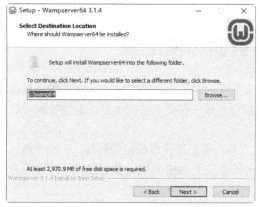

图 1-5　安装路径

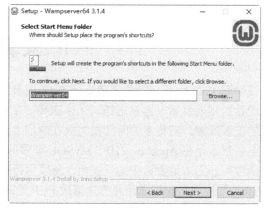

图 1-6　设置快捷方式的名字

（7）确认安装的目录和快捷方式的名字，如图 1-7 所示。

（8）单击 Install 按钮，开始安装，如图 1-8 所示。

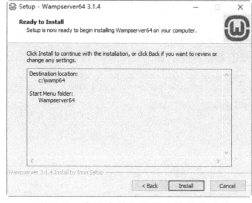

图 1-7　确认安装的目录和快捷方式

图 1-8　开始安装

（9）在安装过程中会弹出选择 WampServer 默认浏览器和默认编辑器的对话框，选择"是"按钮，也可以自定义，如图 1-9、图 1-10 所示。

图 1-9　选择默认浏览器

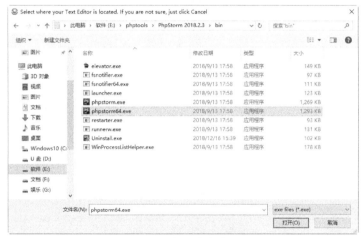

图 1-10　选择默认编辑器

（10）单击图 1-10 中的"打开"按钮，弹出说明信息，如图 1-11 所示，单击 Next 按钮。

（11）显示如图 1-12 所示的页面，表明安装成功。

（12）打开桌面上的 WampServer64 快捷方式，桌面右下角的图标变成"绿色"，说明启动成功。

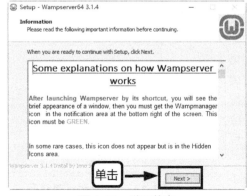

图 1-11　说明信息

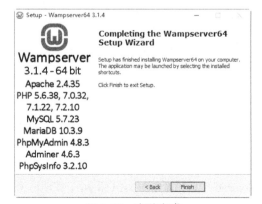

图 1-12　安装完成

1.4 常用 PHP 开发工具

随着 PHP 的发展，大量优秀的开发工具涌现。选择一款合适自己的开发工具，不仅可以加快学习进度，还能够在以后的开发过程中及时发现错误，少走弯路。下面介绍几款流行的 PHP 开发工具。

1.4.1 EditPlus 开发工具

EditPlus 开发工具有一套功能强大，可取代记事本的文字编辑器，拥有无限制的 Undo/Redo、英文拼字检查、自动换行、列数标记、搜寻取代、同时编辑多文件、全屏幕浏览功能。而且它还有一个好用的功能，就是具有监视剪贴簿的功能，能够同步于剪贴簿自动将文字贴进 EditPlus 的编辑窗口中，省去做贴上的步骤。另外，它也是一个好用的 HTML 编辑器，除了可以颜色标记 HTML Tag（同时支持 C/C++、Perl、Java）外，对于习惯用记事本编辑网页的读者，它可节省一半以上的网页制作时间。若安装 IE 3.0 以上版本，它还会结合 IE 浏览器于 EditPlus 窗口中，直接预览编辑的网页（若没安装 IE，也可指定浏览器路径）。

EditPlus 工具界面如图 1-13 所示，下载地址为 https://notepad-plus-plus.org/。

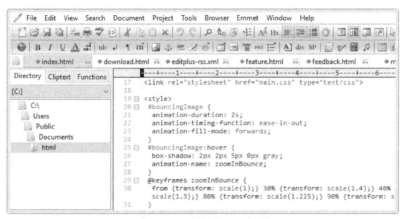

图 1-13 EditPlus 工具界面

1.4.2 Notepad++开发工具

Notepad++是在微软视窗环境下的一个免费的代码编辑器。它使用较少的 CPU 功率，降低计算机系统能源消耗，轻巧且执行效率高，使得 Notepad++可完美地取代微软视窗的记事本。Notepad++内置支持多达 27 种语法高亮度显示，支持自定义语言；可自动检测文件类型，根据关键字显示节点，节点可自由折叠/打开，还可显示缩进引导线，代码显示很有层次感；可打开双窗口，在分窗口中又可打开多个子窗口，允许快捷切换全屏显示模式（按 F11 键），支持鼠标滚轮改变文档显示比例；可显示选中文本的字节数，而不是一般编辑器所显示的字数。

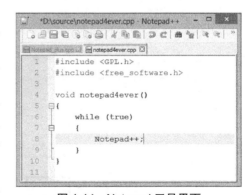

图 1-14 Notepad 工具界面

Notepad 工具界面如图 1-14 所示，下载地址为 https://notepad-plus-plus.org/。

1.4.3　PhpStorm 开发工具

PhpStorm 是一款由 JetBrains 公司开发推出的商业 PHP 集成开发工具，被誉为最好用的 PHP ID。PhpStorm 是一个轻量级且便捷的 PHP IDE，旨在提高用户效率，可深刻理解用户的编码，提供智能代码补全、快速导航以及即时错误检查。支持 PHP，同时也支持 HTML、CSS、JavaScript 编程语言。

PhpStorm 工具界面如图 1-15 所示，下载地址为 https://www.jetbrains.com/phpstorm/。

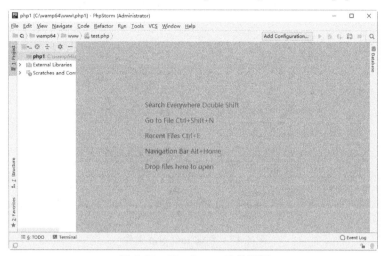

图 1-15　PhpStorm 工具界面

1.4.4　Zend Studio 开发工具

Zend Studio 是一个屡获大奖的专业 PHP 集成开发环境，具备功能强大的专业编辑工具和调试工具，支持 PHP 语法加亮显示、语法自动填充、书签、语法自动缩排和代码复制功能，内置一个强大的 PHP 代码调试工具，支持本地和远程两种调试模式，支持多种高级调试功能。

Zend Studio 工具界面如图 1-16 所示，下载地址为 http://www.zend.com/en/products/studio/downloads#Windows。

图 1-16　Zend Studio 工具界面

1.5 编写我的第一个 PHP 应用程序——hello PHP

在前面小节中，已经安装了集成化环境组合包 WampServer，接下来就可以编写我们的第一个应用程序了。

由于 PHP 文件是不能直接被浏览器进行解释的，必须将 PHP 文件放在服务器上，通过网络访问的方式进行访问才可以读取到 PHP 文件的内容。这里使用访问 WampServer 服务器上 PHP 文件的方式，在 WampServer 安装目录下，找到名字为 www 的文件夹，在其中创建一个 test.php 文件，如图 1-17 所示。

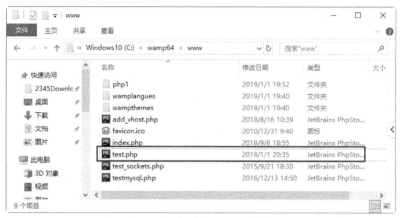

图 1-17　创建 test.php 文件

使用编译器打开创建的 test.php 文件，在其中输入第一个 PHP 程序。PHP 程序的书写格式是以"<?php"开始，"?>"结束。使用 echo 输出 hello PHP！，代码如下：

```php
<?php
echo "hello PHP! "
?>
```

打开 IE 浏览器，输入 localhost/test.php，然后执行。这时浏览器上将会显示 hello PHP！，如图 1-18 所示。

在 PHP 文件中，也可以添加一些 HTML 代码，如添加一个<h1>标签，代码如下：

```php
<?php
<h1>我的第一个 PHP 程序</h1>
<?php
echo "hello PHP!";
?>
```

再次运行 test.php 文件，效果如图 1-19 所示。

图 1-18　执行结果

图 1-19　加上 HTML 标签后的执行结果

到这里，我的第一个 PHP 程序就编写完成了。

1.6 就业面试技巧与解析

1.6.1 面试技巧与解析（一）

面试官：PHP 的应用领域有哪些？

应聘者：PHP 的应用范围是比较广泛的，主要包括：

（1）中小型网站的开发。

（2）大型网站的业务逻辑结果展示。

（3）电子商务应用。

（4）Web 应用系统开发。

（5）多媒体系统开发。

（6）企业级应用开发。

（7）Web 办公管理系统。

（8）硬件管控软件的 GUI。

1.6.2 面试技巧与解析（二）

面试官：PHP 未来的发展前景如何？

应聘者：PHP 从诞生到现在已经有 20 多年的历史，历经了互联网的兴衰，但在编程语言领域仍保持着举足轻重的地位。PHP 在全球的市场占有率非常高，仅次于 Java。PHP 发布的 7.2 版本中，安全特性大大提升，改进了编程语言对密码学和密码哈希算法的支持，并使其更现代化。从各个招聘网站的数据上看，PHP 开发的职位非常多，薪资水平也非常可观。所以我觉得 PHP 的未来前景还是会很好。

第 2 章

感受 PHP 精彩——PHP 快速上手

 学习指引

　　PHP 作为现代热门主流的开发语言，作为初学者，应从哪里学起，如何学习呢？其实无论是"初学者"还是有资历的"高手"，没有扎实的基础作后盾都是不可以的。PHP 特点是易学、易用，但并不代表轻易就能熟练掌握的。本章介绍 PHP 中的一些基础知识。

 重点导读

- 掌握 PHP 基本语法。
- 掌握 PHP 数据类型。
- 熟悉 PHP 常量。
- 掌握 PHP 变量。
- 熟悉 PHP 运算符。
- 熟悉 PHP 表达式。
- 了解 PHP 编码规范。

2.1　PHP 基本语法

　　在 PHP 中，有两种浏览器输出文本的方式：echo 和 print。

2.1.1　echo 语法

　　echo 用来输出一个或多个字符串。它是一个语言结构，使用的时候可以不加括号，也可以加上括号，如 echo 或 echo()。另外，如果想给 echo 传递多个参数，就不能使用圆括号，可以使用单引号或者双引号。
　　【例 2-1】（实例文件：ch02\Chap2.1.php）使用 echo 输出内容。

```php
<?php
    //输出字符串
```

```
echo "echo 语法 1";
//输出带标签的字符串
echo "<h3>echo 语法 2</h3>";
//输出字符串变量
$str = "echo 语法 3";          //变量$str
echo "$str";
echo "<br/>";                  //换行
//输出数组内容
$arr=array("echo","语法","4");
echo "$arr[0]$arr[1]$arr[2]";
?>
```

在 IE 浏览器中运行结果如图 2-1 所示。

提示：在 PHP 中，$符号是变量的标识符，所有的变量都是以$符号开头。

图 2-1　echo 的使用

2.1.2　print 语法

print 用来输出字符串。它是一个语言结构，使用的时候可以不加括号，也可以加上括号，如 print 或 print()。print 和 echo 一样都可以输出字符串，在很多情况下两者的功能是一样的，但还是有以下几点区别：

（1）echo 可以输出多个字符串，print 只能输出一个字符串。

（2）echo 输出的速度比 print 快。

（3）echo 没有返回值，print 有返回值 1。

【例 2-2】（实例文件：ch02\Chap2.2.php）使用 print 输出内容。

```
<?php
    //输出字符串
    print "print 语法 1";
    //输出带标签的字符串
    print "<h3>print 语法 2</h3>";
    //输出字符串变量
    $str = "print 语法 3";
    print "$str";
    print "<br/>";
    //输出数组内容
    $arr=array("print","语法","4");
    print "$arr[0]$arr[1]$arr[2]";
?>
```

在 IE 浏览器中运行结果如图 2-2 所示。

图 2-2　print 的使用

2.1.3　PHP 注释

注释是指在程序编写过程中，对程序文件或者代码片段添加的备注说明。注释不会影响到程序的执行，它会被解释器忽略不计。

注释在程序编程中非常重要，通过注释可以提高代码可读性，让其他开发人员能够快速理解编写的程序，也便于以后对程序的维护。

PHP 注释格式分为单行注释和多行注释。

（1）单行注释。单行注释使用 "//" 或 "#" 进行注释。

（2）多行注释。多行注释是以 "/*" 开头、"*/" 结尾，包含多行注释的内容。

【例 2-3】（实例文件：ch02\Chap2.3.php）PHP 注释。

```php
<?php
//这是单行注释
#    这是单行注释
    echo "李白";
/* 这是多行注释，
    李白，字太白，号青莲居士，
    杜甫与李白又合称"大李杜"。
*/
?>
```

图 2-3　PHP 注释

在 IE 浏览器中运行结果如图 2-3 所示。

2.1.4　PHP 大小写敏感

在 PHP 中，关于大小写的问题，对于新手来说有些模糊不清，有些地方区分大小写，有些地方又不区分大小写。

在 PHP 中，大小写敏感问题的处理比较乱，大家一定要注意。即使某些地方大小写不敏感，但在编程过程中能始终坚持 "大小写敏感" 是最好不过的。下面介绍一些关于大小写应注意的问题。

1. 大小写敏感

（1）变量名区分大小写，例如下面的代码：

```php
<?php
$ab = 'abcd';            //定义变量$abc
echo $ab;                //输出'abcd'
echo $aB;                //无输出，报错
echo $AB;                //无输出，报错
?>
```

在 IE 浏览器中运行结果如图 2-4 所示。

（2）数组索引（键名）区分大小写，例如下面的代码：

```php
<?php
    $arr = array('first'=>'李白');
    echo $arr['first'];          //输出'李白'
    echo $arr['First'];          //无输出，报错
?>
```

在 IE 浏览器中运行结果如图 2-5 所示。

图 2-4　变量名大小写敏感

图 2-5　数组索引（键名）区分大小写

（3）常量名区分大小写，例如下面的代码：

```php
<?php
    define('First','李白');      //定义一个常量 First，值为李白
    echo First;                   //输出'李白'
    echo first;                   //输出 first，报错
?>
```

在 IE 浏览器中运行结果如图 2-6 所示。

提示：这里使用 define()函数创建常量，在后面 2.3.1 节中具体介绍。

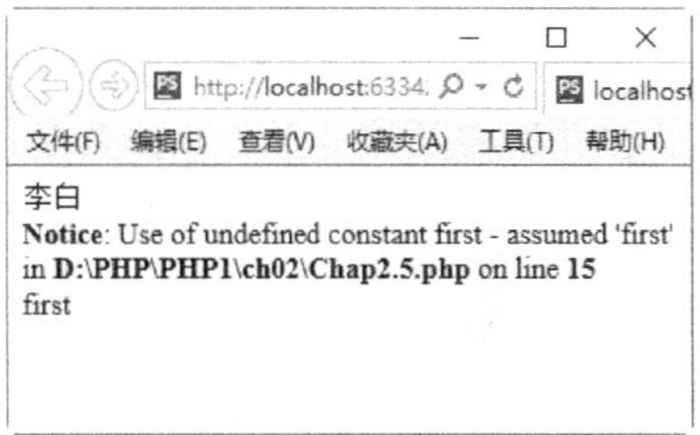

图 2-6　常量名区分大小写

2. 大小写不敏感

（1）函数名、方法名、类名不区分大小写，例如下面的代码：

```php
<?php
    class name                    //创建 name 类
    {
        public function show()    //定义 show()
        {
        echo "李白";
        echo "<br/>";
        }
    }
    $str = new name;              //成功实例化 name 类
    $str->show();                 //调用 show 方法输出'李白'
    $str->Show();                 //调用 show 方法输出'李白'
    $str = new Name;              //实例化 name 类
    $str->show();                 //调用 show 方法输出'李白'
    $str->Show();                 //调用 show 方法输出'李白'
?>
```

在 IE 浏览器中运行结果如图 2-7 所示。

（2）NULL、TRUE、FALSE 不区分大小写，例如下面的代码：

```php
<?php
    $a = null;
    $b = NULL;
    $c = true;
    $d = TRUE;
    $e = false;
    $f = FALSE;
    var_dump($a == $b);           //输出 bool(true)
    var_dump($c == $d);           //输出 bool(true)
```

```
    var_dump($e == $f);              //输出 bool(true)
?>
```

在 IE 浏览器中运行结果如图 2-8 所示。

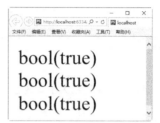

图 2-7　函数名、方法名、类名不区分大小写　　　　图 2-8　NULL、TRUE、FALSE 不区分大小写

提示：var_dump()方法是判断一个变量的类型与长度，并输出变量的数值，如果变量有值，输出的是变量的值并返回数据类型。此函数显示关于一个或多个表达式的结构信息，包括表达式的类型与值。

（3）强制类型转换不区分大小写，例如下面的代码：

```
<?php
    $one=10.1;                       //浮点型
    $two=(int)$one;                  //转换为整型
    $three=(INT)$one;                //转换为整型
    var_dump($one);                  //输出 float(10.1)
    var_dump($two);                  //输出 int(10)
    var_dump($three);                //输出 int(10)
?>
```

在 IE 浏览器中运行结果如图 2-9 所示。

（4）魔术常量不区分大小写，推荐大写，例如下面的代码：

```
<?php
    echo '该文件位于"'.__FILE__.'"<br>';       //输出文件中的当前行号
    echo '这是第"'.__LINE__.'"行<br>';          //输出文件的完整路径和文件名
    echo '该文件位于"'.__DIR__.'"<br>';         //输出文件所在的目录
    function test(){
        echo '函数名为'.__FUNCTION__;            //输出函数名称
    }
    test();                                      //调用函数
?>
```

在 IE 浏览器中运行结果如图 2-10 所示。

图 2-9　强制类型转换不区分大小写　　　　　图 2-10　魔术常量不区分大小写

提示：魔术常量的值随着它们在代码中使用位置的改变而改变。魔术常量包括__LINE__、__FILE__、__DIR__、__FUNCTION__、__CLASS__、__METHOD__、__NAMESPACE__和__TRAIT__。

2.2　PHP 数据类型

在学习一门程序语言时，首先需要学会它的数据类型。因为在程序开发中，程序操作的对象就是数据，并且每一种数据都有它的类型，具备相同类型的数据才可以互相操作。

PHP 的数据类型主要分为三大类：标量数据类型、复合数据类型和特殊数据类型。

提示：变量的数据类型是根据它在文档中的使用情况决定。

2.2.1　标量数据类型

标量数据类型是数据结构中最基础的单元，只能存储一个数据。标量数据类型包括 4 种，即 String（字符串型）、Boolean（布尔型）、Integer（整型）和 Float/Double（浮点型）。

1. 字符串型

字符串是连续的字符序列，由数字、字母和符号组成。在 PHP 中，字符串中的每个字符只占用一个字节。有三种定义字符串的方式，单引号（'）、双引号（"）和定界符（<<<）。

通常使用单引号和双引号定义字符串，例如下面的代码：

```php
<?php
    $str1="字符串";        //双引号
    $str2='字符串';        //单引号
?>
```

两者的不同之处在于，双引号中包含的变量会自动被替换成相应的值，而单引号中包含的变量则按普通的字符串输出，具体内容将在 5.6 节中进行介绍。

另外，还有单引号和双引号嵌套时的不同，双引号当中包含单引号，单引号当中又包含变量时，变量会被解析，单引号会被原样输出；单引号当中包含双引号时，双引号当中又包含变量时，变量不会被解析，双引号会被原样输出。

【例 2-4】（实例文件：ch02\Chap2.4.php）字符串型。

```php
<?php
    $str="单引号和双引号嵌套";
    echo "'$str'<br/>";
    echo '"$str"';
?>
```

图 2-11　字符串型

在 IE 浏览器中运行结果如图 2-11 所示。

单引号和双引号之间的另一处不同点是对转义字符的使用，双引号可以解析除单引号以外所有的转义字符，单引号只能解析 "\" 和本身的转义 "\'"。常见的转义字符如表 2-1 所示。

表 2-1　常见的转义字符

转 义 字 符	输 出 结 果	转 义 字 符	输 出 结 果
\n	换行	\\$	美元符号
\r	回车	\'	单引号
\t	水平制表符	\"	双引号
\\	反斜杠		

【例2-5】（实例文件：ch02\Chap2.5.php）单引号和双引号中转义字符的区别。

```php
<?php
    echo "\"","<br/>";      //输出双引号
    echo "\'","<br/>";      //输出\'
    echo '\'',"<br/>";      //输出单引号
    echo '\"',"<br/>";      //输出\"
    echo '\$',"<br/>";      //输出\$
    echo "\$";              //输出$
?>
```

在 IE 浏览器中运行结果如图 2-12 所示。

注意：在不同的系统中，转义字符的作用不一定相同。例如，在 Windows 下的回车换行符可以使用"\r"或者"\n"，而在 Linux 中这两者就有区别了，"\r"表示光标回到行首，但仍在本行；"\n"表示换到下一行，不会回到行首。

当需要输出大段文本时，一般选用定界符，它的输出形式和使用双引号输出的表现一致，具体内容将在 5.3 节中进行介绍。

图 2-12　单引号和双引号中转义字符的区别

2. 布尔型

在 PHP 中，布尔型只能保存两个值：true 值和 false 值，这两个值不区分大小写，即 true===TRUE，false===FALSE，设定布尔型的变量，只需要把 true 或者 false 赋值给变量就可以了。

布尔型的变量通常用在条件语句中，下面通过一个实例介绍。

【例2-6】（实例文件：ch02\Chap2.6.php）布尔型。

```php
<?php
$x=true;                //定义布尔型变量$x，赋值为 true
$y="变量\$x 为真！";
$z="变量\$x 为假！";
if($x==true)            //判断变量$x 是否为真
    echo "$y";          //判断为真时，输出变量$y 的值
else
    echo "$z";          //判断为假时，输出变量$z 的值
?>
```

在 IE 浏览器中运行结果如图 2-13 所示。

提示：在 PHP 中不是只有布尔值为假，在一些特殊情况下，非布尔值也被认为是假的，如 0、"0"、0.0、空的字符串（""）、只声明没有赋值的数组和特殊类型 null 等。

图 2-13　布尔型

3. 整型

PHP 中的整型其实就是数学中的整数。整型数据可以使用十进制、二进制、八进制或者十六进制表示，前面可以加上可选的符号（-或者+）。如果使用二进制，数字前必须加"0b"；使用八进制表示，数字前必须加"0"；使用十六进制表示，数字前必须加"0x"。

在 32 位的操作系统中，整型的取值范围是-2 147 483 648～+2 147 483 647。如果给定的一个整数超出了整型的取值范围，将会被解释为浮点型；同样，如果执行的运算结果超出了整型的取值范围，也会返回浮点型，这种情况称为整型溢出。

【例 2-7】（实例文件：ch02\Chap2.7.php）整型。

```php
<?php
    $a = 456789;              //定义十进制整数
    $b = 0b1110111;           //定义二进制数字
    $c = 04567;               //定义八进制数字
    $d = 0456789;             //定义八进制数字
    $e = 0x456789;            //定义十六进制数字
    echo "<h3>下面输出的结果都是以十进制表示</h3>";
    echo "输出十进制的结果: $a<br/>";
    echo "输出二进制的结果: $b<br/>";
    echo "输出八进制的结果: $c<br/>";
    echo "输出八进制的结果: $d<br/>";
    echo "输出十六进制的结果: $e";
?>
```

在 IE 浏览器中运行结果如图 2-14 所示。

注意：细心的读者会发现，在例 2-7 中定义的两个八进制的整数，输出的结果是一样的，为什么呢？因为"$d=0456789"中出现了非法数字 8 和 9，在定义八进制整数时，如果出现了 8 或者 9 等非法数字，后面的数字会被忽略掉。

图 2-14 整型

4. 浮点型

PHP 中的浮点数据类型其实就是数学中的小数。浮点数据类型既可以用来存储整型数据，也可以存储浮点型数据。在 PHP 4.0 之前，浮点型的标识为 Double，也叫做双精度浮点数，两者没有什么区别。

浮点型数据默认两种书写格式，一种是标准格式，如-3.14、3.14；另一种是科学记数格式，如 3.14e10、3.14E-10。

【例 2-8】（实例文件：ch02\Chap2.8.php）浮点型。

```php
<?php
    $float1=3.14;             //标准格式
    $float2=3.14e-3;          //科学记数格式
    var_dump($float1);        //输出$float1 的数据类型和值
    echo "<br/>";
    var_dump($float2);        //输出$float2 的数据类型和值
?>
```

在 IE 浏览器中运行结果如图 2-15 所示。

在 PHP 中，浮点型数值只是一个近似值，所以应该尽量避免浮点型数值之间的比较，因为最后的结果往往是不准确的。

float(3.14)
float(0.00314)

图 2-15 浮点型

如果出现需要判断两个浮点数是否相等时，可以使用 bccomp() 函数。bccomp()函数有三个返回值，分别为 0、1 和-1，返回 0 时表示相等，返回 1 时表示大于，返回-1 时表示小于。bccomp()函数的语法如下：

```
bccomp(a,b,c);
```

其中，a 和 b 表示要比较的数值；c 表示精确到小数点后几位。

【例 2-9】（实例文件：ch02\Chap2.9.php）bccomp()函数的用法。

```php
<?php
    $float1=3.14159;                          //定义变量$float1
```

```
$float2=3.14158;                               //定义变量$float2
echo bccomp($float1,$float2,5)."<br/>";        //输出$float1 与$float2 比较结果的返回值
echo bccomp($float2,$float1,5)."<br/>";
//输出$float2 与$float1 比较结果的返回值
echo bccomp($float2,$float1,4)."<br/>";
//输出$float2 与$float1 比较结果的返回值
echo bccomp($float2,$float1,3);
//输出$float2 与$float1 比较结果的返回值
?>
```

图 2-16　bccomp()函数的用法

在 IE 浏览器中运行结果如图 2-16 所示。

2.2.2　复合数据类型

复合数据类型包括两种，分别是 Array（数组）和 Object（对象），如表 2-2 所示。

表 2-2　复合数据类型

类　　型	说　　明
Array（数组）	一组类型相同的变量的集合
Object（对象）	对象是类的实例，使用 new 命令创建

1. 数组

数组是一系列数据集合起来形成的一个可操作的整体，一系列数据可以包括标量数据、对象、资源以及 PHP 中支持的其他语法结构等。一般把数组中的单个数据称为元素，元素又被分为索引（键名）和值两部分。索引（键名）可以是数字或者字符串，值可以是任何数据类型。

在 PHP 中，通常使用 array()创建数组。准确来说，array()是一种结构而不是一个函数，具体格式如下：

```
$array1=array("value1","value2","value2"...);
$array2=array(key=>"value1",key2=>"value2",key3=>"value2"...);
```

在$array2 中，参数 key 是数组元素的下标，value 是数组下标所对应的元素。

也可以通过[]动态创建数组，例如下面的代码：

```
$array[]=1;
$array[]=2;
$array[]=3;
```

PHP 中的 var_dump()函数可以用来输出数组的类型以及值，这里用它输出$array，输出结构如图 2-17 所示。

图 2-17　var_dump()输出数组$array

当然，还可以通过一些函数来创建数组，如 compact()函数、range()函数和 array_fill()函数等。本节只是简单了解一下数组，本书第 6 章将进行具体的介绍。

2. 对象

在面向对象（Object）的程序设计中，对象是一个由信息及对信息进行处理的描述所组成的整体，是对现实世界的抽象。在现实世界里，我们所面对的事情都是对象，也就是所说的"万物皆对象"。例如，动物是一个抽象类，可以具体到一只牛和一只羊，而牛和羊就是具体的对象，它们有各自的颜色属性、可以跑等行为状态。关于对象将在第 3 章进行详细的介绍。

2.2.3 特殊数据类型

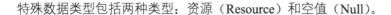

特殊数据类型包括两种类型：资源（Resource）和空值（Null）。

1. 资源

资源是一种特殊的变量类型，又叫作句柄，它是通过专门的函数来创建和使用的。资源可以被进行操作，如创建、使用和释放等。

任何资源，在不需要的时候都应该被及时释放。系统也会自动启用垃圾回收机制，在页面执行完毕后回收资源，以避免内存被消耗殆尽。

2. 空值

空值类型只有一个取值 Null，它一般表示一个变量，没有值，也可以通过设置变量值为 null 清空变量数据。当遇到下面三种情况时，将会被赋予空值：

（1）没有赋予任何值的变量。

（2）被赋值为 null 的变量。

（3）被 unset()函数处理过的变量。

【例 2-10】（实例文件：ch02\Chap2.10.php）空值（Null）。

```php
<?php
$str1=null;                                          //定义变量$str1，赋值为 null
$str2="abc";                                         //定义变量$str2，赋值为 abc
if (is_null($str1))                                  //判断$str1是否为空
   echo "<p>赋值为 null 的变量(\$str1):\$str1=null</p>";  //$str1 为空输出的内容
unset($str2);                                        //使用 unset()函数处理变量$str2
if (is_null($str2))                                  //判断$str2是否为空
   echo "<p>被 unset()函数处理过的变量(\$str2):\$str2=null</p>";  //$str2 为空输出的内容
if (is_null($str3))     //判断$str3是否为空
   echo "<p>未赋值的变量(\$str3):\$str3=null</p>";
                        //$str3 为空输出的内容
?>
```

在 IE 浏览器中运行结果如图 2-18 所示。

在例 2-10 中，可以看到$str1、$str2 和$str3 判断的结果都为空，并且输出了相应的内容。其中变量$str2 提示没有定义，变量$str3 由于被 unset()函数处理过，已经被销毁，所以也提示变量没有定义。

提示：is_null()函数用来判断变量是否为 null，它的返回值为布尔型，如果变量为 null，返回 true，否则返回 false。

图 2-18 空值的应用

2.2.4　数据类型的获取

在 PHP 中可以使用 getType() 函数获取数据类型，只需要给该函数传递一个变量，它就会确定变量的类型，并且返回一个包含类型名称的字符串。具体的语法格式如下：

```
getType(变量);
```

【例 2-11】（实例文件：ch02\Chap2.11.php）获取数据类型实例。

```php
<?php
$str="获取数据类型";                              //定义变量$str
$int=100;                                        //定义变量$int
$flo=3.14;                                       //定义变量$flo
$arr=array(1,2,3);                               //定义变量$arr
$nul=null;                                       //定义变量$nul
echo "变量\$str 的数据类型为: ".getType($str)."<br/>";  //输出$str 的数据类型
echo "变量\$int 的数据类型为: ".getType($int)."<br/>";  //输出$int 的数据类型
echo "变量\$flo 的数据类型为: ".getType($flo)."<br/>";  //输出$flo 的数据类型
echo "变量\$arr 的数据类型为: ".getType($arr)."<br/>";  //输出$arr 的数据类型
echo "变量\$nul 的数据类型为: ".getType($nul);         //输出$nul 的数据类型
?>
```

在 IE 浏览器中运行结果如图 2-19 所示。

提示：var_dump() 函数可以判断变量的数据类型，并输出变量的值。

图 2-19　获取数据类型

2.2.5　PHP 数据类型的转换

PHP 虽然是弱类型语言，但有时也需要用到类型转换。在 PHP 数据类型的转换主要有以下三种转换方式。

（1）在要转换的变量之前加上用括号括起来的目标类型。

这种方法只需在变量前面加上用括号括起来的类型名称即可，允许转换的类型如表 2-3 所示。

表 2-3　允许转换的类型

转　换　符	转　换　类　型	实例
(boolean)	转换成布尔型	(boolean)$str
(string)	转换成字符型	(string)$num
(integer)	转换成整型	(integer)$str
(float)	转换成浮点型	(float)$str
(array)	转换成数组	(array)$str
(object)	转换成对象	(object)$str

【例 2-12】（实例文件：ch02\Chap2.12.php）在变量之前加上目标类型转换。

```php
<?php
$string="3.14abc";                    //定义变量$string，赋值为 3.14abc
$int=(integer)$string;                //把变量$string 转换为整型
$float=(float)$string;                //把变量$string 转换为浮点型
```

```
$array=(array)$string;              //把变量$string 转换为数组
echo var_dump($int)."<br/>";        //输出变量$int 的类型以及值
echo var_dump($float)."<br/>";      //输出变量$float 的类型以及值
print_r($array);                    //输出变量$array 的类型以及值
?>
```

在 IE 浏览器中运行结果如图 2-20 所示。

提示：print_r()函数相比较于前面介绍的 print()函数来说，可以打印出复杂类型变量的值，如数组和对象。

（2）使用三个具体类型的转换函数，intval()、floatval()、strval()。其中，intval()函数用于转换为整型，floatval()函数用于转换为浮点型，strval()函数用于转换为字符型。

【**例 2-13**】（实例文件：ch02\Chap2.13.php）使用 intval()、floatval()、strval()转换数据类型。

```
<?php
    $string="3.14abc";              //定义变量$string，赋值为 3.14abc
    $int=intval($string);           //把变量$string 转换为整型
    $float=floatval($string);       //把变量$string 转换为浮点型
    $string1=strval($float);        //把变量$float 转换为字符型
    echo var_dump($int)."<br/>";    //输出变量$int 的类型以及值
    echo var_dump($float)."<br/>";  //输出变量$float 的类型以及值
    echo var_dump($string1);        //输出变量$string1 的类型以及值
?>
```

在 IE 浏览器中运行结果如图 2-21 所示。

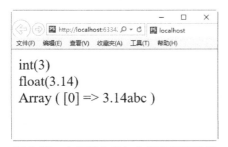

图 2-20　在变量之前加上目标类型转换

图 2-21　使用 intval()、floatval()、strval()转换数据类型

（3）使用函数 settype()进行转换。settype()函数用于设置变量的数据类型。语法格式如下：

```
settype ( mixed $var , string type )
```

其实就是设置变量$var 的类型为 type，type 可以取前面章节中所讲的数据类型，如整型、浮点型、字符型等。

【**例 2-14**】（实例文件：ch02\Chap2.14.php）settype()函数设置变量的数据类型。

```
<?php
    $str1="3.14abc";                //定义变量$str1
    $str2="3.14abc";                //定义变量$str2
    $str3="3.14abc";                //定义变量$str3
    setType($str1,"integer");       //设置变量$str1 的类型为整型
    setType($str2,"float");         //设置变量$str2 的类型为浮点型
    setType($str3,"array");         //设置变量$str3 的类型为数组
    echo var_dump($str1)."<br/>";   //输出变量$str1 的类型以及值
    echo var_dump($str2)."<br/>";   //输出变量$str2 的类型以及值
```

```
    print_r($str3);                          //输出变量$str3 的类型以及值
?>
```

在 IE 浏览器中运行结果如图 2-22 所示。

注意：在数据类型转化为 boolean 型时，null、0 和未赋值
的变量或数组都会被转换为 false，其他的为 true。在数据类型
转换为整型时，布尔型的 false 转换为 0，true 转换为 1；浮点
型的小数部分被舍去；字符型如果以数字开头就截取到非数
字的位置，如果以非数字开头，则输出 0。

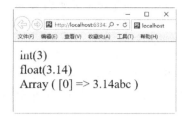

int(3)
float(3.14)
Array ([0] => 3.14abc)

图 2-22　settype()函数设置变量的数据类型

2.3　PHP 常量

在 PHP 中，常量类似于变量，但是常量一旦被定义就无法更改或撤销定义。

2.3.1　定义和使用常量

在开发中，通常把不经常变的值定义成常量。常量一般用全部大写表示，前面不加美元符号（$）。常
量由英文字母、下画线和数字组成，但数字不能作为首字母出现。常量值被定义后，在脚本的其他任何地
方都不能被改变。

定义常量，通常使用 define()函数，语法格式如下：

```
define(string constant_name, mixed value, case_sensitive = true)
```

其中三个参数的具体含义如下：

```
constant_name: 必选参数，常量名称，即标识符。
value: 必选参数，常量的值。
case_sensitive: 可选参数，指定是否大小写敏感，设置为 true 表示不敏感。
```

另外，还可以使用 const 关键字来定义常量，如 const A= "100"，这样就定义了一个常量 A。

虽然 define()函数和 const 关键字都可以定义常量，但是有以下几点区别：

（1）const 定义的常量大小写敏感；define()函数可以通过第三个参数指定是否区分大小写，true 表示大
小写不敏感，默认为 false。

（2）const 不能在函数、循环和 if 条件语句中进行定义，define()函数可以。

（3）const 可以在类中进行定义，define()函数不可以。

在使用常量时，有两种方法可以获取常量。

一种是直接使用常量的名称来获取常量的值，例如：

```
echo CONSTANT;
```

另一种是使用 constant()函数获取常量的值，例如：

```
echo constant("CONSTANT");
```

其中，CONSTANT 为要获取的常量的名称。

另外，还可以通过 defined()函数判断一个常量是否已经被定义，语法格式如下：

```
echo defined("CONSTANT");
```

如果存在 CONSTANT 常量返回 true，否则返回 false。下面通过一个实例进行介绍。

【例 2-15】（实例文件：ch02\Chap2.15.php）定义和使用常量。

```php
<?php
    const A=10;                              //使用 const 关键字定义常量 A
    define("B",100,true);                    //使用 define() 函数定义常量 B，并设置大小写不敏感
    echo A.'<br/>';                          //输出变量 A
    echo constant("B").'<br/>';              //使用 constant() 函数获得变量 B，然后输出
    echo constant("b").'<br/>';              //输出变量 b（因为设置了大小写不敏感，所以 b 等价于 B）
    echo defined("b");                       //判断变量 b 是否已经定义
?>
```

在 IE 浏览器中运行结果如图 2-23 所示。

2.3.2　预定义常量

在 PHP 中，除了可以自己定义常量外，还可以使用预定义的一系列常量，直接在程序中使用它们完成一些特殊的功能。但由于每个用户所使用的操作系统和软件版本不同，所以获取的结果也不一定相同，这是根据每个用户的实际情况获取的。常用的预定义常量如表 2-4 所示。

图 2-23　定义和使用常量

表 2-4　常用的预定义常量

常 量 名	说 明
__FILE__	默认常量，PHP 程序文件名
__LINE__	默认常量，PHP 程序行数
PHP_VERSION	内建常量，PHP 程序的版本，如 5.6.25
PHP_OS	内建常量，执行 PHP 解析器的操作系统名称，如 Windows
TRUE	该常量是一个真值（true）
FALSE	该常量是一个假值（false）
NULL	一个 null 值
E_ERROR	该常量指到最近的错误处
E_WARNING	该常量指到最近的警告处
E_PARSE	该常量指到解析语法有潜在问题处
E_NOTICE	该常量为发生不寻常处的提示，但不一定是错误处

注意：表中的 __FILE__ 和 __LINE__ 中的 "__" 是两条下画线，不是一条 "_"。预定义常量尽量大写，有些常量是区分大小写的，如 PHP_VERSION、PHP_OS 等。

【例 2-16】（实例文件：ch02\Chap2.16.php）预定义常量的基本运用。

```php
<?php
    echo "当前文件的路径:".__file__;           //输出文件的路径
    echo "<br/>当前位于文件的第几行:".__line__;  //输出当前行数
    echo "<br/>当前 PHP 的版本信息:".PHP_VERSION; //输出 PHP 版本
    echo "<br/>当前的操作系统:".PHP_OS;          //输出操作系统
?>
```

在 IE 浏览器中运行结果如图 2-24 所示。

图 2-24　预定义常量的基本运用

2.4　PHP 变量

PHP 中变量是指在执行程序时可以变化的量，它通过一个名字（变量名）表示。

2.4.1　定义和使用变量

PHP 中的变量，用一个美元符号$和变量名（变量标识符）来表示。

注意：变量名是区分大小写的。

对于变量的命名，遵循一定的规则：由字母、数字和下画线组成，且必须以字母或下画线开头，例如下面的代码：

```
$name=123;              //正确，以字符开头
$_name="abc";           //正确，以下画线开头
$name=123;              //错误，没有以数字和下画线开头
$name@=123;             //错误，变量名不可以包含除字母、数字和下画线以外的字符
```

变量赋值，是指给变量一个具体的数据值，对于数字和字符串的变量，可以通过"="实现赋值。例如，上面代码中的变量$name 和$_name，分别给他们赋值为 123 和 abc。

除了直接给变量赋值以外，还有两种方式可为变量赋值，一种是变量间的赋值，即赋值后两个变量使用各自的内存，互不干扰；另一种是引用赋值，即用不同的名字访问同一变量内容，当改变其中一个变量的值时，另一个变量也跟着发生改变，引用赋值使用"&"符号表示引用。

【例 2-17】（实例文件：ch02\Chap2.17.php）定义和使用变量。

```php
<?php
    $num1="3";                          //定义变量$num1，赋值为 3
    $num2=$num1;                        //定义变量$num2，赋值为$num1
    $num3=&$num1;                       //定义变量$num3，引用赋值为$num1
    $num1="6";                          //重新给变量$num1 赋值，值为 6
    echo "变量\$num2 的值为: ".$num2;     //输出变量$num2
    echo "<br/>变量\$num3 的值为: ".$num3; //输出变量$num3
?>
```

在 IE 浏览器中运行结果如图 2-25 所示。

提示：赋值和引用的区别在于，赋值是将原来变量的值复制了一份，然后把复制的内容保存给了一个新变量，而引用则是相当于给变量重新起了一个名字，类似人的名字，有大名和小名，但都是指同一个人。

图 2-25　定义和使用变量

2.4.2　预定义变量

PHP 中还提供了大量的预定义变量。在 PHP 编程中，经常会遇到需要使用地址栏的信息，如域名、访问的 URL、URL 带的参数等这些情况，这时就可以使用 PHP 提供的预定义变量，通过这些预定义变量便可以获取用户的会话、用户的操作系统环境和本地的操作系统环境等信息。常用的预定义变量如表 2-5 所示。

表 2-5　常用的预定义变量

变量的名称	说　明
$_SERVER['SERVER_ADDR']	当前运行脚本所在的服务器的 IP 地址
$_SERVER['SERVER_NAME']	当前运行脚本所在的服务器的主机名。如果程序运行在虚拟主机上，该名称由虚拟主机所设置的值决定
$_SERVER['REQUERT_METHOD']	访问页面使用的请求方法。如 GET、HEAD、POST、PUT 等，如果请求的方式是 HEAD，PHP 脚本将输出头信息后中止（这意味着在产生任何输出后，不再有输出缓冲）
$_SERVER['REMOTE_ADDR']	浏览当前页面的用户的 IP 地址
$_SERVER['REMOTE_HOST']	浏览当前页面的用户的主机名，反向域名解析基于该用户的 REMOTE_ADDR
$_SERVER['REMOTE_PORT']	用户机器上连接到服务器所使用的端口号
$_SERVER['SCRIPT_FILENAME']	当前执行脚本的绝对路径。注意，如果脚本在 CLI 中被执行，作为相对路径，如 file.php 或者 ../file.php，$_SERVER['SCRIPT_FILENAME']将包含用户指定的相对路径
$_SERVER['SERVER_PORT']	当前运行脚本所在的服务器的端口号，默认是 80，如果使用 SSL 安全连接，则这个值是用户设置的 HTTP 端口
$_SERVER['SERVER_SIGNATURE']	包含了服务器版本和虚拟主机名的字符串
$_SERVER['DOCUMENT_ROOT']	当前运行脚本所在的文件根目录，在服务器配置文件中定义
$_COOKIE	通过 HTTP Cookies 方式传递给当前脚本的变量的数组。这些 Cookie 多数是由执行 PHP 脚本时通过 setCookies()函数设置的
$_SESSION	包含与所有会话变量有关的信息，$_SESSION 变量主要应用于会话控制和页面之间值的传递
$_POST	包含通过 POST 方法传递的参数的相关信息，主要用于获取通过 POST 方法提交的数据

续表

变量的名称	说　明
$_GET	包含通过 GET 方法传递的参数的相关信息，主要用于获取通过 GET 方法提交的数据
$GLOBALS	由所有已定义全局变量组成的数组。变量名就是该数组的索引，它就是所有超级变量的超级集合
$_FILES	通过 HTTP 中 POST 方式上传到当前脚本的项目的数组
$_REQUEST	默认情况下包含了$_GET、$_POST 和$_COOKIE 的数组
$HTTP_RAW_POST_DATA	原生 POST 数据
$argc	传递给脚本的参数数目
$argv	传递给脚本的参数数组

【例 2-18】（实例文件：ch02\Chap2.18.php）预定义变量的基本运用。

```php
<?php
function  animal(){
    echo "这个动物的名字叫：$GLOBALS[name]";  //使用预定义变量$GLOBALS，并传入变量的名称
}
$name="考拉熊";
animal();
?>
```

在 IE 浏览器中运行结果如图 2-26 所示。

提示：在 PHP 中，自定义函数外部的变量是无法直接在该函数中使用的，这里使用了预定义变量$GLOBALS 引用外部的变量$name。

注意：预定义常量$GLOBALS 是一个数组，包括所有的全局变量，使用时只需传入变量的名称。

图 2-26　预定义变量的基本运用

2.4.3　变量作用域

变量作用域是指脚本中变量可被引用或使用的部分。PHP 中有 4 种变量作用域，分别为局部作用域、全局作用域、静态作用域和参数作用域。

1. 局部和全局作用域

（1）局部作用域：在 PHP 函数内部定义的变量是局部变量，仅能在函数内部访问。

（2）全局作用域：在所有函数外部定义的变量，拥有全局作用域。除了函数外，全局变量可以被脚本中的任何部分访问，要在一个函数中访问一个全局变量，需要使用 global 关键字。global 关键字用于函数内访问全局变量，也就是在函数内调用函数外定义的全局变量，需要在函数中的变量前加上 global 关键字。

【例 2-19】（实例文件：ch02\Chap2.19.php）局部和全局作用域的实例。

```php
<?php
    $a=3;                                     //全局变量
    function Test(){
        $b=6;                                 //局部变量
```

```
        echo "<h3>测试函数内变量:</h3>";
        echo "<br/>变量 a 为: $a";              //在函数内部输出全局变量$a
        echo "<br/>变量 b 为: $b";              //在函数内部输出局部变量$b
        global $a;
        echo "<br/>使用关键字后, 变量 a 为: $a";    //在函数内部输出使用了关键字后的全局变量$a
    }
    Test();
    echo "<h3>测试函数外变量:</h3>";
    echo "变量 a 为: $a";                       //在函数外部输出全局变量$a
    echo "变量 b 为: $b";                       //在函数外部输出局部变量$b
?>
```

在 IE 浏览器中运行结果如图 2-27 所示。

在例 2-19 中定义了 $a 和 $b 两个变量, $a 变量在函数外定义, 所以它是全局变量; $b 变量在函数内定义, 所以它是局部变量。

当调用 test() 函数并输出两个变量的值, 函数将会输出局部变量 $b 的值, 但是不能输出 $a 的值, 因为 $a 变量在函数外定义, 无法在函数内使用; 如果要在一个函数中访问一个全局变量, 需要使用 global 关键字, 在例 2-19 中对全局变量 $a 使用了关键字 global 后, 页面便输出了变量 $a 的值。

在 Test() 函数外输出两个变量的值, 函数将会输出全局变量 $a 的值, 但是不能输出 $b 的值, 因为 $b 变量在函数中定义, 属于局部变量。

图 2-27　局部和全局作用域

提示: 可以在不同函数中使用相同的变量名称, 因为这些函数内定义的变量名是局部变量, 只作用于该函数内。

2. 静态作用域

在退出定义变量的函数时, 一般变量及相应的值就会被清除。如果希望某个局部变量不被删除, 在第一次定义该变量时使用 static 关键字, 这样就把该变量定义成静态变量。

【例 2-20】（实例文件: ch02\Chap2.20.php）静态作用域实例。

```php
<?php
    function Test1(){
        echo "<br/>";          //在 Test1()函数中定义一般变量$a
        $a=1;
        echo $a;
        $a++;
    }
    function Test2(){
        echo "<br/>";
        static $b=1;           //在 Test2()函数中定义一般变量$b
        echo $b;
        $b++;
    }
    echo "<br/>调用 3 次 Test1()函数, 一般变量的变化";
```

```
    Test1();
    Test1();
    Test1();
    echo "<br/>调用 3 次 Test2()函数，静态变量的变化";
    Test2();
    Test2();
    Test2();
?>
```

图 2-28　静态作用域

在 IE 浏览器中运行结果如图 2-28 所示。

从例 2-20 可以发现，一般变量的值每次调用完，再次调用时，前一次的值就会被清除，不会保留；而静态变量每次调用函数完成后，再次调用时，静态变量将会保留着函数前一次被调用时的值。

3. 参数作用域

参数是通过调用函数将值传递给函数的局部变量。参数是在参数列表中声明的，作为函数声明的一部分。

【例 2-21】（实例文件：ch02\Chap2.21.php）参数作用域。

```php
<?php
    function Test($a,$b){
        echo $a+$b;             //输出参数$a 和$b 的和
    }
    Test(10,5);                 //调用 Test()函数，传入参数 10 和 5
?>
```

图 2-29　参数作用域

在 IE 浏览器中运行结果如图 2-29 所示。

2.4.4　可变变量

可变变量是指一个变量可以动态地改变变量名称，也就是可变变量的名称由另一个变量的值确定。可变变量的格式是在变量的前面再加上一个$符号，如下面实例中的$$a 就是一个可变变量。

【例 2-22】（实例文件：ch02\Chap2.22.php）可变变量。

```php
<?php
    $a="hi";                              //定义变量$a
    $hi="小明";                           //定义变量$hi
    echo "变量\$a 的值: ".$a;             //输出变量$a 的值
    echo "<br/>变量\$hi 的值: ".$hi;      //输出变量$hi 的值
    echo "<br/>可变变量\$\$a 的值: ".$$a; //输出可变变量$$a 的值
    echo "<br/>".$a."! ".$$a; //输出$a 和可变变量$$a 的值
    echo "<br/>".$a."! ".$hi; //输出$a 和可变变量$hi 的值
?>
```

在 IE 浏览器中运行结果如图 2-30 所示。

从例 2-22 可以发现，可变变量$$a 和普通变量$hi 输出的结果是一样的，原因就是可变变量$$a 获取了普通变量$a 的值 hi 作为自己的变量名称，等价于$（$a 的值），也就是变量$hi，所以输出的结果一样。

图 2-30　可变变量

2.4.5　来自 PHP 之外的变量

在一个文件中通过表单提交到另一个文件时，都会以表单的 name 属性值传递数据，所以这个 name 属性值就是来自 PHP 之外的变量。

下面通过一个实例进行介绍。创建 form.php 文件，通过 POST 方法提交数据到 Chap2.23.php 文件，在 Chap2.23.php 文件中用预定义变量 $_POST 接受。

【例 2-23】 （实例文件：ch02\Chap2.23.php）来自 PHP 之外的变量。

```php
<?php
    echo "输入的姓名为: " . $_POST["username"] . "<br>";
    echo "输入的密码为: " . $_POST["password"] . "<br>";
    //表单如果以 POST 提交，那么获取内容就用$_POST["表单中 name 的属性值"];
    //表单如果以 GET 提交，那么获取内容就用$_GET["表单中 name 的属性值"];
?>
```

form.php 文件：

```
<form action="Chap2.23.php" method="POST">
    姓名: <input type="text" name="username"><br>
    密码: <input type="text" name="password"><br>
    <input type="submit" value="提交" name="submit">
</form>
```

在 IE 浏览器中运行 form.php 文件并输入内容，如图 2-31 所示；单击"提交"按钮，跳转到 Chap2.23.php 页面，效果如图 2-32 所示。

图 2-31　form.php 页面效果

图 2-32　显示接收的数据

2.5　PHP 运算符

运算符是用来对变量、常量或数据进行计算的符号。PHP 中的运算符包括算术运算符、字符串运算符、赋值运算符、位运算符、逻辑运算符、比较运算符、三元运算符、错误控制运算符等。

2.5.1　算术运算符

算术运算符是处理算术运算的符号。常用的算术运算符如表 2-6 所示。

表 2-6　常用的算术运算符

运　算　符	说　　明	实　　例	运　算　符	说　　明	实　　例
+	加法运算	$a+$b	%	取余数运算	$a%$b
−	减法运算	$a-$b	++	递增运算	$a++、++$a

续表

运 算 符	说　　明	实　　例	运 算 符	说　　明	实　　例
*	乘法运算	$a*$b	--	递减运算	$a--、--$a
/	除法运算	$a/$b			

注意：在算数运算中取余（%）时，如果被除数是负数，取得的结果也一定是负数。

提示：递增运算和递减运算，主要是针对单一的变量操作的。它们都有两种情况，一种是运算符(++或--)放在变量前，表示预递增或预递减，变量先加 1 或者减 1，然后赋值给自身；另一种是将运算符放到变量的后面，表示后递增或后递减，变量先返回自身的值，然后再将自身的值加 1 或者减 1。

【例 2-24】（实例文件：ch02\Chap2.24.php）算术运算符的应用。

```php
<?php
//分别定义变量$a、$b、$c、$d、$e 和$f
$a=-3;
$b=5;
$c=10;
$d=10;
$e=10;
$f=10;
//分别输出变量$a、$b、$c、$d、$e 和$f
echo "\$a = ".$a.",";
echo "\$b = ".$b.",";
echo "\$d = ".$c.",";
echo "\$e = ".$d.",";
echo "\$f = ".$e.",";
echo "\$g = ".$f.";"."<p>";
echo "\$a+\$b=".($a+$b)."<br/>";              //输出$a 加$b 的值
echo "\$a-\$b=".($a-$b)."<br/>";              //输出$a 减$b 的值
echo "\$a*\$b=".($a*$b)."<br/>";              //输出$a 乘$b 的值
echo "\$a/\$b=".($a/$b)."<br/>";              //输出$a 除$b 的值
echo "\$a%\$b=".($a%$b)."<br/>";              //输出$a 和$b 取余的值，$a 是被除数（值为-3）
echo "后递增结果：\$b++=".$c++."<br/>";        //输出$c 后递增的结果
echo "预递增结果：++\$b=".++$d."<br/>";        //输出$d 预递增的结果
echo "后递减结果：\$b--=".$e--."<br/>";        //输出$e 后递减的结果
echo "预递减结果：--\$b=".--$f."<br/>";        //输出$f 预递减的结果
?>
```

在 IE 浏览器中运行结果如图 2-33 所示。

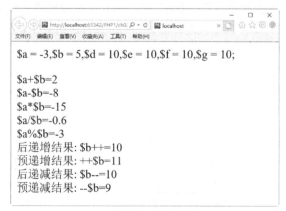

图 2-33　算术运算符的应用

2.5.2　字符串运算符

在 PHP 中，字符串运算符只有一个 "."，作用是把两个字符串连接在一起，组成一个新的字符串。例如下面的代码：

```php
<?php
   $a="我";
   $b="你";
   echo $a ."和".$b;
?>
```

在页面中输出的结果为 "我和你"。

2.5.3　赋值运算符

基本的赋值运算符是 "="，表示把 "=" 右边的值赋值给左边的变量或者常量。PHP 中的赋值运算符如表 2-7 所示。

表 2-7　赋值运算符

运 算 符	说 明	实 例	等 同 于	解 释
=	赋值	$a=b	$a=b	将 b 值赋值给$a
+=	加	$a+=b	$a=$a+b	左边的值加上 b
-=	减	$a-=b	$a=$a-b	左边的值减去 b
*=	乘	$a*=b	$a=$a*b	左边的值乘以 b
/=	除	$a/=b	$a=$a/b	左边的值除以 b
.=	连接字符串	$a.=b	$a=$a.b	左边字符串和右边的字符串连接
%	取余数	$a%b	$a=$a%b	左边的值对右边的值取余数

2.5.4　位运算符

位运算符是指对二进制位从低位到高位对齐后进行运算。PHP 中的位运算符如表 2-8 所示。

表 2-8　位运算符

运 算 符	说 明	实 例	运 算 符	说 明	实 例
&	按位与	$a & $b	~	按位取反	$a~$b
|	按位或	$a | $b	<<	向左移位	$a << $b
^	按位异或	$a ^ $b	>>	向右移位	$a >> $b

【例 2-25】（实例文件：ch02\Chap2.25.php）位运算符的应用。

```php
<?php
   $a=5;
   $b=7;
   echo "按位与的结果：";
   echo $a&$b;            //按位与
```

```
echo "<br/>按位或的结果: ";
echo $a|$b;            //按位或
echo "<br/>按位异或的结果: ";
echo $a^$b;            //按位异或
?>
```

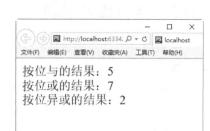

在 IE 浏览器中运行结果如图 2-34 所示。

图 2-34　位运算符的应用

提示：将变量 $a 和 $b 的值转换为二进制：5 的二进制为 0000 0101，7 的二进制为 0000 0111。

在按位与的过程中，按位比较，相同的位上都为 1 则为 1，其他情况为 0，比较结果为 0000 0101，输出结果为 5。

在按位或的过程中，按位比较，相同的位上有 1，则为 1，全为 0 则为 0，比较的结果为 0000 0111，输出的结果为 7。

在按位异或的过程中，按位比较，相同的位上不相同，则为 1，相同为 0，比较结果为 0000 0010，输出结果为 2。

2.5.5　逻辑运算符

逻辑运算符用来进行逻辑运算的，是程序设计中非常重要的一组运算符。PHP 中的逻辑运算符如表 2-9 所示。

表 2-9　逻辑运算符

运　算　符	说　　明	举　　例	解　　释
||	逻辑或	$a and $b	当$a 为真或$b 为真时
or	逻辑或	$a and $b	当$a 为真或$b 为真时
&&	逻辑与	$a and $b	当$a 和$b 都为真时
and	逻辑与	$a and $b	当$a 和$b 都为真时
xor	逻辑异或	$a and $b	当$a 和$b 为一真一假时
!	逻辑非	!$a	当$a 为假时

在逻辑运算符中，逻辑与和逻辑或这两运算符分别有两种运算符号（&&/and 和||/or），但是同一个逻辑结构的两个运算符却有着不同的优先级。

【例 2-26】（实例文件：ch02\Chap2.26.php）逻辑运算符的应用。

```php
<?php
    //逻辑与
    $a = true && false;            //false
    $b = true and false;           //true
    echo "<br/>\$a 的结果: ";
    var_dump($a);
    echo "<br/>\$b 的结果: ";
    var_dump($b);
    //逻辑或
    $a1 = false || true;           //true
    $b1 = false or true;           //false
    echo "<br/>\$a1 的结果: ";
```

```
    var_dump($a1);
    echo "<br/>\$b1 的结果: ";
    var_dump($b1);
?>
```

在 IE 浏览器中运行结果如图 2-35 所示。

在例 2-26 中，and 和&&、or 和||都是表示相同的逻辑结构，结果却不一样。为什么？

其实是因为 and、or 优先级低于&&、||和=，而&&、||优先级又高于=，所以上面实例中$b 和$b1 在逻辑运算时，先做赋值运算，然后再做 and 和 or 的逻辑运算，所以最后出来上面的结果。

图 2-35　逻辑运算符的应用

注意：在使用 and、or 和 xor 的逻辑运算符，不要和=、&&、||一起使用，避免由于优先级的问题而发生不必要的逻辑错误。

2.5.6　比较运算符

比较运算符用于比较两个值（数字或字符串）的大小或者真假。PHP 中的比较运算符如表 2-10 所示。

表 2-10　比较运算符

运　算　符	说　　明	实　　例	解　　释
==	等于	$a==$b	如果$a 等于$b，则返回 true
===	恒等于	$a===$b	如果$a 等于$b，且它们类型相同，则返回 true
<>	不等	$a<>$b	如果$a 不等于$b，则返回 true
!=	不等	$a!=$b（同上）	如果$a 不等于$b，则返回 true
!==	非恒等	$a!==$b	如果$a 不等于$b，或它们类型不相同，则返回 true
<	小于	$a<$b	如果$a 小于$b，则返回 true
>	大于	$a>$b	如果$a 大于$b，则返回 true
<=	小于等于	$a<=$b	如果$a 小于或等于$b，则返回 true
>=	大于等于	$a>=$b	如果$a 大于或等于$b，则返回 true

注意："=="与"==="和"!="与"!=="的区别。$a==$b 表示$a 和$b 转换类型后值相同，但是类型不一定相同；$a===$b 表示$a 和$b 的值相同，类型也相同；$a!=$b 表示$a 和$b 转换类型后值不相同，类型也不一定相同；$a!==$b 表示$a 和$b 转换类型后值不相同，或者类型不同。

2.5.7　三元运算符

PHP 中三元运算符又称为三目运算符，它可以实现简单的条件判断功能，三元运算符的功能与"if…else"流程语句一致，它在一行中书写，不仅代码精练，而且执行效率也高。语法格式如下：

```
条件 ? 结果1 : 结果2
```

其中，问号的前面是判断的条件，如果满足该条件时执行结果 1，不满足时执行结果 2。

例如，判断变量$a 与变量$b 的大小，如果$a-$b>0，执行结果 1；不满足，执行结果 2。

```php
<?php
$a=10;
$b=5;
echo ($a-$b>0)? ("大于"): ("小于");
?>
```

输出的结果为大于。

2.5.8 错误控制运算符

当 PHP 表达式产生错误时，可以通过错误控制运算符@进行控制。只需将@运算符放置在 PHP 表达式之前，该表达式产生的任何错误信息将不会输出到页面。但是要注意，@运算符只是对错误信息不进行输出，并没有真正解决错误。

使用错误控制运算符@不仅可以避免浏览器页面出现错误信息，影响页面美观，还能避免错误信息外露，造成系统漏洞。

```php
<?php
    echo $fn;
?>
```

运行上面的代码，输出 Notice: Undefined variable: fn in …\Chap2.29.php on line 2 的错误，提示使用了未定义的变量。如果不想显示这个错误，就可以在表达式前面加上@，具体代码如下：

```php
<?php
    echo @($fn);
?>
```

错误信息将不会输出，但是错误依然存在。

2.5.9 运算符的优先顺序

运算符的优先顺序，是指在表达式运算时哪个运算符先执行。例如，常说的先执行乘除运算，再执行加减运算。

在 PHP 中，运算符应该遵循优先级高的运算先执行，优先级低的运算后执行，相同优先级的运算按照从左到右的顺序进行。另外，可以使用圆括号强制改变运算符的优先级，圆括号内的运算先执行。PHP 中运算符的优先级如表 2-11 所示。

表 2-11　运算符的优先级

优 先 级	运 算 符	说　明
1	++, --	递增、递减运算符
2	!	逻辑运算符
3	*, /, %	算术运算符
4	+, -	算术运算符
5	<<, >>	位运算符
6	<<=, >>=, <>	比较运算符
7	==, !=, ===, !==	比较运算符
8	&, |, ^	位运算符
9	&&, ||	逻辑运算符

续表

优　先　级	运　算　符	说　　明
10	? :	三元运算符
11	=, +=, -=, *=, /=, .=, %	赋值运算符
12	and, xor, or	逻辑运算符

可以发现，运算符是比较多的，无须刻意去记住它们，如果写的表达式很复杂，而且包含很多运算符的话，可以多使用括号设置运算的顺序，这样会减少出错的概率。

2.6　PHP 表达式

表达式是 PHP 程序语言的基石，可以说是最重要的组成元素了。它是由操作数、操作符以及括号所组成。

PHP 中的常量、变量和函数通过运算符连接后便可以形成表达式，如$a=10 就是一个表达式。表达式也有值，表达式$a=10 的值就为 10。

根据表达式中运算符类型的不同可以把表达式分成算术表达式、字符串连接表达式、赋值表达式、位运算表达式、逻辑表达式、比较表达式、其他表达式等，其中最常见的表达式是比较表达式和逻辑表达式，这两种表达式的值都为真或假。例如下面的代码：

```php
<?php
    $a=5;                       //赋值表达式
    $b=8;                       //赋值表达式
    var_dump($a<$b);           //$a>$b 为比较表达式
    var_dump($a xor $b);       //$a xor $b 为逻辑表达式
?>
```

输出的结果分别为 true 和 false。

注意：在 PHP 的代码中，使用 ";" 分号区分表达式和语句，可以理解为表达式加上分号就是一条语句，如$a=10 是表达式，$a=10;是一条 PHP 语句。

2.7　PHP 编码规范

编码规范对于编程人员来说非常重要。很多初学者对编码规范不以为然，认为对程序开发没什么帮助，这种想法是错误的。

在如今的 Web 项目开发中，不再是一个人完成所有的工作，尤其是一些大型的项目，需要很多人共同完成。在项目开发中，难免会有新的开发人员参与进来，如果前任编写的代码没有按编码规范编写，新的开发人员在阅读代码时就会有许多的问题。本节介绍关于编码规范的一些知识。

2.7.1　什么是编码规范

以 PHP 开发为例，编码规范融合了开发人员长期积累的经验，形成了一种良好的统一的编程风格，这种编程风格会在团队开发或二次开发时具有事半功倍的效果。编码规范是一种总结性说明和介绍，并不是强制性的规则。从项目长远的发展以及团队效率考虑，遵守编码规范是非常必要的。

遵循编码规范的好处如下：

- 开发人员可以了解任何代码，理清程序的状况。
- 提高代码的可读性，有利于相关设计人员的交流。
- 有助于程序的维护，降低软件成本。
- 有利于团队管理，实现团队资源的可重用。

2.7.2　PHP 书写规则

1. 缩进

使用制表符（TAB 键）缩进，缩进单位为 4 个空格。如果开发工具的种类多样，则需要在开发工具中统一设置。

2. 花括号{}

有两种花括号放置规则。

（1）将花括号放到关键字的下方、同列。

```
if(condition)
{
//代码块
}
```

（2）首括号与关键词同行，尾括号与关键字同列。

```
if(condition){
//代码块
}
```

3. 关键字、圆括号、函数、运算符

（1）不要把圆括号和关键字紧贴在一起，用空格隔开它们。

```
for (condition){              //for 和 "(" 之间有一个空格
    //代码块
}
```

（2）圆括号和函数要紧贴在一起，以便区分关键字和函数。

```
round($sum)                   //round 和 "(" 之间没有空格
```

（3）运算符与两边的变量或者表达式要有一个空格（字符连接运算符 "." 除外）。

```
if($a > $b){                  //$a 和 ">"、$b 和 ">" 之间都有一个空格
    //代码块
}
```

（4）尽量不要在 return 返回语句中使用圆括号。

```
return $a;
```

2.7.3　PHP 命名规则

一般而言，类、函数和变量的名字应该能够让阅读者容易地知道代码的作用，尽量避免使用模棱两可的名字。

1. 类命名

- 使用大写字母作为词的分隔，其他字母均使用小写。
- 名字的首字母使用大写。
- 不要使用下画线（"_"）。

例如：Name、ClassName、People、Animal 等。

2. 类属性命名

- 属性命名应该以字符 m 为前缀。
- m 后采用与类命名一致的规则。
- m 总是在名字的开头起修饰作用，就像以 r 开头的名字表示引用变量一样。

例如：

```
class People{
    public $mName="小明";
    ...
}
```

3. 方法命名

方法的作用是执行一个动作，达到一个目的。所以，方法的名称应该说明方法是做什么的。一般名称的前缀和后缀都有一定的规律，如 Get（得到）、Set（设置）。方法的命名规范与类命名是一致的。

```
class People{
    function getName(){
        ...
    }
}
```

4. 方法中参数命名

第一个字符使用小写字母，在首字符后的所有字符首字母都大写。

```
class People{
    function getName($firstName){
        ...
    }
}
```

5. 变量命名

所有字母都使用小写，使用 "_" 作为每个词的分界。

例如：$string、$array、$first_name 等。

6. 引用变量/函数命名

引用变量/命名应带有 r 前缀。

```
class People{
    function getName(&$rTest){
        ...
    }
    function &rGetTest(){
        ...
    }
}
```

7. 全局变量

全局变量应该带前缀 g。例如：global=$gTest。

8. 常量、全局常量

常量、全局常量应该全部使用大写字母，单词之间用 "_" 分隔。

```
define('DEFAULT_VALUE',80);
```

9. 静态变量

静态变量应该带前缀 s。

```
static $sVar=100;
```

10. 函数命名

函数名中所有的字母都使用小写字母，多个单词使用 "_" 分割。

```
function this_my_function(){
    //代码块
}
```

11. 数据库表名命名

- 表名均使用小写字母。
- 对于普通数据表，使用 "_t" 结尾。
- 对于视图，使用 "_v" 结尾。
- 对于多个单词组成的表名，使用 "_" 间隔。

例如：student_score_t 和 book_store_v 等。

12. 数据库字段命名

- 全部使用小写。
- 多个单词间使用 "_" 间隔。

例如：user_name、user_age 等。

2.8　就业面试技巧与解析

面试官：PHP 中 echo、print、print_r、var_dump 的区别是什么？

应聘者：

（1）echo、print 语言结构，非函数，能打印整型和字符串。

（2）print_r()除了打印整型、字符串外，还能打印数组、对象，以键值对形式打印数组、对象。

（3）var_dump()除了打印整型、字符串、数组、对象，还能打印布尔型，而且输出变量类型、长度和值。

第3章

PHP 面向对象的程序设计

学习指引

面向对象是一种程序设计思想，比面向过程有更大的灵活性和扩展性。本章通过讲述面向对象的基本概念以及相关的案例，让读者对面向对象有清晰的认识，能够掌握把实际问题抽象成为类、对象解决实际问题的方法，从而掌握面向对象最重要的核心技术。

面向对象技术是计算机发展的趋势，要想在编程的世界中走得更远，就一定要掌握它。

重点导读

- 了解面向对象。
- 掌握如何定义一个类。
- 掌握通过类实例化对象。
- 掌握面向对象的封装性和继承性。
- 熟悉常见的关键字和方法。
- 熟悉抽象类和接口技术。
- 熟悉命名空间。

3.1　面向对象的介绍

面向对象包括三部分内容：面向对象分析、面向对象设计和面向对象编程。面向对象的两个重要概念是类和对象。

3.1.1　类和对象之间的关系

类是用于描述"某一些具有共同特征"物体的概念，是某一类物体的总称。

对象是指一个具体的"物体"，该物体隶属于某个"类别"（类）。

类是无形的、看不见、摸不着，不实际存在的。类是具有相同属性和方法的一组对象的集合，为属于该类的所有对象提供统一的抽象描述，其内部包括属性和方法两个主要部分。

对于对象，客观世界中任何一个事物都可以看成一个对象，对象看得见、摸得着，是实际存在的。对象是构成系统的基本单位，并且任何一个对象都应具有属性和行为（方法）两个要素。

就好比把人类看成一个类，它有姓名、年龄、身高和体重等属性，也有吃饭、睡觉和走路等行为（方法）。而对象，就是具体的一个人，是从人类这个类实例化出来的一个对象，这个人具有人类的各种属性和方法。

其实类和对象的关系也就是：对象是类的实例，类是对象的模板。

3.1.2 面向对象的程序设计

面向对象程序设计是一种程序开发的方法。对象指的是类的实例，它将对象作为程序的基本单元，将程序和数据封装其中，以提高软件的重用性、灵活性和扩展性。

面向对象程序设计可以看作一种在程序中包含各种独立而又互相调用的对象的思想。这与传统的思想刚好相反，传统的程序设计主张将程序看作一系列函数的集合，或者直接就是一系列对计算机下达的指令。面向对象程序设计中的每一个对象都应该能够接收数据、处理数据并将数据传达给其他对象，因此它们都可以被看作一个小型的"机器"，即对象。

目前已经被证实的是，面向对象程序设计推广了程序的灵活性和可维护性，并且在大型项目设计中广为应用。

当提到面向对象的时候，它不仅指一种程序设计方法，更多意义上是一种程序开发方式。在这一方面，必须要了解更多关于面向对象系统分析和面向对象设计的知识。

3.2 如何抽象一个类

本节介绍如何定义一个类，以及类的属性和方法。

3.2.1 类的定义

PHP 中的类是通过 class 关键字加上类名定义的。定义类的格式如下：

```php
<?php
    class Person{       //定义人类
        …
    }
?>
```

在两个花括号中间的部分是类的全部内容。

注意：定义类的时候，类名的第一个字母推荐大写。

3.2.2 成员属性

类中的成员属性用来保存数据信息，或与成员方法进行交互实现某种功能。

定义成员变量的格式如下：

关键字 成员属性

提示： 关键字可以使用 public、protected、private、static 和 final 中的任意一个。

下面创建一个人类，并添加姓名、年龄等属性。

```php
<?php
    class Person{                        //定义人类
        public $name="小明";             //定义$name属性
        public $age="18";                //定义$age属性
    }
?>
```

3.2.3 成员方法

类中的函数被称为成员方法。函数和成员方法的区别：函数实现某个独立的功能；成员实现类的一个行为，是类的一部分。例如下面代码：

```php
<?php
    class Person{                        //定义人类
        public function study(){         //定义成员方法
            echo "想学习PHP";
        }
    }
?>
```

3.3 通过类实例化对象

类是对象的模板，所以对象需要通过类来实例。

3.3.1 实例化对象

类定义完成以后，接下来便可以使用类中的成员和方法了。但不像使用函数那么简单，因为类是一个抽象的描述，是功能相似的一组对象的集合。如果想使用类中的方法和属性，首先需要把它落实到一个实体，也就是对象上。所以需要先实例化一个对象，通过该对象调用方法和属性。

实例化是通过关键字 new 完成的，具体格式如下：

$对象名称=new 类名;

【例 3-1】（实例文件：**ch03\Chap3.1.php**）实例化对象。

```php
<?php
    class Person{                        //定义人类
        public function study(){         //定义成员方法
            echo "小明想学习PHP";
        }
    }
    $person=new Person();                //实例化一个对象$person
    $person->study();                    //访问成员方法
?>
```

在 IE 浏览器中运行结果为 "**小明想学习 PHP**"。

3.3.2 对象中成员的访问

访问成员属性和成员方法是一样的，都是使用实例化对象调用。具体的格式如下：

```
$实例化的对象->成员属性
$实例化的对象->成员方法
```

下面通过一个实例进行介绍。

【例 3-2】（实例文件：ch03\Chap3.2.php）访问对象的属性和方法。

```php
<?php
    class Person{                           //定义人类
        public $name="小明<br/>";           //定义成员属性
        public $age="20 岁<br/>";            //定义成员属性
        public function study(){            //定义成员方法
            echo "想学习 PHP";
        }
    }
    $person=new Person();                   //实例化一个对象$person
    echo $person->name;                     //访问成员属性
    echo $person->age;                      //访问成员属性
    $person->study();                       //访问成员方法
?>
```

在 IE 浏览器中运行结果如图 3-1 所示。

图 3-1 访问对象的属性和方法

3.3.3 特殊的对象引用$this

3.3.2 节介绍了在对象外访问对象的属性和方法，即 "对象->成员属性、方法"。如果想在对象的内部，让对象里的方法访问本身对象的属性或方法时，如何实现呢？

因为对象里面的所有的成员都要用对象调用，包括对象的内部成员之间的调用，所以 PHP 提供了一个对本身对象的引用$this。每个对象里面都有一个对象的引用$this 代表这个对象，完成对象内部成员的调用。

【例 3-3】（实例文件：ch03\Chap3.3.php）$this 的应用。

```php
<?php
    class Person{                                   //定义人类
        public $name="小红<br/>";                    //定义成员属性
        public $age="18 岁<br/>";                     //定义成员属性
        public function introduce(){
            echo $this->name."今年是".$this->age;      //方法内访问成员属性
        }
        public function study(){
            $this->introduce();                     //方法内访问成员方法 introduce()
            echo "想学习 PHP";
        }
    }
    $person=new Person();                           //实例化一个对象$person
    $person->study();                               //访问成员方法
?>
```

在 IE 浏览器中运行结果如图 3-2 所示。

图 3-2　$this 的应用

3.3.4　构造函数与析构函数

构造函数是类中的一个特殊函数，当使用 new 关键字实例化对象时，相当于调用了类的构造函数。实例化对象时自动调用，用于给对象的属性赋初值。

析构函数也是类中的特殊函数，在对象被销毁释放之前自动调用，并且该函数不能带有任何的参数。

1. 构造函数

PHP 5 允许开发者在一个类中定义一个方法作为构造函数。具有构造函数的类会在每次创建新对象时先调用此方法，所以非常适合在使用对象之前做一些初始化工作。

当一个类实例化一个对象时，可能会有很多的类属性。例如下面 Person 类中的成员属性：

```
class Person{
    public $name;           //定义姓名属性
    public $sex;            //定义性别属性
    public $age;            //定义年龄属性
    public $grade;          //定义年级属性
    public $class;          //定义班级属性
}
```

定义一个 Person 类的对象，并对这个类的成员属性赋初值。代码如下：

```
$person=new Person();
$person->name="小明";
$person->sex="男";
$person->age="12";
$person->grade="五年级";
$person->class="3 班";
```

可以发现，如果赋初值比较多，写起来相当麻烦。为此，PHP 引入构造函数。构造函数是生成对象时自动执行的成员方法，作用是初始化对象。构造函数可以没有参数，也可以有多个参数。定义构造函数的语法格式如下：

```
__construct([arguments]);
```

【例 3-4】（实例文件：ch03\Chap3.4.php）构造函数的应用。

```
<?php
class person{
    public $name;           //定义姓名属性
    public $sex;            //定义性别属性
    public $age;            //定义年龄属性
    public $grade;          //定义年级属性
    public $class;          //定义班级属性
    public function __construct($name, $sex, $age, $grade, $class){       //定义构造函数
```

```
        echo $this->name=$name."-";          //为成员属性$name 赋值，并输出
        echo $this->sex=$sex."-";             //为成员属性$sex 赋值，并输出
        echo $this->age=$age."-";             //为成员属性$age 赋值，并输出
        echo $this->qrade=$grade."-";         //为成员属性$grade 赋值，并输出
        echo $this->class=$class;             //为成员属性$class 赋值，并输出
    }
}
$person1=new Person("小明","男","12","五年级","3班");    //实例化一个对象$person，并传递参数
echo "<hr/>";
$person2=new Person("小红","女","10","四年级","2班");    //实例化一个对象$person，并传递参数
?>
```

在 IE 浏览器中运行结果如图 3-3 所示。

从例 3-4 可以看出，使用构造函数，在实例化对象时只需一条语句即可完成对成员变量的赋值。

注意：如果子类中定义了构造函数，则不会隐式调用其父类的构造函数；要执行父类的构造函数，需要在子类的构造函数中调用 parent::__construct()。如果子类没有定义构造函数，则会如同一个普通的类方法一样，从父类继承。

图 3-3　构造函数的应用

2. 析构函数

析构函数会在到某个对象的所有引用都被删除或者当对象显示销毁时执行，作用是释放内存。定义析构函数的语法格式如下：

```
__destruct(void);
```

【例 3-5】（实例文件：ch03\Chap3.5.php）析构函数的应用。

```php
<?php
class person{
    public $name;                   //定义姓名属性
    public $sex;                    //定义性别属性
    public $age;                    //定义年龄属性
    public $grade;                  //定义年级属性
    public $class;                  //定义班级属性
    public function __construct($name, $sex, $age, $grade, $class){        //定义构造函数
        echo $this->name=$name."-";          //为成员属性$name 赋值，并输出
        echo $this->sex=$sex."-";            //为成员属性$sex 赋值，并输出
        echo $this->age=$age."-";            //为成员属性$age 赋值，并输出
        echo $this->grade=$grade."-";        //为成员属性$grade 赋值，并输出
        echo $this->class=$class;            //为成员属性$class 赋值，并输出
    }
    public function __destruct(){
        echo "<p>对象被销毁后，调用析构函数</p>";
    }
}
$person1=new Person("小明","男","12","五年级","3班");        //实例化一个对象$person，并传递参数
echo "<hr/>";
$person2=new Person("小红","女","10","四年级","2班");        //实例化一个对象$person，并传递参数
?>
```

在 IE 浏览器中运行结果如图 3-4 所示。

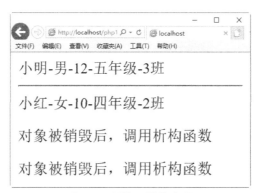

图 3-4　析构函数的应用

提示：PHP 采用的是一种"垃圾回收"机制，自动清除不再使用的对象，释放内存。也就是说，即使不使用 unset()函数，析构函数也会自动被调用。

3.4　封装性

类的封装是对属性或方法的访问控制，通过在前面添加关键字 public（公有）、protected（受保护）或 private（私有）实现。被定义为公有的类成员，可以在任何地方被访问；被定义为受保护的类成员，则可以被其自身以及其子类和父类访问；被定义为私有的类成员，则只能在被定义所在的类访问。

注意：类属性必须定义为公有、受保护、私有之一。类中的方法可以被定义为公有，私有或受保护。如果没有设置这些关键字，则该方法默认为公有。

注意：是实现访问控制，而不是拒绝访问。也就是说，私有化属性后，需要提供相应的方法，让用户通过提供的方法处理属性。

3.4.1　设置私有成员

定义类的时候，使用 private 关键字可以将成员属性和方法设置为私有的。只能被这个类的其他成员方法调用，而不能被其他类中的方法调用。

【例 3-6】（实例文件：ch03\Chap3.6.php）设置私有成员。

```php
<?php
class My{
    private $name="私有属性";          //设置私有属性
    private function say(){           //设置私有方法
        echo "私有方法";
    }
}
$my=new My;                          //实例化一个对象$my
echo $my->name;
$my->say();
?>
```

在 IE 浏览器中运行结果为 Fatal error: Cannot access private property My::$name in…，含义是无法访问私有属性。如果把 echo $my->name;注释掉，刷新浏览器，运行结果变为 Fatal error: Call to private method My::say() from context " in…，含义是无法访问私有方法。

3.4.2 私有成员的访问

在类的封装中，可以自定义方法访问私有成员，如例 3-7 中的 setAttr() 和 getAttr() 方法。因为 setAttr() 和 getAttr() 方法是该类中的方法，所以可以访问该类的私有成员。而这两个方法是公有的，所以在类外可以访问这两个方法。因此，通过这两个方法可以在类外面访问该类的私有成员。

下面通过一个实例进行介绍。在实例中定义了 setAttr() 和 getAttr() 两个方法。setAtte() 方法用来为私有属性赋值，getAttr() 方法用来获取私有属性。

【例 3-7】（实例文件：ch03\Chap3.7.php）访问私有成员。

```php
<?php
class My{
    private $name="小明";              //设置私有属性
    private $age="18 岁";             //设置私有属性
    public function setAttr($name,$age){
        $this->name=$name;
        $this->age=$age;
    }
    public function getAttr(){
        echo $this->name;
        echo $this->age;
    }
}
$my=new My;                         //实例化一个对象$my
$my->setAttr("小红","12 岁");        //设置私有成员属性
$my->getAttr();                     //访问私有成员属性
?>
```

在 IE 浏览器中运行结果为"小红 12 岁"。

除了自定义方法以外，还可以使用 PHP 预定义的方法获取和修改私有成员。

PHP 中预定义了__get() 和__set() 方法，其中__get() 方法用于获取私有成员属性值，__set() 方法用于为私有成员属性值赋值，这两个方法获取或设置私有属性值时都是自动调用的。关于__get() 和__set() 方法将在 3.4.3 节进行介绍。

3.4.3 __set()、__get()、__isset() 和__unset() 方法

__set()、__get()、__isset() 和__unset() 是实现属性重载的魔术方法。

提示： 重载是指动态地创建类属性和方法。本节介绍的是重载属性的魔术方法，后面还会介绍重载方法的魔术方法，如__call() 方法。

注意： 所有的重载方法都必须被定义为 public。

__set()、__get()、__isset() 和__unset() 方法的具体介绍如表 3-1 所示。

表 3-1　重载的魔术方法

方　　法	说　　明	语　　法	参　数　说　明
__set()	在给不可访问属性赋值时，__set() 会被调用	__set ($name ,$value)	参数$name 是指要操作的变量名称。__set() 方法的 $value 参数指定了 $name 变量的值
__get()	读取不可访问属性的值时，__get() 会被调用	__get ($name)	
__isset()	当对不可访问属性调用 isset() 或 empty() 时，__isset() 会被调用	__isset ($name)	
__unset()	当对不可访问属性调用 unset() 时，__unset() 会被调用	__unset ($name)	

注意：这些魔术方法的参数都不能通过引用传递。

【例 3-8】（实例文件：ch03\Chap3.8.php）实现属性重载的魔术方法。

```php
<?php
class Person{
//下面是类的成员属性，都是封装的私有成员
    private $name;                  //姓名
    private $grade;                 //年级
    private $class;                 //班级
//在直接获取私有属性值的时候，自动调用__get()方法
    public function __get($property){
        return($this->$property);
    }
//在直接设置私有属性值的时候，自动调用__set()方法为私有属性赋值
    public function __set($property, $value){
        $this->$property = $value;
    }
    //当用isset()或empty()判断一个不可见属性时，自动调用__isset()
    public function __isset($argument){
        echo $argument."属性不存在<br/>";
    }
    //当unset一个不可见属性时，自动调用__unset()
    public function __unset($argument){
        echo $argument."属性不存在,无法销毁";
    }
}
$person=new Person();           //实例化一个对象
//直接为私有属性赋值的操作，会自动调用__set()方法进行赋值
$person->name="小明";
$person->grade="五年级";
$person->class="3班";
//直接获取私有属性的值，会自动调用__get()方法，返回成员属性的值
echo "姓名: ".$person->name."<br>";
echo "年级: ".$person->grade."<br>";
echo "班级: ".$person->class."<br>";
//判断不存在的属性age，会自动调用__isset()方法
isset($person->age);
//销毁不存在的属性age，会自动调用__unset()方法
unset($person->age);
?>
```

在 IE 浏览器中运行结果如图 3-5 所示。

图 3-5　实现属性重载的魔术方法

3.5　继承性

在 PHP 中，对象的继承使用 extends 关键字实现，而且最多只能继承一个父类，PHP 不支持多继承。继承对于功能的设计和抽象是非常有用的，而且对于类似的对象增加新功能就无须重新再写这些公用的功能。

3.5.1　类继承的应用

子类继承父类的所有成员和方法，包括构造函数。当子类实例化时，PHP 会先查找子类中是否有构造

函数，如果子类有自己的构造函数，PHP 则会先调用子类的构造函数；如果子类没有自己的构造函数，则会调用父类的构造函数，这就是继承。

给子类使用 extends 关键字，让子类继承父类。例如下面代码：

```
class Student extends Person{}
```

【例 3-9】（实例文件：ch03\Chap3.9.php）类继承的应用。

```php
<?php
class Person{
    public $name;                                    //定义姓名属性
    public $sex;                                     //定义性别属性
    public $height;                                  //定义身高属性
    public function __construct($name,$sex,$height){ //定义构造函数
        $this->name=$name;                           //为成员属性$name 赋值，并输出
        $this->sex=$sex;                             //为成员属性$sex 赋值，并输出
        $this->height=$height;                       //为成员属性$height 赋值，并输出
    }
}
class Man extends Person{                             //定义子类 Man，继承父类
    public function state(){
        if($this->height>=195||$this->sex=="男"){
            echo $this->name."满足打篮球的条件";
        }else{
            echo $this->name."不满足条件";
        }
    }
}
class Woman extends Person{                           //定义子类 Woman，继承父类
    public function state(){
        if($this->height>=175||$this->sex=="女"){
            echo $this->name."满足打篮球的条件";
        }else{
            echo $this->name."不满足条件";
        }
    }
}
$man=new Man("小明","男","198");                       //实例化对象
$man->state();
echo "<hr/>";
$woman=new Woman("小红","女","180");                    //实例化对象
$woman->state();
?>
```

在 IE 浏览器中运行结果如图 3-6 所示。

图 3-6　类继承的应用

3.5.2　私有属性的继承

类中的私有属性或者方法是不能被子类继承的。但是当父类中某个方法调用了父类中的私有属性或者方法时，该方法在被继承以后，将能继续通过$this 访问父类中的私有属性或者方法。

【例 3-10】（实例文件：ch03\Chap3.10.php）私有属性的继承。

```php
<?php
class Person{
```

```
        private $name="小明";                   //定义私有属性
        private function show(){               //定义私有方法
            echo "喜欢打篮球";
        }
        public function say(){                 //定义公有方法，访问私有属性和方法
            echo $this->name;
            echo $this->show();
        }
    }
    class Man extends Person{}                 //定义子类，继承父类
    $man=new Man();                            //实例化一个对象$man
    $man->say();
    ?>
```

在 IE 浏览器中运行结果如图 3-7 所示。

图 3-7　私有属性的继承

3.5.3　子类中重载父类的方法

因为在 PHP 中不能存在同名的函数，所以在同一个类中也就不能定义重名的方法。本节所介绍的重载是指在子类中可以定义和父类同名的方法，从而覆盖从父类继承过来的方法。

包括构造函数在内，子类可以重新定义同名的类方法以覆盖父类的方法。在子类的构造函数中可使用 parent::__construct()调用父类中的构造函数。

注意：除构造函数之外，其他函数在覆盖时，函数的参数列表必须相同。

【例 3-11】（实例文件：ch03\Chap3.11.php）子类中重载父类的方法。

```
<?php
class Person{
    public $name;                              //定义姓名属性
    public function __construct($name){        //定义构造函数
        $this->name=$name;                     //为成员属性$name赋值，并输出
    }
    public function say(){
        echo $this->name."-";
    }
}
class Man extends Person{                       //定义子类 Man，继承父类
    public $height;                             //定义身高属性
    public function __construct($name,$height){
        parent::__construct($name);            //调用父类的构造函数
        $this->height=$height;
    }
    public function say(){                      //重载父类方法
        if($this->height>=190){
            echo "满足打篮球的条件";
        }else{
            echo "不满足条件";
        }
    }
}
$man=new Man("小明","198");                     //实例化一个对象$man
$man->say();
?>
```

在 IE 浏览器中运行结果如图 3-8 所示。

图 3-8　子类中重载父类的方法

3.6　常见的关键字和方法

在 PHP 中有很多的关键字，用来修饰类的属性和方法，如 public、protected、static、private 等。

3.6.1　final 关键字

final 关键字是 PHP 5 新增的。如果父类中的方法被声明为 final，则子类无法覆盖该方法。如果一个类被声明为 final，则不能被继承。

注意： 属性不能被定义为 final，只有类和方法才能被定义为 final。

使用 final 标识的类，不能再被继承，也不能再有子类。例如下面代码：

```
final class class name{
    //...
}
```

在类中使用 final 标识的方法，在子类中不可以重写，也不能被覆盖。例如下面代码：

```
final function method_name();
```

下面通过一个实例来介绍。在实例中，首先定义一个类 Person，在类中定义一个 say() 方法，在前面加上 final 关键字；然后定义一个子类 Man，在这个子类中覆盖父类中的 say() 方法。

【例 3-12】（实例文件：ch03\Chap3.12.php）final 关键字的应用。

```php
<?php
class Person{
    final function say(){        //定义公有方法，访问私有属性和方法
        echo "你好";
    }
}
class Man extends Person{
    public function say(){       //覆盖父类中的方法
        echo "我很好";
    }
}
$man=new Man();                  //实例化一个对象$man
$man->say();
?>
```

在 IE 浏览器中输出的结果如下：

```
Fatal error: Cannot override final method Person::say() in
```

含义是不能覆盖最终方法 Person::say()。

3.6.2　static 关键字

static 关键字的作用是将类的成员属性或成员方法标识为静态的。

使用 static 关键字标识的成员属性和成员方法在类内、类外调用的方法是不一样的。

在类外调用的方式如下：

```
类调用: 名::静态成员属性名;
类调用: 类名::静态成员方法名();
对象调用: 对象名::静态成员属性名;
对象调用: 对象名::静态成员方法名();
```

【例 3-13】（实例文件：ch03\Chap3.13.php）在类外调用 static 关键字标识的成员。

```php
<?php
    class Example{
        public static $a="调用静态属性<br/>";          //定义静态属性
        public static function test(){                  //定义静态方法
            echo "调用静态方法<br/>";
        }
    }
    echo Example::$a;                                   //Example 类调用属性
    echo Example::test();                               //Example 类调用方法
    echo "<hr/>";
    $example=new Example();                             //实例化一个对象$example
    echo $example::$a;                                  //$example 对象调用属性
    echo $example::test();                              //$example 对象调用方法
?>
```

在 IE 浏览器中运行结果如图 3-9 所示。

在类内调用方式如下：

```
self::静态成员属性名
self::静态成员方法名()
```

【例 3-14】（实例文件：ch03\Chap3.14.php）在类内调用 static 关键字标识的成员。

```php
<?php
class Example{
    public  static $a="在类中调用静态属性<br/>";       //定义静态属性
    public static function test(){                      //定义静态方法
        echo "在类中调用静态方法";
    }
    public function test1(){                            //定义静态方法
        echo self::$a;
        echo self::test();
    }
}
$example=new Example();                                 //实例化一个对象$example
$example->test1();                                      //调用 test1()方法
?>
```

在 IE 浏览器中运行结果如图 3-10 所示。

提示： 在使用静态方法时需要注意，在静态方法中只能访问静态成员。因为非静态的成员必须通过对象的引用进行访问，通常是使用$this 来完成。而静态的方法，在对象不存在的情况下也可以直接使用类名来访问，没有对象也就没有$this 引用，没有$this 引用就不能访问类中的非静态成员，但是可以使用类名或者 self 在非静态方法中访问静态成员。

图 3-9　在类外调用 static 关键字标识的成员　　　　图 3-10　在类内调用 static 关键字标识的成员

3.6.3　单态设计模式

单态设计模式就是让类的一个对象成为系统中的唯一实例，避免大量的 new 操作而消耗内存资源，也方便设置钩子输出日志信息等。

实现单态设计模式需要满足以下三点：

（1）一个私有的静态的属性：用于保存仅有的一个实例化对象。

（2）一个私有的构造方法：确保用户无法通过创建对象对其进行实例化。

（3）一个公有的静态的方法：负责对其本身进行实例化。

【例 3-15】（实例文件：ch03\Chap3.15.php）实现单态设计模式。

```php
<?php
    class Example{
        static private $_instance=null;              //保存类的实例的静态成员属性
        private function __construct(){              //私有的构造方法
            echo "私有的构造方法<br>";
        }
        static public function getInstance(){        //用于访问类实例的公共的静态方法
            if(!(self::$_instance instanceof Example)){
                echo "实例化一次<br>";
                self::$_instance = new self;
            }
            return self::$_instance;
        }
        public function test(){            //类的其他方法
            echo "调用类的实例成功<br/>";
        }
    }
    $one = Example::getInstance();        //第一次调用类的实例
    $one->test();
    $two = Example::getInstance();        //第二次调用类的实例
    $two->test();
    $three = Example::getInstance();      //第三次调用类的实例
    $three->test();
?>
```

图 3-11　实现单态设计模式

在 IE 浏览器中运行结果如图 3-11 所示。

从例 3-15 的结果可以发现，不管调用类的实例多少次，只实例化一次 Example 类。

3.6.4　const 关键字

const 是一个定义常量的关键字。调用 const 常量的方式和静态成员（static）的调用是一样的，在类外通过类名访问，在成员方法中使用 self 关键字进行访问。具体参考 3.6.2 节。

注意： const 标识的常量是一个恒值，不能重新赋值，所以一定要在定义的时候初始化。使用 const 声明的常量名称前不能使用$符号，并且常量名通常都是大写的。

【**例 3-16**】 （实例文件：ch03\Chap3.16.php）const 关键字的应用。

```php
<?php
class Person{
    const NUMBER1=100;                          //定义常量
    const NUMBER2=30;                           //定义常量
    public $name="小明";                        //定义变量(成员属性)
    public function buy(){                      //定义公有方法
        echo $this->name."想买".self::NUMBER1."只鸡";  //类中调用常量 NUMBER1
    }
}
$person=new Person();                           //实例化对象
$person->buy();
echo "和".Person::NUMBER2."头牛";               //类外调用 NUMBER2
?>
```

在 IE 浏览器中运行结果如图 3-12 所示。

3.6.5　instanceof 关键字

instanceof 关键字有以下两个用法：

（1）判断一个对象是否是某个类的实例。

（2）判断一个对象是否实现了某个接口。

小明想买100只鸡和30头牛

图 3-12　const 关键字的应用

本节主要介绍第一个用法。使用 instanceof 关键字判断一个对象是某个类的实例时，返回 true；否则返回 false。

instanceof 关键字语法格式如下：

```
对象引用 instanceof 类名
```

【**例 3-17**】 （实例文件：ch03\Chap3.17.php）instanceof 关键字的应用。

```php
<?php
class Person{}                                 //定义类
class Man extends Person{};                    //创建 Person 的子类 Man
class Person1{}                                //定义类
$person=new Person();                          //实例化对象
$man=new Man();                                //实例化对象
$person1=new Person1();                        //实例化对象
if($person instanceof Person){                 //判断$person 是否为 Person 的实例
    echo "\$person"."是"."Person 的一个实例";
}
else{echo "\$person"."不是"."Person 的一个实例";}
```

```
echo "<br/>";
if($man instanceof Person){                    //判断$man是否为 Person 的实例
    echo "\$man"."是"."Person 的一个实例";
}
else{echo "\$man"."不是"."Person 的一个实例";}
echo "<br/>";
if($person1 instanceof Person){                //判断$person1是否为 Person 的实例
    echo "\$person1"."是"."Person 的一个实例";
}
else{echo "\$person1"."不是"."Person 的一个实例";}
?>
```

在 IE 浏览器中运行结果如图 3-13 所示。

图 3-13　instanceof 关键字的应用

3.6.6　克隆对象

在 PHP5 中，对象的传递方式默认为引用传递，如果想要在内存中生成两个一样的对象或者创建一个对象的副本，这时可以使用"克隆对象"。

克隆对象是通过关键字 clone 实现的。语法格式如下：

```
$克隆对象=clone $原对象;
```

用 clone 克隆出来的对象与原对象没有任何关系，它是把原来的对象从当前的位置重新复制了一份，也就是相当于在内存中新开辟了一块空间。

克隆对象时，PHP 会检查克隆的原对象中是否含有__clone()方法，如果不存在，就会调用默认的__clone()方法，复制对象的所有属性；如果__clone()方法已经定义过，那么__clone()方法就会执行定义的内容。

【例 3-18】（实例文件：ch03\Chap3.18.php）克隆对象的应用。

```
<?php
class Name{                              //创建类 Name
    public $name="小明";
}
class Name1{                             //创建类 Name1
    public $name="小明";
    public function __clone(){            //定义__clone()方法
        $this->name="小红";              //修改属性$name 的值
    }
}
$name=new Name();                        //实例化一个对象 name
$name1=new Name1();                      //实例化一个对象 name1
$name2=clone $name;                      //克隆$name
```

```
echo "\$name2 的值: $name2->name";          //输出对象$name2 的值
echo "<br/>";
$name3=clone $name1;                        //克隆$name1，由于$name1 中存在__clone()方法，所以会调用
echo "\$name3 的值: $name3->name";          //输出对象$name3 的值
?>
```

在 IE 浏览器中运行结果如图 3-14 所示。

3.6.7　类中通用的__toString()方法

将一个对象当作一个字符串使用时，会自动调用__toString()
方法，并且在该方法中，可以返回一定的字符串，以表明该对象
转换为字符串之后的结果。

注意：如果将一个未定义__toString()方法的对象转换为字符
串，会产生致命的错误。

图 3-14　克隆对象的应用

```
Catchable fatal error: Object of class Person could not be converted to string in…
```

【**例 3-19**】（实例文件：ch03\Chap3.19.php）__toString()方法。

```php
<?php
class Person{
    public function __toString(){          //定义__toString()方法
        return "对象当成字符串时调用";       //返回字符串
    }
}
$person=new Person();                      //实例化一个对象 person
echo "$person";                            //输出对象
?>
```

在 IE 浏览器中运行的结果为"对象当成字符串时调用"。

3.6.8　__call 和__callStatic()方法

在类外部，对象方式调用一个不可访问方法时，__call()会被调用；用静态方式调用一个不可访问方法
时，__callStatic()会被调用。__call()和__callStatic()的语法格式如下：

```
public mixed __call ($name , $arguments )
public static mixed __callStatic ($name , $arguments )
```

其中，$name 参数是要调用的方法名称；$arguments 参数是一个枚举数组，包含着要传递给$name 方法
的参数。

【**例 3-20**】（实例文件：ch03\Chap3.20.php）__call()和__callStatic()方法的应用。

```php
<?php
class Score{
    public $score="100 分";
    public function my_function1(){                    //定义 my_function1()方法
        echo "my_function1()方法可以调用! <br/>";
    }
    private function my_function2(){                   //定义私有的方法 my_function2()
        echo "my_function2()不能调用! ";
    }
    public function __call($name,$arguments){          //定义__call()方法
```

```
        echo("$name."()方法不可调用！<br/>");
    }
    static function my_function3(){              //定义静态的方法my_function3()
        echo("my_function3()方法可以调用！<br/>");
    }
    private static function my_function4(){      //定义私有的方法my_function4()
        echo("my_function4()方法不可调用！<br/>");
    }
    static function __callStatic($name, $arguments){ //定义__callStatic()方法
        echo("$name."()方法不可调用！<br/>");
    }
}
$score=new Score();                              //实例化一个对象$score
$score->my_function1();                          //调用方法my_function1()
$score->my_function2();                          //调用私有方法my_function2()
Score::my_function3();                           //调用静态方法my_function3()
Score::my_function4();                           //调用私有静态方法my_function4()
?>
```

在 IE 浏览器中运行结果如图 3-15 所示。

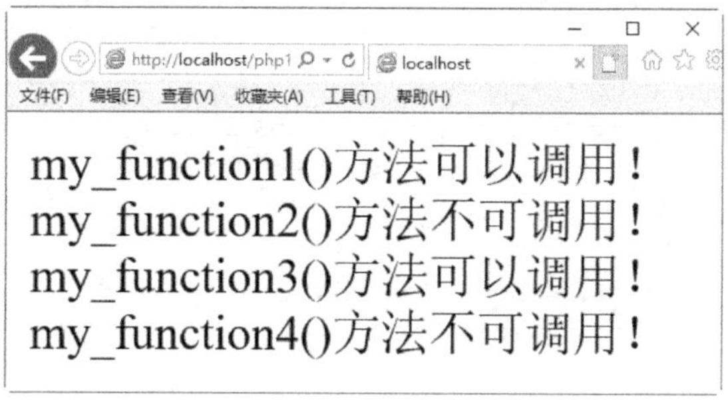

3.6.9　自动加载类

在编写面向对象的应用程序时，有时要引用某个类或类的方法，需要使用 include 或者 require 导入到文件才能使用。每用一个类就需要写一条 include 的语句，这样是很烦的一件事。

在 PHP5 中，可以定义一个__autoload()函数，它会在试图使用尚未被定义的类时自动调用。

下面通过一个实例进行介绍。

图 3-15　__call()和__callStatic()方法的应用

【例 3-21】（实例文件：ch03\Chap3.21.php）自动加载类。

创建 test.php 和 test1.php 两个文件。

test.php 文件中包含一个 Test 类，内容如下：

```php
<?php
class Test{
    public function __construct(){
        echo "test.php 加载的内容";
    }
}
?>
```

test1.php 文件中包含一个 Test1 类，内容如下：

```php
<?php
class Test1{
    public function __construct(){
        echo "test.php 加载的内容";
    }
}
?>
```

Chap3.21.php 文件的内容如下：

```php
<?php
function __autoload($class){        //定义__autoload()自动加载方法
    $file = $class . '.php';
    if (is_file($file)) {
        require_once($file);
    }
}
$a=new Test();                      //实例化 test.php 文件中的类
echo "<br/>";
$b=new Test1();                     //实例化 test1.php 文件中的类
?>
```

在 IE 浏览器中运行结果如图 3-16 所示。

3.6.10　对象串行化

串行化对象是把对象转化成 bytes 数据。可以将串行化的数据存储在一个文件里或网络上传输，然后再反串行化还原为原来的数据。串行化对象使用 serialize()函数来完成，反串行化对象使用 unserialize()函数来完成。

图 3-16　自动加载类

在执行串行化对象时，PHP 会首先检查是否存在一个魔术方法__sleep()，如果存在，会先调用__sleep()方法。__sleep()方法可以用于清理对象，并返回一个包含对象中所有变量名称的数组。在执行反串行化对象时，PHP 会检查是否存在一个__wakeup()方法，如果存在，则会先调用__wakeup()方法，预先准备对象数据。

这两个方法都不接受参数。__sleep()方法必须返回一个数组，包含需要串行化的属性。如果没有__sleep()方法，PHP 将保存所有属性。

【例 3-22】（实例文件：ch03\Chap3.22.php）对象串行化。

Chap3.22.php 文件如下：

```php
<?php
class Person{
    public $age;
    private $name;
    protected $sex;
    public function __construct($name,$age,$sex){
        $this -> age = $age;
        $this -> name = $name;
        $this -> sex = $sex;
    }
    public function say(){
        return $this -> age." ".$this -> name." ".$this -> sex;
    }
    function __sleep(){                      //指定串行化时能提取的成员属性，没有参数，但是必须返回一个数组
        $arr = array("age","name");
        return $arr;
    }
    function __wakeup(){                      //指定反串行化时，提取出来的值
        $this -> sex = "男";
    }
}
$person = new Person("小明","20","女");  //实例化对象
echo $person->say();
```

```
echo "对象串行化的内容";
$str = serialize($person);              //对象进行串行化
echo $str;                              //输出串行化的内容
?>
```

unserialize.php 文件：

```
<?php
require("./Chap3.16.php");              //反串行化时，也要包含原类
$unStr= unserialize($str);             //进行反串行化
echo "反串行化的内容:<br/>";
var_dump($unStr);                       //这个 $unStr 就是之前那个串行化的对象，一样用，但是里面的值改了
?>
```

在 IE 浏览器中运行 unserialize.php 文件，结果如图 3-17 所示。

图 3-17　对象串行化

3.7　抽象类与接口技术

抽象类和接口是 PHP 对象的高级应用，本节详细地介绍它们。

3.7.1　抽象类

抽象类是一种不能被实例化的类，只能作为其他类的子类来使用。抽象类使用 **abstract** 关键字定义。

抽象类和普通类类似，包含成员属性、成员方法。但是抽象类至少要包含一个抽象方法。抽象方法没有方法体，其功能的实现只能在子类中完成。抽象方法也需要使用 **abstract** 关键字来修饰。

抽象类和抽象方法的语法格式如下：

```
abstract class AbstractName{                        //定义抽象类
     abstract protected function abstractName();     //定义抽象方法
}
```

继承一个抽象类的时候，子类必须定义父类中的所有抽象方法。另外，这些方法的访问控制必须和父类中一样或者更为宽松。例如，某个抽象方法被声明为受保护的，那么子类中实现的方法就应该声明为受保护的或者公有的，而不能定义为私有的。

抽象类和抽象方法主要应用于复杂的层次关系中，这种层次关系要求每一个子类都包含并重写某些特定的方法。

下面通过一个实例来进行介绍。先定义一个商品抽象类 Fruits，该抽象类包含一个抽象方法 explain()；然后为抽象类生成两个子类 Apple 和 Banana，分别在两个子类中实现抽象方法；最后实例化两个对象，调用实现后的方法输出结果。

【例 3-23】（实例文件：ch03\Chap3.23.php）抽象类的应用。

```php
<?php
abstract class Fruits{                                      //定义抽象类
    abstract protected function explain($name,$price,$num);  //定义抽象方法
}
class Apple extends Fruits{                                 //定义子类，继承抽象类
    public function explain($name,$price,$num) {            //定义方法
        echo "你购买的是$name<br/>";
        echo $name."的单价是".$price."元<br/>";
        echo "你购买了".$num."斤<br/>";
    }
}
class Banana extends Fruits{                                //定义子类，继承抽象类
    public function explain($name,$price,$num) {            //定义方法
        echo "你购买的是$name<br/>";
        echo $name."的单价是".$price."元<br/>";
        echo "你购买了".$num."斤<br/>";
    }
}
$apple=new Apple();                                         //实例化子类
$apple->explain("苹果","15","2");                            //调用方法
echo "<br/>";
$banana= new Banana();                                     //实例化子类
$banana->explain("香蕉","25","3");                          //调用方法
?>
```

在 IE 浏览器中运行结果如图 3-18 所示。

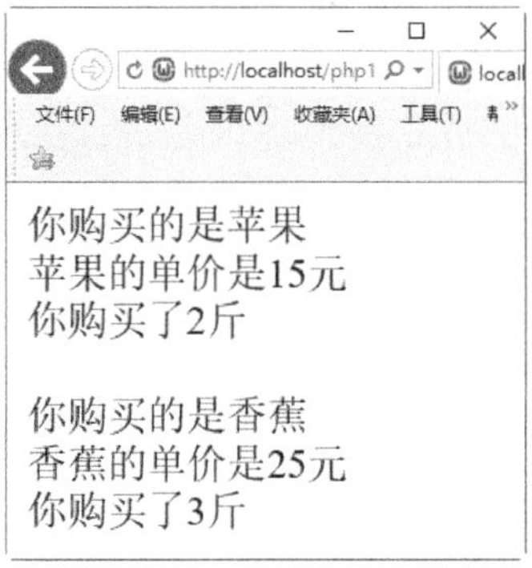

3.7.2　接口技术

PHP 类是单继承，也就是不支持多继承，当一个类需要多个类的功能时，继承就无能为力了，为此 PHP 引入了接口技术。

接口是通过 interface 关键字定义的，就像定义一个标准的类一样，但其中定义所有的方法都是空的，并且定义的所有方法都必须是公有，这是接口的特性。接口中也可以定义常量。接口常量和类常量的使用完全相同，但是不能被子类或子接口所覆盖。例如下面的代码：

图 3-18　抽象类的应用

```
interface InterfaceName{
    function interfaceName1();
    function interfaceName2();
    ...
}
```

提示：如果一个抽象类里面的所有方法都是抽象方法，且没有声明变量，而且接口里面所有的成员都是 public 权限的，那么这种特殊的抽象类就称为接口。

实现接口，使用 implements 操作符。类中必须实现接口中定义的所有方法，否则会报一个致命错误。类可以实现多个接口，用逗号分隔多个接口的名称。例如下面的代码：

```
class Realize implements InterfaceName1,InterfaceName2{
function InterfaceName1(){
//功能实现
}
function InterfaceName2(){
//功能实现
}
⋮
}
```

注意： 实现多个接口时，接口中的方法不能有重名。接口也可以继承，通过使用 extends 操作符。

【例 3-24】（实例文件：ch03\Chap3.24.php）接口技术的应用。

```php
<?php
interface Port1{
    function basketball();
}
interface Port2{
    function football();
}
class Person1 implements Port1{
    function basketball(){
        echo "小明的选修课选择篮球课。";
    }
}
class Person2 implements Port1,Port2{
    function basketball(){
        echo "小华的选修课选择篮球课。";
    }
    function football(){
        echo "还选择了足球课。";
    }
}
$person1=new Person1();              //类 Person1 实例化
$person1->basketball();             //调用方法
echo "<br/>";
$person2= new Person2();            //类 Person2 实例化
$person2->basketball();            //调用方法
$person2->football();             //调用方法
?>
```

在 IE 浏览器中运行结果如图 3-19 所示。

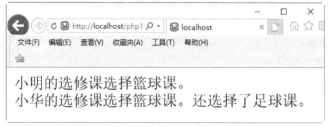

图 3-19　接口技术的应用

通过例 3-24 可以发现，抽象类和接口实现的功能十分相似。抽象类的优点是可以在抽象类中实现公共的方法，而接口则可以实现多继承。

3.8　命名空间

PHP 命名空间（namespace）是在 PHP 5.3 中加入的，如果学过 C#和 Java，那命名空间就不是什么"新事物"了。不过在 PHP 当中还是有着相当重要的意义。

3.8.1　命名空间概述

PHP 中的命名空间其实就是容器，起到封装的作用，可以放入常量、函数和类。

命名空间一个最明确的目的就是解决重名问题。PHP 中不允许两个函数或类有相同的名字，否则会产生一个致命的错误。PHP 命名空间可以解决以下两类问题：

（1）用户编写的代码与 PHP 内部的类/函数/常量或第三方类/函数/常量之间的名字冲突时。

（2）为很长的标识符名称创建一个别名（或简短的名称），提高源代码的可读性。

3.8.2　定义命名空间

命名空间通过关键字 namespace 声明。如果一个文件中包含命名空间，必须在其他所有代码之前声明命名空间。语法格式如下：

```php
<?php
namespace MyName;          //定义代码在 MyName 命名空间中
//代码
?>
```

也可以在同一个文件中定义不同的命名空间，代码如下：

```php
<?php
namespace MyName1;          //定义命名空间 MyName1
const A= 1;                 //定义常量
class Connection {}         //定义类
function connect() {}       //定义函数
namespace MyName2;          //定义命名空间 MyName2
const A = 1;                //定义常量
class Connection {}         //定义类
function connect() {}       //定义函数
?>
```

但是不建议使用这种语法在单个文件中定义多个命名空间。建议使用下面的花括号形式的语法。

```php
<?php
namespace MyName1{
    const A=1;              //定义常量
    class Connection {}     //定义类
    function connect() {}   //定义函数
}
namespace MyName2{
    const A=1;              //定义常量
    class Connection{}      //定义类
    function connect() {}   //定义函数
}
?>
```

将全局的非命名空间中的代码与命名空间中的代码组合在一起，只能使用花括号形式的语法。全局代码必须用一个不带名称的 namespace 语句加上花括号括起来。

【例 3-25】（实例文件：ch03\Chap3.25.php）非命名空间与命名空间的代码组合。

```php
<?php
namespace MyName{
    const A=123;                              //定义常量
    class Connection {}                       //定义类
    function connect() { echo "MyName";}      //定义函数
}
namespace {                                   //全局代码
    echo MyName\A."<br/>";
    \MyName\connect();
    $b= new \MyName\Connection;
}
?>
```

图 3-20　非命名空间与命名空间的代码组合

在 IE 浏览器中运行结果如图 3-20 所示。

在声明命名空间之前唯一合法的代码是用于定义源文件编码方式的 declare 语句。所有非 PHP 代码（包括空白符）都不能出现在命名空间的声明之前。

```php
<?php
declare(encoding='UTF-8');                    //定义多个命名空间和不包含在命名空间中的代码
namespace MyName{
    const A=123;                              //定义常量
    class Connection {}                       //定义类
    function connect() { echo "MyName";}      //定义函数
}
namespace {                                   //全局代码
    echo MyName\A."<br/>";
    \MyName\connect();
    $b= new \MyName\Connection;
}
?>
```

以下代码会出现语法错误，因为在命名空间之前出现了<html>标签。

```php
<html>
<?php
namespace MyName;
?>
```

3.8.3　使用命名空间

介绍了如何定义命名空间，下面通过一个简单的实例来看一下如何使用。

在文件中定义了两个命名空间，分别为 MyName1 和 MyName2，在这两个命名空间中，分别定义了常量、函数和类，然后在 MyName2 命名空间中调用 MyName1 命名空间的常量、函数和类。

【例 3-26】（实例文件：ch03\Chap3.26.php）使用命名空间。

```php
<?php
namespace MyName1{                            //创建一个名为 MyName1 的命名空间
    const PATH = 'MyName1';                   //定义常量
    function getCommentTotal(){               //定义函数
        return "*****";
```

```
        }
        class Comment{}                    //定义类
}
namespace MyName2{                         //创建一个名为 MyName2 的命名空间
        const PATH = 'MyName2';            //定义常量
        function getCommentTotal(){        //定义函数
            return "+++++";
        }
        class Comment{}                    //定义类
//调用当前空间的常量、函数和类
        echo PATH;
        echo getCommentTotal();
        $My_Name2 = new Comment();
        echo "<br/>";
//调用 Article 空间的常量、函数和类
        echo \MyName1\PATH;
        echo \MyName1\getCommentTotal();
        $My_Name1 = new \MyName1\Comment();
}
?>
```

图 3-21　使用命名空间

在 IE 浏览器中运行结果如图 3-21 所示。

3.9　就业面试技巧与解析

面试官： 如何确定两个对象之间的关系是克隆还是引用？

应聘者： 可以使用比较运算符 "==" 和 "===" 来判断，"==" 用来比较两个对象的内容，"===" 用来比较对象的引用地址。

第 4 章

PHP 流程控制语句

 学习指引

PHP 程序总是由若干条语句组成，其中有三种流程控制语句用以实现选择结构与循环结构，分别为条件控制语句、循环控制语句和跳转语句，本章将进行具体的介绍。合理地使用这些控制结构可以使程序流程清晰、可读性强，从而提高工作效率。

 重点导读

- 掌握条件控制语句的使用。
- 掌握循环控制语句的使用。
- 熟悉跳转语句的使用。
- 了解文件包含的使用。

4.1 条件控制语句

在编写程序时，有时需要根据不同的判断来执行对应的操作，这时就可以使用条件语句来完成它。条件控制语句主要有 if、if…else、elseif 和 switch 四种，下面分别进行介绍。

4.1.1 if 语句

if 条件语句用于仅当指定条件成立时执行代码。if 条件语句的语法格式如下：

```
if (条件)
    statement;                    //条件成立时要执行的代码
```

如果条件的值为真，就按顺序执行 statement 语句，否则就跳过该语句往下执行。

当执行的语句为多条时，使用 "{}" 括起来，格式如下：

```
if(条件){
    statement1;                   //条件成立时要执行的代码1
```

```
        statement2;                         //条件成立时要执行的代码 2
    }
```

if 语句的流程控制图如图 4-1 所示。

下面举一个例子，使用 rand()函数生成一个随机的数$num，然后判断$num 是不是偶数，如果是偶数输出$num 的值和说明文字。

【例 4-1】（实例文件：ch04\Chap4.1.php）if 语句实例。

```php
<?php
    $num = rand(0,100);                   //使用 rand()函数生成一个随机数
    if($num % 2 ==0){                     //判断$num 是否为偶数
        echo "\$num=$num";                //如果是偶数，输出$num 的值和说明文字
        echo '<br>$num 是偶数';
    }
?>
```

在 IE 浏览器中运行结果如图 4-2 所示。

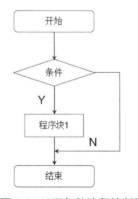

图 4-1   if 语句的流程控制图

图 4-2   if 语句运行结果

提示：rand()函数用来生成一个随机数，格式为 int rand(int mix,int max)，该函数返回一个 mix 和 max 之间的随机数。如果没有参数，则返回 0 到 RAND_MAX 之间的随机整数。

4.1.2   if…else 语句

if…else 语句用来当条件成立时执行一块代码，条件不成立时执行另一块代码。语法格式如下：

```
if (条件){
    statement1;                         //条件成立时执行的代码
}else{
    statement2;                         //条件不成立时执行的代码
}
```

当条件成立时，执行 statement1 语句；当条件不成立时，执行 statement2 语句。

if…else 语句的流程控制图如图 4-3 所示。

【例 4-2】（实例文件：ch04\Chap4.2.php）if…else 语句实例。

```php
<?php
    $num = rand(0,100);                   //使用 rand()函数生成一个随机数
    if($num % 2 ==0){                     //判断$num 是否为偶数
        echo "\$num=$num";                //如果是偶数，输出$num 的值和说明文字
        echo '<br>$num 是偶数';
```

```
    }else{
        echo "\$num=$num";        //如果是奇数，输出$num的值和说明文字
        echo '<br>$num是奇数';
    }
?>
```

在 IE 浏览器中运行结果如图 4-4 所示。

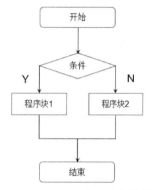

图 4-3　if…else 语句的流程控制图

图 4-4　if…else 语句运行结果

4.1.3　elseif 语句

if…else 语句只能选择两种结果，当条件成立时执行一块代码，当条件不成立时，执行另一块代码。但当出现多个条件的时候，例如，有一个班级考试的成绩，老师划分等级：85 分以上的，成绩优秀；60～85 分之间的，成绩良好；低于 60 分的，则成绩不及格。在这种多个条件下，就需要使用 elseif 语句了。elseif 也可以写成 else if。

elseif 语句的语法格式如下：

```
if(条件1){
        statement1;
    }elseif(条件2){
        statement2;
    }
...
else{
        statementn;
    }
```

elseif 语句的流程控制图如图 4-5 所示。

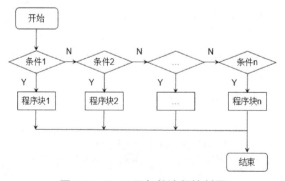

图 4-5　elseif 语句的流程控制图

【例 4-3】（实例文件：ch04\Chap4.3.php）elseif 语句实例。

```php
<?php
    $score=88;                          //设置一个考试分数
    if($score<60){                      //判断分数是否小于60
        echo "成绩不及格! ";            //若成立，输出成绩不及格
    }elseif($score<85){                 //判断分数是否在60～85之间
        echo "成绩良好! ";              //若成立，输出成绩良好
    }else{                              //如果上面两个条件都不成立，则输出默认值
        echo "分数为：88 分";
        echo "<br/>成绩优秀! ";         //输出成绩优秀
    }
?>
```

在 IE 浏览器中运行结果如图 4-6 所示。

提示：elseif 语句仅在之前的 if 语句和所有之前的 elseif 语句中条件成立时，并且当前的 elseif 语句条件成立时执行。

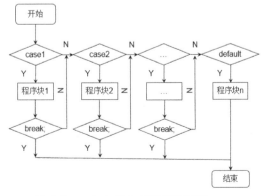

图 4-6　elseif 语句运行结果

4.1.4　switch…case 多重判断语句

如果希望有选择地执行若干代码块之一，可以使用 switch 语句。switch 语句的语法格式如下：

```
switch (variable){
    case value1:
        statement1;
        break;
    case value2:
        statement2;
        break;
    ...
    default:
        default statement;
}
```

工作原理：switch 语句首先进行一次计算，将表达式的值与结构中 case 的值进行比较，只有当一个 case 的值和 switch 表达式的值匹配时才开始执行语句。代码执行后，使用 break 来阻止代码跳入下一个 case 中继续执行，4.3.1 节中将详细介绍 break 语句。default 语句用于没有匹配到 case 时执行。

switch 语句的流程控制图如图 4-7 所示。

图 4-7　switch 语句的流程控制图

【例 4-4】（实例文件：ch04\Chap4.4.php）switch 语句实例。

```php
<?php
$fruit="橘子";                              //设置变量$fruit 的值
switch ($fruit) {                          //获取变量$fruit 的值
    case "香蕉":                            //判断$fruit 的值是否为香蕉
        echo "你喜欢的水果是香蕉!";          //若是则执行该语句
        break;                             //跳出 switch 语句
    case "橘子":
        echo "你喜欢的水果是橘子!";
        break;
    case "苹果":
        echo "你喜欢的水果是苹果!";
        break;
    default:                               //若没有相符的 case，默认执行 default 中的内容
        echo "你不喜欢香蕉、橘子和苹果!";
}
?>
```

图 4-8　switch 语句运行结果

在 IE 浏览器中运行结果如图 4-8 所示。

注释：在例 4-4 中，首先定义一个变量$fruit，值为"橘子"，把$fruit 传入 switch 语句中，然后进行匹配，匹配到执行相应代码，匹配不到执行 default。

提示：switch 语句与 elseif 语句都可以进行多重选择，但是在不同的情况下运行的效率是不一样的。当被判断的值是常量（固定不变的值）时，switch 语句的运行效率比 elseif 语句的运行效率高；当被判断值为变量，elseif 语句的运行效率高于 switch 语句。

4.2　循环控制语句

在编写程序时，有时需要相同的代码块一次又一次地重复运行，这时可以使用循环控制语句完成它。循环控制语句有 while、do…while、for 和 foreach 等。

4.2.1　while 循环语句

while 循环语句是最简单的循环语句，只要指定的条件成立，则循环执行代码块。语法格式如下：

```php
while(条件){
    statement;
}
```

while 语句的流程控制图如图 4-9 所示。

【例 4-5】（实例文件：ch04\Chap4.5.php）while 语句实例。

```php
<?php
    $i=1;                                  //定义一个变量$i
    while($i<=5){                          //判断变量$i 是否小于等于 5
    echo "<br/>循环结果的为: $i";           //如果条件成立，输出$i 的值
    $i++;
    }
?>
```

在 IE 浏览器中运行结果如图 4-10 所示。

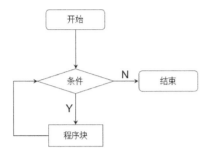

图 4-9 while 语句的流程控制图

图 4-10 while 语句运行结果

注释：在 while 循环实例中，首先设置变量$i，值为 1；然后判断$i 是否小于等于 5，满足条件，while 循环继续运行，循环运行一次，$i 的值就会递增 1。

4.2.2 do…while 循环语句

do…while 首先执行一次代码块，然后在指定的条件成立时重复循环。

do…while 循环和 while 循环非常相似，区别在于条件是在每次循环结束时检查而不是开始时就检查，这样 do…while 的循环语句保证会执行一次，而在 while 循环中，如果一开始就判断条件不成立，则整个循环一次都不会执行。do…while 循环语句的语法格式为

```
do {
    statement;
}
while (条件);
```

do…while 语句的流程控制图如图 4-11 所示。

【例 4-6】（实例文件：ch04\Chap4.6.php）do…while 语句实例。

```
<?php
$i=1;
do {
    $i++;
    echo "<br/>循环结果的为: $i";        //如果条件成立输出$i 的值
}
while ($i<=5);                          //判断变量$i 是否小于等于 5
?>
```

在 IE 浏览器中运行结果如图 4-12 所示。

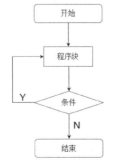

图 4-11 do…while 语句的流程控制图

图 4-12 do…while 语句运行结果

注释：在 do…while 循环语句的实例中，首先设置变量$i 的值为 1，然后开始 do…while 循环，变量$i 的值递增 1，检查条件$i 是否小于等于 5，如果$i 满足条件，循环将继续进行。

4.2.3　for 循环语句

for 循环是 PHP 中最复杂的循环结构。for 循环语句的语法结构如下：

```
for (初始值; 条件; 增量) {
    statement;
}
```

其中：

- 初始值：主要是初始化一个变量值，用于设置一个计数器。
- 条件：循环执行的限制条件。如果条件成立，则循环继续；如果条件不成立，则循环结束。
- 增量：用于递增计数器。

for 循环语句的流程控制图如图 4-13 所示。

【例 4-7】（实例文件：ch04\Chap4.7.php）for 循环语句实例。

```php
<?php
    $a=10;                              //定义整型变量$a
    for($i=1;$i<=5;$i++){
        echo "<br/>第 $i 次循环的结果: $a";    //如果条件（$i<=5;）成立，输出$a 的值
        $a++;
    }
?>
```

在 IE 浏览器中运行结果如图 4-14 所示。

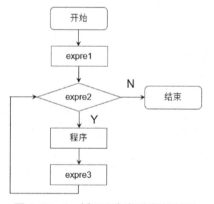

图 4-13　for 循环语句的流程控制图

图 4-14　for 循环语句运行结果

注释：在 for 循环实例中，首先定义了一个整型变量$a，然后定义了初始值为$i=1 的循环，只要变量$i 小于等于 5，循环将继续运行，循环每运行一次，变量$a 的值就会递增 1。

4.2.4　foreach 循环语句

foreach 循环提供了遍历数组的简单方式。foreach 只能应用于数组和对象，如果尝试应用于其他数据类型的变量或者未初始化的变量，将发出错误信息。foreach 循环有以下两种语法格式：

第一种：

```
foreach (array as $value)
```

```
    statement;
```

第二种：

```
foreach (array as $key => $value)
    statement;
```

foreach 循环遍历数组时，每进行一次循环，当前数组元素的值就会被赋值给$value 变量，在进行下一次循环时，将看到数组中的下一个值。

下面举一个实例，应用 foreach 语句输出数组中存储的人员信息。

【例 4-8】（实例文件：ch04\Chap4.8.php）foreach 循环实例。

```php
<?php
$head=array("1"=>"姓名","2"=>"年龄","3"=>"身高");
$name=array("1"=>"小明","2"=>"小红","3"=>"小华");
$age=array("1"=>"18","2"=>"19","3"=>"20");
$hige=array("1"=>"178","2"=>"165","3"=>"180");
echo '<table border="1" cellpadding="5" cellspacing="1">
    <tr bgcolor="#e6e6fa">
        <td rowspan="4">人员统计表</td>
        <td>姓名</td>
        <td>年龄</td>
        <td>身高</td>
    </tr>';
    foreach ($name as $key=>$value){
                    //以$name 数组做循环，输出键和值
        echo "<tr>
                <td>".$name[$key]."</td>
                <td>".$age[$key]."</td>
                <td>".$hige[$key]."</td>
            </tr>";
    }
echo '</table>';
?>
```

在 IE 浏览器中运行结果如图 4-15 所示。

图 4-15　foreach 循环运行结果

提示：在使用 foreach 语句遍历数组和对象时，可以先使用 is_array()函数和 is_object()函数判断变量是否是数组类型和对象类型，避免 foreach 语句用于其他数据类型和未初始化变量时产生错误。

4.3 跳转语句

在 4.2 节中学习了循环控制语句，在循环中还可以根据不同的条件来跳出循环，跳出循环使用的是 break 和 continue 语句，对此，本节将进行详细的介绍。在程序运行中，可以使用 return 和 exit 来终止程序的运行。

4.3.1 break 跳转语句

break 语句用来终止当前循环，包括 for、while、do…while 和 switch 在内的所有循环控制语句。break 语句的流程控制图如图 4-16 所示。

下面举一个实例，在实例中使用 for 循环，然后输出变量$i，当$i 等于 3 的时候，使用 break 终止循环。

【例 4-9】（实例文件：ch04\Chap4.9.php）break 跳转语句。

```php
<?php
    for($i=1;$i<=5;$i++){            //使用 for 循环语句
        if ($i==3){                  //判断$num 是否等于 3
            echo "\$i 等于 3 时，跳出整个 for 循环<br/>";
            break;                   //如果等于 3，终止循环
        }
        echo $i." "."<br/>";         //输出$i
    }
?>
```

在 IE 浏览器中运行结果如图 4-17 所示。

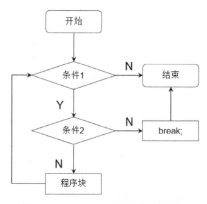

图 4-16　break 语句的流程控制图

图 4-17　break 语句运行结果

break 语句可以带一个参数 n，表示跳出循环的层数。如果要跳出多重循环的话，可以用 n 来表示跳出的层数；如果不带参数，n 的默认值是 1，表示跳出本层循环。语法格式如下：

```
break n;
```

【例 4-10】（实例文件：ch04\Chap4.10.php）带参数的 break 实例。

```php
<?php
echo "<b>跳出 1 层循环结果:</b>";
for($i=1;$i<=5;$i++){                //外层循环
    echo "<br/>外层循环为$i,内层循环为";
    for($j=6;$j<=10;$j++){           //内层循环
        if ($j==8){
```

```
            break 1;                        //当$j等于8时，终止内层循环
        }
        echo "$j";
    }
}
echo "<hr/>";
echo "<b>跳出 2 层循环结果:</b>";
for($i=1;$i<=5;$i++){
    echo "<br/>外层循环为$i,内层循环为";
    for($j=6;$j<=10;$j++){
        if ($j==8){
            break 2;                        //当$j等于8时，终止内、外层循环
        }
        echo "$j";
    }
}
?>
```

在 IE 浏览器中运行结果如图 4-18 所示。

图 4-18　带参数的 break 语句运行结果

注释：在上面的例 4-10 中，使用了两个 for 循环，在内层循环添加 break 语句。当 break 语句的参数 n=1 的时，跳出第 1 层循环，每次循环到$j==8 时，跳出内层循环，然后从外层继续开始循环；当 break 语句的参数 n=2 时，跳出第 2 层循环，本例就两层循环，相当于终止了整个循环。

4.3.2　continue 跳转语句

continue 语句相比较于 break 语句，功能较弱一些，continue 只能终止本次循环而进入到下一次循环中，continue 也可以指定跳出几层循环。continue 语句的流程控制图如图 4-19 所示。

【**例 4-11**】（实例文件：ch04\Chap4.11.php）continue 跳转语句。

```
<?php
echo "<b>跳出 1 层循环结果:</b>";
for($i=1;$i<=5;$i++){
    echo "<br/>外层循环为$i,内层循环为";
    for($j=6;$j<=10;$j++){
        if ($j==8){
```

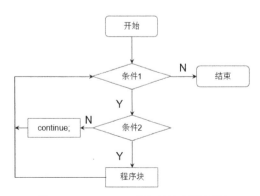

图 4-19　continue 语句的流程控制图

```
                continue 1;
            }
            echo "$j";
        }
    }
echo "<hr/>";
echo "<b>跳出 2 层循环结果:</b>";
for($i=1;$i<=5;$i++){
    echo "<br/>外层循环为$i,内层循环为";
    for($j=6;$j<=10;$j++){
        if ($j==8){
            continue 2;
        }
        echo "$j";
    }
}
?>
```

在 IE 浏览器中运行结果如图 4-20 所示。

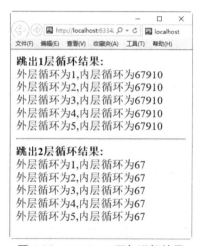

图 4-20　continue 语句运行结果

注释：在例 4-11 中，使用了 2 个 for 循环，在内层循环添加 continue 语句。当 continue 语句的参数 n=1 的时，跳出 1 层循环，每次循环到$j==8 时，跳出内层循环的本次循环，然后进行内层的下一次循环；当 continue 语句的参数 n=2 时，跳出 2 层循环，每次循环到$j==8 时，跳出外层的循环，然后进行外层的下一次循环。

4.3.3　return 跳转语句

在大部分编程语言中，return 语句可以将函数的执行结果返回，PHP 中 return 的用法类似。return 的作用是将函数的值返回给函数的调用者，如果在全局作用域内使用 return 关键字，那么将终止脚本的执行。return 语句在函数中使用时，有以下两个作用。

（1）在函数中如果执行了 return 语句，它后面的语句将不会被执行，也就是退出函数。例如下面的代码：

```php
<?php
    function add($a,$b){
        return $a+$b;
        return $a-$b;        //不会被执行
    }
    $c = add(5,5);
```

```
        echo $c;
    ?>
```

输出的结果为 10，而后面的 return $a-$b;将不会被执行。

（2）return 语句可以向函数调用者返回函数体中任意确定的值，也就是常说的函数返回值。例如下面的代码：

```
<?php
    function fun(){
        $a="return 的重要作用";
        return $a;
    }
    $b=fun();
    echo $b;
?>
```

输出的结果为 "return 的重要作用"。

如果把上面代码中 return $a;去掉，输出的结果将为空，因为如果不在函数 fun()里面使用 return 返回值，则函数里面只有过程，而没有结果给 fun()，所以调用该函数的时候不会有值输出。

4.3.4　exit 跳转语句

exit()函数作用是输出一条消息，并退出当前脚本。语法格式如下：

```
exit(status)
```

其中，status 规定在退出脚本之前写入的消息或状态号，状态号不会被输出。

如果 status 是字符串，则该函数会在退出前输出字符串。如果 status 是整数，这个值会被用作退出状态，退出状态的值为 0～254，退出状态 255 由 PHP 保留，不会被使用，状态 0 用于成功地终止程序。

【例 4-12】（实例文件：ch04\Chap4.12.php）exit 跳转语句实例。

```
<?php
    echo "我是上面的内容!!!<br/>";
    exit("exit()上面的内容可以看见,下面的内容看不见!");
    echo "我是下面的内容";    //内容不会输出
?>
<?php
    echo "我也是下面的内容";    //内容不会输出
?>
```

在 IE 浏览器中运行结果如图 4-21 所示。

图 4-21　exit 语句运行结果

4.4　文件包含

在 PHP 中可能很多地方需要用到文件包含，文件包含是指将经常用到的部分代码分离出来，放在单独的一个文件中，在需要的页面中引入该文件。本节将介绍 PHP 中包含文件的 4 种语句，即 include、require、 include_once 和 require_once 语句。

4.4.1　使用 include 和 require 包含文件

include 与 require 功能类似，都是包含并运行指定文件。

【例 4-13】（实例文件：ch04\Chap4.13.php）include 和 require 包含文件实例。

```php
<?php
    echo "<h3>include 包含 a.php 文件</h3>";
    include "a.php";
    echo "输出 a.php 文件中的\$str1:$str1";
?>
<hr/>
<?php
    echo "<h3>require 包含 a.php 文件</h3>";
    require "a.php";
    echo "输出 a.php 文件中的\$str2:$str2";
?>
```

a.php 文件中的内容如下：

```php
<?php
    $str1="内容 1";
    $str2="内容 2";
?>
```

在 IE 浏览器中运行结果如图 4-22 所示。

图 4-22　include 和 require 包含文件结果

注释：在例 4-13 中，分别使用 include 和 require 包含 a.php 文件，然后输出 a.php 文件中的变量$str1 和$str2。

include 与 require 虽然有类似的功能，但是有以下两点区别：

（1）使用 include 语句来包含文件时，如果包含的文件没有找到，include 语句会输出警告，不会终止脚本的运行，而 require 语句则会输出致命错误，并且立即终止脚本的运行。

（2）require 语句通常放在 PHP 脚本程序的最前面，include 语句一般放在流程控制的处理区段中，PHP 脚本文件读到 include 语句时，才将它包含的文件读进来。

【例 4-14】（实例文件：ch04\Chap4.14.php）include 和 require 不同之处实例。

```php
<?php
echo "<h2>include 包含不存在的 b.php 文件的结果: </h2>";
include "b.php";
echo "<h3>include 的内容</h3>";
?>
<hr/>
```

```php
<?php
echo "<h2>require 包含不存在的 b.php 文件的结果:</h2>";
require "b.php";
echo "<h3>require 的内容</h3>";
?>
```

在 IE 浏览器中运行结果如图 4-23 所示。

图 4-23　include 和 require 不同之处运行结果

从例 4-14 的结果可以看到，include 包含不存在的文件时，是不会终止脚本运行的，而 require 会终止脚本运行。

4.4.2　使用 include_once 和 require_once 包含文件

include_once 和 require_once 语句也是在脚本执行期间包含并运行指定文件，与 include 和 require 语句基本一样，唯一的区别是如果文件中已经包含了某个文件，include_once 和 require_once 语句则不会再次包含该文件。所以，为了避免多次包含同一文件，可以用 include_once 语句或者 require_once 代替 include 和 require 语句。

【例 4-15】（实例文件：ch04\Chap4.15.php）include_once 和 require_once 语句实例。

```php
<?php
echo "<h3>下面使用 include 包含文件两次,在对应的位置输出两次内容:</h3>";
include "c.php";
include "c.php";
echo "<hr/>";
echo "<h3>由于上面已经包含了 c.php 文件,include_once 不会重复包含 c.php 文件,所以不会输出内容:</h3><br/>";
include_once "c.php";
?>
```

c.php 文件中的内容如下：

```php
<?php
echo "被包含文件的内容<br/>";
?>
```

在 IE 浏览器中运行结果如图 4-24 所示。

注释：在例 4-15 中，首先使用 include 包含 c.php 文件两次，都在相应的位置输出了内容，然后使用 include_once 来包含 c.php 文件，由于已经包含了 c.php 文件，include_once 不会重复包含 c.php 文件，所以不会输出内容。

图 4-24　include_once 和 require_once 语句运行结果

4.5　就业面试技巧与解析

面试官：在 PHP 中做条件判断，常用的是 if…elseif 和 switch 语句，虽然都能完成条件判断的任务，但是两者之间还是有不同的，例如下面代码：

if…elseif 语句实例：

```
$b = 0;
if( $b>=0 ){
      echo '$b>=0';
   }elseif( $b>=10 ) {
      echo '$b>=10';
   }else {
      echo '$b =0';
   }
```

switch 语句实例：

```
<?php
$b = "";
switch($b) {
   case $b>=0:
      echo '$b>=0';
      break;
   case $b>=10:
      echo '$b>=10';
      break;
   default:
      echo '$b = 0';
}
?>
```

运行结果如下：

```
if…elseif 语句判断的结果: $b>0。
switch 语句判断的结果: $b>=10。
```

为什么会有这样的差异呢？

应聘者：这是因为 switch 在执行的时候，如果是用不同类型的参数进行比较，会把 case 条件以及参数进行类型转换，转成布尔型，再进行下一步的比较。例如，$b=0 为 false，case 里的$b>=10 先将$b=0 的值传入，然后跟 10 比较为 false，这样$b=0 为 false，而 case 里的$b>=10 也为 false，最后结果就是$b>=10。

第 2 篇

核心应用

在学习了 PHP 的基本概念和基础知识后，已经能进行简单程序编写。本篇将学习 PHP 编程的核心应用技术，包括字符串操作、PHP 数组、正则表达式、日期和时间以及 PHP 中 Cookie 与 Session 管理等。通过本篇的学习，读者将对 PHP 编程的核心应用有更深入的认识，编程能力有进一步的提高。

- 第 5 章　字符串操作
- 第 6 章　PHP 数组
- 第 7 章　正则表达式
- 第 8 章　日期和时间
- 第 9 章　PHP 中 Cookie 与 Session 管理

第 5 章

字符串操作

学习指引

在 Web 编程中，字符串的操作很重要，因为字符串总是会被大量的生成和处理。对于一个 PHP 程序员来说，正确使用和处理字符串是"必修课程"。本章从基础的字符串定义开始，一直到更深层的字符串操作技巧进行介绍，希望广大读者通过本章的学习，能够掌握字符串的操作，为后续的学习打下良好的基础。

重点导读

- 了解字符串。
- 熟悉单引号和双引号的区别。
- 熟悉 Heredoc 和 Nowdoc 结构。
- 掌握字符串的连接符。
- 了解字符串的格式化。
- 掌握字符串的常用操作。

5.1 字符串简介

字符串是连续的字符序列，由数字、字母和符号组成。在 PHP 中，字符串中的每个字符只占用一个字节。这里所说的字符主要包含以下几种类型：

- 数字类型，如 1、2、3、4 等。
- 字母类型，如 a、b、c、d、e、f 等。
- 特殊类型，如#、$、^、&、%等。
- 不可见字符，如\n（换行符）、\r（回车符）、\t（Tab 字符）等。

其中，不可见字符是比较特殊的一组字符，用来控制字符串格式化输出，在浏览器中是不可见的，一般只能看到字符串输出的结果。例如下面的代码：

```php
<?php
echo "one\rtwo\nthree\tfour";
?>
```

运行的结果在 IE 浏览器上不可见，需要在 IE 浏览器中选择 "查看源" 命令查看字符串的输出结果，如图 5-1 所示。

图 5-1　特殊字符

5.2　单引号和双引号的区别

一般情况下，单引号和双引号是通用的，但存在变量的时候，双引号内部变量会解析，单引号则不解析。所以，如果内部只有纯字符串的时候用单引号，解析比较快；如果内部有变量，则要使用双号引。

下面举一个实例，分别输出双引号和单引号中的字符串，在字符串中还包含变量$str，具体代码如下。

【例 5-1】 （实例文件：ch05\Chap5.1.php）单引号和双引号的区别。

```php
<?php
$str="PHP";
echo "我要学习$str";    //输出双引号中的字符串
echo "<br/>";
echo '我要学习$str';    //输出单引号中的字符串
?>
```

在 IE 浏览器中运行结果如图 5-2 所示。

从例 5-1 可以看出，双引号中的内容是经过 PHP 语法分析器解析过的，任何变量都会被转换成它的值进行输出；而单引号中的变量会被作为普通的字符串原样输出，输出的是变量的名称。

图 5-2　单引号和双引号的输出结果

注意：在进行 SQL 查询之前，所有的字符串都必须加单引号，以避免可能注入漏洞和 SQL 错误。

5.3　Heredoc 和 Nowdoc 结构

在 PHP 开发中经常会使用 HTML，有时候是很大一段，直接在 PHP 中编写很不方便，PHP 中的定界符 Heredoc 和 Nowdoc 结构可以轻松解决这个问题，下面就来具体地介绍一下。

1. Heredoc 结构

Heredoc 句法结构为 "<<<"，在该结构之后要提供一个标识符，然后换行，接下来是字符串本身，最后要用前面定义的标识符作为结束标志，具体代码如下。

```
<<<STR
...
STR;
```

其中，STR 是自定义的标识符，结尾处的字符一定要和它一样，它们必须成对出现。

Heredoc 结构的使用具有以下几个特点：

- 开始标记和结束标记使用相同的字符串，通常以大写字母来写。
- 开始标记后不能出现空格或多余的字符。
- 结束标记必须顶头写，不能有缩进和空格。
- 位于开始标记和结束标记之间的变量可以被正常解析。在 Heredoc 中，变量不需要用连接符 "." 来拼接。

【例 5-2】（实例文件：ch05\Chap5.2.php）Heredoc 结构的应用。

```php
<?php
$str="定界符的使用！";    //定义字符串变量$str
//开始定界符 "<<<STR" 后面不能出现任何字符，包括空格
echo <<<STR
<p>我们将要学习<b>$str</b></p>
STR;
//结尾定界符 "STR；" 前后都不能出现任何字符
?>
```

在 IE 浏览器中运行结果如图 5-3 所示。

2. Nowdoc 结构

Nowdoc 与 Heredoc 句法结构一样，但跟在后面的标识符必须用单引号括起来，即<<<'STR'。Heredoc 结构的所有规则同样适用于 Nowdoc 结构，尤其是结束标识符的规则。

注意：Nowdoc 中的变量不会被解析。这种结构适合用于嵌入 PHP 代码或其他大段文本而无须对其中的特殊字符进行转义的情况。

【例 5-3】（实例文件：ch05\Chap5.3.php）Nowdoc 结构的应用。

```php
<?php
$str="定界符的使用";    //定义字符串常量
//开始定界符 "<<<STR" 后面不能出现任何字符，包括空格
echo <<<'STR'
<p>我们将要学习<b>$str</b></p>
STR;
//结尾定界符 "STR；" 前后都不能出现任何字符
?>
```

在 IE 浏览器中运行结果如图 5-4 所示。

图 5-3　Heredoc 结构的应用

图 5-4　Nowdoc 结构的应用

5.4　字符串的连接符

PHP 中字符串的连接使用半角句号 "." 完成。

【例 5-4】（实例文件：ch05\Chap5.4.php）字符串连接。

```php
<?php
    $name="千谷科技：";
    $url="www.qgkj";
    echo $name.$url.".com";
?>
```

在 IE 浏览器中运行结果如图 5-5 所示。

应用字符串连接符号没有办法实现大量字符串的连接，

千谷科技：www.qgkj.com

图 5-5　字符串连接

PHP 允许程序员在双引号中直接包含字符串变量，当 echo 语句后面使用的是双引号（""）时，可以使用下面的格式达到相同的效果，代码如下：

```php
<?php
    $name="千谷科技：";
    $url="www.qgkj";
    echo "$name.$url.com";
?>
```

运行结果和图 5-5 相同。

5.5　字符串的格式化

字符串的格式化就是将字符串处理为某种特定的格式。例如，用户从表单中提交给服务器的数据一般是字符串的形式，为了达到期望的输出效果，就需要按照一定的格式处理这些字符串后再去使用。

5.5.1　去除空格和字符串填补函数

空格也是一个有效的字符，会占据字符串中的一个位置。用户在表单输入数据时，有时无意中会多输入一些无意义的空格，因此 PHP 脚本在接收到通过表单处理过来的数据时，首先处理的就是字符串中多余的空格，或者其他一些没有意义的符号。在 PHP 中，可以通过 ltrim()、rtrim() 和 trim() 函数来完成这项工作。

这三个函数的语法格式基本相同，但作用有所不同，分别用于从字符串的左、右和两端去除空格或其他预定义字符。处理后的结果都会以新字符串的形式返回，不会在原字符串上修改。它们的语法格式如下：

```
ltrim(string,charlist)    //从字符串左侧去除空格或其他预定义字符
rtrim(string,charlist)    //从字符串右侧去除空格或其他预定义字符
trim(string,charlist)     //从字符串两端去除空格或其他预定义字符
```

ltrim()、rtrim() 和 trim() 函数的参数说明如表 5-1 所示。

表 5-1　ltrim()、rtrim() 和 trim() 函数的参数说明

参　　数	说　　明
string	必须参数，规定要删除空格或其他预定义字符的字符串
charlist	可选参数，规定从字符串中去除哪些字符，如果省略，则移除下列一些字符： " "：空格； "\t"：制表符； "\n"：新行； "\r"：回车； "\0"：null； "\x0B"：垂直制表符

另外，还可以使用"…"符号来指定要去除的一个范围，如"0..9"或"a..z"表示去掉 ASCII 码值中的数字和小写字母。

【例 5-5】（实例文件：ch05\Chap5.5.php）ltrim()、rtrim()和 trim()函数的应用。

```php
<?php
$str="1234 Hello world!";  //定义一个测试字符串，左侧为数字开头，右侧为感叹号
echo ltrim($str,"0..9");    //过滤掉字符串左侧的数字
echo "<br/>";
echo rtrim($str,"!");       //过滤掉字符串右侧的数字
echo "<br/>";
echo trim($str,"0..9,!");
                            //过滤掉字符串左侧的数字和右侧的感叹号
?>
```

在 IE 浏览器中运行结果如图 5-6 所示。

不仅可以按需求过滤掉字符串中的内容，还可以使用 str_pad() 函数按需求对字符串进行填补。str_pad()函数的语法格式如下：

```
str_pad(string,length,pad_string,pad_type)
```

str_pad()函数的参数说明如表 5-2 所示。

图 5-6　ltrim()、rtrim()和 trim()函数的应用

表 5-2　str_pad()函数的参数说明

参　　数	说　　明
string	必须参数，规定要填充的字符串
length	必须参数，规定新的字符串长度。如果该值小于字符串的原始长度，则不进行任何操作
pad_string	可选参数，规定供填充使用的字符串，默认是空白
pad_type	可选参数，规定填充到字符串的哪边。 STR_PAD_LEFT：填充字符串的左侧； STR_PAD_RIGHT：填充字符串的右侧，默认值； STR_PAD_BOTH：填充字符串的两侧，如果不是偶数，则右侧获得额外的填充

【例 5-6】（实例文件：ch05\Chap5.6.php）str_pad()函数的应用。

```php
<?php
    $str = "Add";                                //定义一个字符串常量
    echo str_pad($str,10,"-",STR_PAD_LEFT);      //在左侧添加"-"
    echo "<br/>";
    echo str_pad($str,10,"-",STR_PAD_RIGHT);     //在右侧添加"-"
    echo "<br/>";
    echo str_pad($str,10,"-",STR_PAD_BOTH);      //在两侧添加"-"
?>
```

在 IE 浏览器中运行结果如图 5-7 所示。

5.5.2　字符串大小写的转换

PHP 中提供了 4 个字符串大小写的转换函数，可以直接使用它们来完成大小写转换的操作。它们只有一个可选参数，即传入要进行转换的字符串，具体如表 5-3 所示。

图 5-7　str_pad()函数的应用

表 5-3 转换函数的说明

函　　数	说　　明
strtoupper()	用于将给定的字符串全部转换为大写字母
strtolower()	用于将给定的字符串全部转换为小写字母
ucfirst()	用于将给定的字符串中的首字母转换为大写，其余字符不变
ucwords()	用于将给定的字符串中全部以空格分割的单词首字母转换为大写

【例 5-7】 （实例文件：ch05\Chap5.7.php）字符串的大小写转换。

```php
<?php
    $str1 = "nice to meet you";        //小写字符串
    $str2 = "NICE TO MEET YOU";        //大写字符串
    echo strtolower($str2);            //strtolower()函数用来转换小写
    echo "<br/>";
    echo strtoupper($str1);            //strtoupper()函数用来转换大写
    echo "<br/>";
    echo ucfirst($str1);              //ucfirst()函数用来转换首字母大写
    echo "<br/>";
    echo ucwords($str1);              //ucwords()函数用来转换以空格分割的单词首字母为大写
?>
```

在 IE 浏览器中运行结果如图 5-8 所示。

这些函数只按照表 5-3 中描述的方式工作，而有时还会遇到其他的一些情况。例如，要想确保一个字符串的首字母是大写字母，而其余的都是小写字母时，只通过上面的某一个函数是无法完成的，这时可以采用复合的方式来完成任务。具体代码如下：

```php
<?php
    $str="we learned PHP、JavaScript and Mysql.";
    echo ucfirst(strtolower($str));
?>
```

图 5-8　字符串的大小写转换

输出的结果为 We learned php、javascript and mysql。

从上面的代码可以看到，复合了 ucfirst()和 strtolower()两个函数，首先使用 strtolower()函数把字符串全部转换为小写，然后再使用 ucfirst()函数把首字母转换为大写字母。

5.5.3　与 HTML 标签相关的字符串格式化

HTML 中的表单和 URL 上附加资源是用户将数据提交给服务器的途径，如果不能很好地处理，就有可能成为黑客攻击服务器的入口。例如，用户在发布文章时，在文章中如果包含一些 HTML 格式标记或 JavaScript 的页面转向等代码，直接输出显示则一定会使用页面的布局发生改变。因为这些代码被发送到浏览器中，浏览器会按有效的代码去解释。所以在 PHP 脚本中，对用户提交的数据内容一定要先处理。PHP 中提供了非常全面的 HTML 相关的字符串格式化函数，可以有效地控制 HTML 文本的输出。

1. nl2br()函数

在浏览器中输出的字符串使用
标记换行，而很多人习惯使用 "\n" 作为换行符号，但浏览器中不

识别 "\n" 的换行符。即使有多行文本，在浏览器中也只显示一行。nl2br()函数就是在字符串中的每个新行 "\n" 之前插入 HTML 换行符
。例如：

```php
<?php
    echo nl2br("一天提高一小点，\n 一百天就能够提高一大点。"); //在 "\n" 前加上<br/>标记
?>
```

在 IE 浏览器中运行结果如图 5-9 所示。

图 5-9 nl2br()函数

2. htmlspecialchars()函数

有时不希望浏览器直接解析 HTML 标记，就需要将 HTML 标记中的特殊字符转换成 HTML 实体。例如，将 "<" 转换为 "<"，将 ">" 转换为 ">"，这样 HTML 标记在浏览器中就不会被解析，而是将 HTML 文本在浏览器中原样输出。PHP 中提供的 htmlspecialchars()函数就可以将一些预定义的字符串转换为 HTML 实体。

htmlspecialchars()函数语法格式如下：

```
htmlspecialchars(string,flags,character-set,double_encode)
```

htmlspecialchars()函数的参数说明如表 5-4 所示。

表 5-4　htmlspecialchars()函数的参数说明

参　　数	说　　明
string	必须参数，规定要转换的字符串
flags	可选参数，规定如何处理引号、无效的编码以及使用哪种文档类型 ENT_COMPAT：默认，仅编码双引号； ENT_QUOTES：编码双引号和单引号； ENT_NOQUOTES：不编码任何引号
character-set	可选。规定要使用的字符集。自 PHP 5.4 起，无法被识别的字符集将被忽略并由 UTF-8 替代
double_encode	可选。布尔值，规定是否编码已存在的 HTML 实体 TRUE：默认值，将对每个实体进行转换； FALSE：不会对已存在的 HTML 实体进行编码

此函数用在预防使用者提供的文字中包含 HTML 标记，像是布告栏或访客留言板方面的应用。以下是该函数可以转换的预定义的字符：

- "&"（和号）转换为 "&"。
- """（双引号）转换为 """。
- "'"（单引号）转换为 "'"。
- "<"（小于）转换为 "<"。
- ">"（大于）转换为 ">"。

【例 5-8】（实例文件：ch05\Chap5.8.php）htmlspecialchars()函数的应用。

```php
<?php
    $str = "<b>唐朝诗人</b>:李白&'杜甫'";
    echo htmlspecialchars($str, ENT_COMPAT);       //只转换双引号
    echo "<br>";
    echo htmlspecialchars($str, ENT_QUOTES);        //转换双引号和单引号
    echo "<br>";
    echo htmlspecialchars($str, ENT_NOQUOTES);      //不转换任何引号
?>
```

在 IE 浏览器中运行结果如图 5-10 所示。

源代码如下：

```
&lt;b&gt;唐朝诗人&lt;/b&gt;:李白&amp;'杜甫'<br>
&lt;b&gt;唐朝诗人&lt;/b&gt;:李白&amp;&#039;杜甫&#039;<br>
&lt;b&gt;唐朝诗人&lt;/b&gt;:李白&amp;'杜甫'
```

3. strip_tags()函数

PHP 中提供的 strip_tags()函数默认可以删除字符串中所有的 HTML 标签，也可以有选择性地删除一些 HTML 标记。例如，用户在论坛中发布文章时，可以预留一些可以改变字体大小、颜色、粗体和斜体等的 HTML 标记，而删除一些对页面布局有影响的 HTML 标记。strip_tags()函数的语法格式如下：

```
strip_tags(string,allow)
```

其中，string 表示要检查的字符串；allow 参数是一个可选的 HTML 标签列表，放入该列表中的 HTML 标签将被保留，其他的则全部被删除，默认是将所有 HTML 标签都删除。

例如，保留<i></i>标签，代码如下：

```php
<?php
echo strip_tags("Hello <b><i><>world!</i></b>","<i>");    //保留<i>标签
?>
```

在 IE 浏览器中运行结果如图 5-11 所示。

图 5-10   htmlspecialchars()函数的应用

图 5-11   strip_tags()函数的应用

5.5.4　其他字符串格式函数

字符串的格式化处理函数还有很多，想得到所需要格式化的字符串，可以调用 PHP 中提供的系统函数处理，很少需要自己定义字符串格式化函数。

1. strrev()函数

该函数的作用是将输入的字符串反转，只提供一个要处理的字符串作为参数，返回翻转后的字符串。例如下面的代码：

```php
<?php
echo strrev("Hello World");
?>
```

在 IE 浏览器中输出的结果为 dlroW olleH。

2. number_format()函数

number_format()函数通过千位分组来格式化数字。该函数语法如下：

```
number_format(number,decimals,decimalpoint,separator)
```

number_format()函数的参数说明如表 5-5 所示。

表 5-5　number_format()函数的参数说明

参　　数	说　　明
number	必须参数，要格式化的数字。如果未设置其他参数，数字会被格式化为不带小数点，并且以逗号 "," 作为千位分隔符
decimals	可选参数，规定多少个小数。如果设置了该参数，则使用点号 "." 作为小数点来格式化数字
decimalpoint	可选参数，规定用作小数点的字符串
separator	可选参数，规定用作千位分隔符的字符串

【例 5-9】（实例文件：ch05\Chap5.9.php）number_format()函数的应用。

```php
<?php
    $num = 888.88;
    $num1 = number_format($num)."<br>";
    echo $num1;
    $num2 = number_format($num, 3);
    echo $num2;
?>
```

在 IE 浏览器中运行结果如图 5-12 所示。

图 5-12　number_format()函数的应用

3. md5()函数

md5()函数的作用就是将一个字符串进行 MD5 算法加密，默认返回一个 32 位的十六进制字符串。

【例 5-10】（实例文件：ch05\Chap5.10.php）md5()函数的应用。

```php
<?php
$password="mima123456";
echo md5($password)."<br>";
//将输入的密码和数据库保存的匹配
if(md5($password) == 'a6d43a253ff8c21267b8200cdb2ae90c'){
    echo "密码正确,登录成功";
}
?>
```

在 IE 浏览器中运行结果如图 5-13 所示。

提示：在 PHP 中提供了一个对文件进行 MD5 加密的函数 md5_file()，使用的方式和 md5()函数类似。

图 5-13　md5()函数的应用

5.6　字符串常用操作

在 PHP 项目开发过程中，为了实现某项功能，经常需要对某些字符串进行特殊的处理，如获取字符串的长度、截取字符串、替换字符串等，这些都是字符串的常用操作。本节将对 PHP 常用的字符串操作进行详细的介绍。

5.6.1　转义、还原字符串数据

字符串转义、还原有两种方法：一种是自己手动转义、还原字符串数据；另一种是自动转义、还原字符串数据。下面分别对这两种方法进行介绍。

1. 手动转义、还原字符串数据

前面介绍过，定义字符串有三种方法，分别为单引号 (')、双引号 (") 和定界符 (<<<)。定义字符串时，很可能在该字符串中存在这几种 (', ", <<<) 与 PHP 脚本混淆的字符，因此必须要对这几种字符做转义处理。

转义字符，顾名思义，就是把字符变成不同于其原来的含义。转义字符以反斜线 "\" 开头，后跟一个或几个字符。例如，"'" 是字符串的定界符，写为 "\'" 就失去了定界符的意义，变成了普通单引号 "'"。

例如下面的代码：

```php
<?php
echo 'PHP 是\'一种创建动态交互性站点的强有力的服务器端脚本语言\'';
?>
```

在 IE 浏览器中运行结果如图 5-14 所示。

图 5-14　手动转义、还原字符串数据

手动转义的字符串可应用 addcslashes() 函数进行字符串还原。

2. 自动转义、还原字符串数据

简单的字符串建议采用手动的方法进行字符串转义，而对于数量比较大的字符串，建议采用自动转义函数实现字符串的转义。自动转义、还原字符串数据可以使用 PHP 提供的 addslashes() 函数和 stripslashes() 函数来实现。

addslashes() 函数返回在预定义字符之前添加反斜杠的字符串。addslashes() 函数的语法格式如下：

```
addslashes(string)
```

stripslashes() 函数删除由 addslashes() 函数添加的反斜杠。语法格式如下：

```
stripslashes(string)
```

【例 5-11】（实例文件：ch05\Chap5.11.php）自动转义、还原字符串数据。

```php
<?php
    $str="PHP 是'一种创建动态交互性站点的强有力的服务器端脚本语言'";
    echo "$str"."<br/>";
    echo addslashes($str)."<br/>";
```

```
    echo stripslashes($str)."<br/>";
?>
```

在 IE 浏览器中运行结果如图 5-15 所示。

图 5-15　自动转义、还原字符串数据

5.6.2　获取字符串的长度

在 PHP 中获取字符串长度用 strlen()函数来实现。strlen()函数语法格式如下：

```
strlen(string);
```

提示：*对于数字、英文、小数点、下画线和空格占一个字符，而对于汉字，在 UTF-8 编码下每个中文占三个字符。*

```
<?php
echo strlen("姓名:tim");
?>
```

输出的结果为 10。

可以使用 strlen()函数对提交的用户密码进行检测，满足相应的位数，才能登录或者注册成功。下面就来实现这个效果，具体步骤如下：

（1）创建一个 index.php 文件，在该文件中添加一个表单，在表单中分别添加"文本框""密码框"和"提交查询内容"按钮，用于提交输入的数据。表单的 action 属性的值为 Chap5.12.php，表示数据提交的位置；method 属性的值为 POST，表示提交的方法为 POST。

（2）创建 Chap5.12.php 文件，使用$_POST 来获取密码 pass，并用 strlen()获取密码长度，然后进行判断，满足或不满足分别输出相应的内容。

【例 5-12】（实例文件：ch05\Chap5.12.php）获取字符串的长度。

```
<?php
    if(strlen($_POST["pass"])<8){
        echo "密码不能少于8位";
    }
    else{
        echo "密码设置成功";
    }
?>
```

index.php 文件内容：

```
<form action="Chap5.12.php" method="post">
    姓名: <input type="text" name="user"><br/>
    密码: <input type="text" name="pass"><br/>
    <input type="submit">
</form>
```

在 IE 浏览器中首先运行 index.php 文件并输入相应的内容，如图 5-16 所示；单击"提交查询内容"按钮，跳转到 Chap5.12.php 文件，根据获取的内容进行判断，然后输出结果，如图 5-17 所示。

图 5-16 index.php 页面

图 5-17 判断输入的内容

5.6.3 截取字符串

截取指定字符串中的指定长度的字符，可以使用 PHP 中预定义的函数 substr()函数实现。语法格式如下：

```
substr(string,start,length)
```

substr()函数的参数说明如表 5-6 所示。

表 5-6 substr()函数的参数说明

参　　数	说　　明
string	指定要截取的字符串对象
start	规定在字符串的何处开始。 正数：在字符串的指定位置开始； 负数：从字符串结尾开始的指定位置开始； 0：在字符串中的第一个字符处开始
length	可选参数，指定截取字符的个数，默认直到字符串的结尾。 正数：从 start 参数所在的位置取到第 length 个字符； 负数：从 start 参数所在的位置取到倒数第 length 个字符

注意：substr()函数中参数 start 的指定位置是从 0 开始计算的，字符串中的第一个字符的位置表示 0。

【例 5-13】（实例文件：ch05\Chap5.13.php）截取字符串操作。

```php
<?php
    $str="He wants to travel around the world";
    echo substr($str,0)."<br/>";        //从第 0 个位置开始截取，直到结尾
    echo substr($str,0,18)."<br/>";      //从第 0 个位置开始，截取 18 个字符
    echo substr($str,0,-5)."<br/>";      //从第 0 个位置开始，截取到倒数第 5 个字符
    echo substr($str,3,14)."<br/>";
    //从第 3 个位置开始，截取 14 个字符
    echo substr($str,3,-5)."<br/>";
    //从第 3 个位置开始，截取到倒数第 5 个字符
?>
```

在 IE 浏览器中运行结果如图 5-18 所示。

5.6.4 比较字符串

在 PHP 中，对于字符串之间的比较有三种方法，下面分别对
这三种方法进行详细讲解。

图 5-18 截取字符串效果

1. 按字节进行字符串的比较

按字节比较字符串有两种方法，分别是利用 strcmp()函数和 strcasecmp()函数来实现。这两个函数的区别是 strcmp()函数区分大小写，而 strcasecmp()不区分大小写。strcmp()函数和 strcasecmp()函数的语法格式基本相同，具体如下：

```
strcmp(string1, string2);
strcasecmp(string1, string2);
```

其中，参数 string1 和参数 string2 指定比较的两个字符串。如果参数 string1 和参数 string2 相等，则函数返回值为 0；如果参数 string1 大于参数 string2，则返回值大于 0；如果参数 string1 小于参数 string2，则返回值小于 0。

【例 5-14】（实例文件：ch05\Chap5.14.php）按字节比较字符串。

```php
<?php
//定义 4 个字符串$str1、$str2、$str3 和$str4
$str1="世界欢迎你";
$str2="世界欢迎你们";
$str3="hello world";
$str4="Hello World";
echo strcmp($str1,$str2)."<br/>";          //用 strcmp()函数比较$str1 和$str2
echo strcmp($str3,$str4)."<br/>";          //用 strcmp()函数比较，区分大小写
echo strcasecmp($str1,$str2)."<br/>";      //用 strcasecmp()函数比较$str1 和$str2
echo strcasecmp($str3,$str4)."<br/>";      //用 strcasecmp()函数比较，不区分大小写
?>
```

在 IE 浏览器中运行结果如图 5-19 所示。

提示：在 PHP 中，使用 strcmp()函数对字符串之间进行比较的应用是非常多的。例如，使用 strcmp()函数比较在用户登录网站中输入的用户名和密码是否正确，如果在验证用户和密码时不用此函数，那么输入用户名和密码无论是大写还是小写，只要正确即可登录。使用 srtcmp()函数之后就避免了这种情况，即使输入的正确，也必须大小写全部匹配才可以登录，这样便提高了网站的安全性。

图 5-19　按字节比较字符串

2. 按自然排序法进行字符串的比较

按照自然排序法进行字符串的比较是通过使用 strnatcmp()函数来实现的。自然排序法比较的是字符串的数字部分，将字符串中的数字按照大小进行比较。语法格式如下：

```
strnatcmp(string1,string2)
```

如果参数 string1 和参数 string2 相等，则函数返回值为 0；如果参数 string1 大于参数 string2，则函数返回值大于 0；如果参数 string1 小于参数 string2，则函数返回值小于 0。

【例 5-15】（实例文件：ch05\Chap5.15.php）按照自然排序法进行字符串的比较。

```php
<?php
$str1 = "img5.jpg";                      //定义字符串常量
$str2 = "img10.jpg";                     //定义字符串常量
$str3 = "img5.jpg";                      //定义字符串常量
$str4 = "IMG10.jpg";                     //定义字符串常量
echo strnatcmp($str1,$str2)."<br/>";     //用 strnatcmp()函数比较$str1 和$str2
echo strnatcmp($str3,$str4)."<br/>";     //用 strnatcmp()函数比较$str3 和$str4
echo strnatcasecmp($str3,$str4);         //用 strnatcasecmp()函数比较$str3 和$str4
?>
```

在 IE 浏览器中运行结果如图 5-20 所示。

提示：strnatcmp()函数区分字母大小写。按照自然排序法进行比较，还可以使用另一个与 strnatcmp()函数作用相同，但不区分大小的 strnatcasecmp()函数。

3. 指定从源字符的位置开始比较

strncmp()函数用来比较字符串中的前 n 个字符。语法格式如下：

```
strncmp(string1, string2, length);
```

图 5-20　按照自然排序法进行字符串的比较

strncmp()函数的参数说明如表 5-7 所示。

表 5-7　strncmp()函数的参数说明

参　数	说　明
string1	指定参与比较的第一个字符串对象
string2	指定参与比较的第二个字符串对象
length	必须参数，指定每个字符串中参与比较字符串的数量

如果参数 string1 和参数 string2 相等，则函数返回值为 0；如果参数 string1 大于参数 string2，则函数返回值大于 0；如果参数 string1 小于参数 string2，则函数返回值小于 0。

【例 5-16】（实例文件：ch05\Chap5.16.php）指定从源字符的位置开始比较。

```php
<?php
    $str1="abcdef";                        //定义字符串常量
    $str2="abcdeg";                        //定义字符串常量
    $str3="abcdef";                        //定义字符串常量
    $str4="Abcdeg";                        //定义字符串常量
    echo strncmp($str1,$str2,6)."<br/>";   //比较$str1和$str2中的前6个字符
    echo strncmp($str3,$str4,6);           //比较$str3和$str4中的前6个字符
?>
```

在 IE 浏览器中运行结果如图 5-21 所示。

从上面代码中可以看出，由于变量$str1 和$str2 中的第 6 个字符串不同，且 g 的 ASCII 码小于 f 的 ASCII 码，所以函数返回值为-1；由于变量$str4 中字符串的首字母为大写，与变量$str3 中字符串不同，a 的 ASCII 码大于 A 的 ASCII 码，因此比较后的函数返回值是 1。

图 5-21　指定从源字符的位置开始比较

5.6.5　检索字符串

在 PHP 中，提供了很多用于查找字符串的函数，PHP 也可以像 Word 那样实现对字符串的查找功能。

1. 使用 strstr()函数查找指定的关键字

strstr()函数获取一个指定字符串在另一个字符串中首次出现的位置到后者末尾的子字符串。如果执行成功，则返回剩余字符串（存在相匹配的字符）；如果没有找到相匹配的字符，则返回 false。strstr()函数的语法如下：

```
strstr(string,search,before_search)
```

strstr()函数的参数说明如表 5-8 所示。

表 5-8　strstr()函数的参数说明

参　　数	说　　明
string	必须参数，规定被搜索的字符串
search	必须参数，规定所搜索的字符串。如果此参数是数字，则搜索匹配此数字对应的 ASCII 值的字符
before_search	可选参数，是布尔值，默认值为 false。如果设置为 true，它将返回 search 参数第一次出现之前的字符串部分

　　注意：strstr()函数区分字母大小写，如需进行不区分大小写的搜索，可以使用 stristr()函数。

　　【例 5-17】（实例文件：ch05\Chap5.17.php）strstr()函数的应用。

```php
<?php
echo strstr("img.jpg",".",true);
echo "<br>";
echo strstr("img.jpg",".",false);
echo "<br>";
echo strstr("http://www.baidu.com","w");
echo "<br>";
var_dump(strstr("千谷网络工作室108","3"));
?>
```

在 IE 浏览器中运行结果如图 5-22 所示。

2. 使用 substr_count()函数检索子字符串出现的次数

　　substr_count()函数用来获取字符串中的某个子字符串出现的次数。语法格式如下：

图 5-22　strstr()函数的应用

```
substr_count(string,substring,start,length)
```

substr_count()函数的参数说明如表 5-9 所示。

表 5-9　substr_count()函数的参数说明

参　　数	说　　明
string	必须参数，规定被检查的字符串
substring	必须参数，规定要搜索的字符串
start	可选参数，指定在字符串中何处开始搜索，指定位置是从 0 开始计算的，字符串中的第一个字符的位置表示 0
length	可选参数，规定搜索的长度

　　【例 5-18】（实例文件：ch05\Chap5.18.php）substr_count()函数的应用。

```php
<?php
$str = "Hello World!";
echo substr_count($str,"l",2);      //搜索字符"l"出现的次数，从第 3 个字符开始
echo "<br/>";
echo substr_count($str,"l",3);      //搜索字符"l"出现的次数，从第 4 个字符开始
echo "<br/>";
echo substr_count($str,"l",3,5);    //搜索字符"l"出现的次数，从第 4 个字符开始，搜索的长度为 5
?>
```

在 IE 浏览器中运行结果如图 5-23 所示。

5.6.6 替换字符串

替换字符串可以通过 str_ireplace()函数和 substr_replace()函数
实现。

1. str_ireplace()函数

str_ireplace()函数用于替换字符串中的一些字符，语法格式
如下：

图 5-23 substr_count()函数的应用

```
str_ireplace(find,replace,string,count)
```
str_ireplace()函数的参数说明如表 5-10 所示。

表 5-10 str_ireplace()函数的参数说明

参 数	说 明
find	必须参数，规定要查找的子字符串
replace	必须参数，规定替换 find 的值
string	必须参数，规定搜索的字符串
count	可选参数，一个变量，对替换次数进行计算

注意：str_ireplace()函数不区分大小写，如果需要对大小区分，可以使用 str_replace()函数。

【例 5-19】（实例文件：ch05\Chap5.19.php）str_ireplace()函数的应用。

```php
<?php
    $str="小明喜欢 red，小红也喜欢 red。";        //定义字符串常量
    $str1="red";                              //定义字符串常量
    $str2="blue";                             //定义字符串常量
    echo str_ireplace($str1,$str2,$str,$str3);  //输出替换后的字符串
    echo "<br/>替换的次数为: ".$str3;            //输出替换的次数
?>
```

在 IE 浏览器中运行结果如图 5-24 所示。

2. substr_replace()函数

substr_replace()函数把字符串的一部分替换为另一个字符串，
语法格式如下：

小明喜欢blue，小红也喜欢blue。
替换的次数为：2

图 5-24 str_ireplace()函数的应用

```
substr_replace(string,replacement,start,length)
```
substr_replace()函数的参数说明如表 5-11 所示。

表 5-11 substr_replace()函数的参数说明

参 数	说 明
string	必须参数，规定要检查的字符串
replacement	必须参数，规定要插入的字符串
start	必须参数，规定在字符串的何处开始替换。 大于 0：在字符串中的指定位置开始替换； 小于 0：从字符串结尾的指定位置开始替换； 0：在字符串中的第一个字符处开始替换

续表

参　　数	说　　明
length	可选参数，规定要替换多少个字符，默认是与字符串长度相同。 正数：被替换的字符串长度； 负数：表示待替换的子字符串结尾处距离 string 末端的字符个数； 0：插入而非替换

注意：substr_replace 函数存在缺陷，在中文替代时会出现乱码。

【例 5-20】（实例文件：ch05\Chap5.20.php）substr_replace()函数的应用。

```php
<?php
$str="I like red and I like blue.";        //定义字符串常量
echo substr_replace($str,"yellow",7);
echo "<br/>";
echo substr_replace($str,"yellow",7,3);
echo "<br/>";
echo substr_replace($str,"yellow",7,0);
echo "<br/>";
echo substr_replace($str,"yellow",7,-17);
?>
```

在 IE 浏览器中运行结果如图 5-25 所示。

图 5-25　substr_replace()函数的应用

5.6.7　分割字符串

explode()函数用来分割字符串。explode()函数的返回值是由字符串组成的数组，每个元素都是字符串的一个子串，它们被字符串分割标识符分割出来。语法格式如下：

```
explode(separator,string,limit)
```

explode()函数的参数说明如表 5-12 所示。

表 5-12　explode()函数的参数说明

参　　数	说　　明
separator	必须参数，规定在哪里分割字符串
string	必须参数，要分割的字符串
limit	可选参数，规定所返回的数组元素的数目。 大于 0：返回包含最多 limit 个元素的数组； 小于 0：返回包含除了最后的-limit 个元素以外的所有元素的数组； 0：返回包含一个元素的数组

注意：如果字符串中找不到相应的分割标识符，并且使用了负数的 limit，那么会返回空的数组（array()），否则返回包含字符串单个元素的数组。

【例 5-21】（实例文件：ch05\Chap5.21.php）分割字符串。

```php
<?php
    $str = '12,3456,7890';
    print_r(explode(',',$str));        //没有设置 limit 的参数
    echo "<br/>";
    print_r(explode(',',$str,0));      //limit 参数为 0 时
    echo "<br/>";
```

```
    print_r(explode(',',$str,2));        //limit 参数为正值时
    echo "<br/>";
    print_r(explode(',',$str,-1));       //limit 参数为负值时
?>
```

在 IE 浏览器中运行结果如图 5-26 所示。

5.6.8 合成字符串

implode()函数可以将一个数组的内容合并成一个字符串。
语法格式如下：

```
implode(separator,array)
```

implode()函数的参数说明如表 5-13 所示。

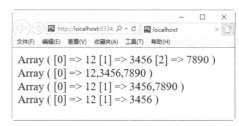

图 5-26 分割字符串

表 5-13 implode()函数的参数说明

参 数	说 明
separator	可选参数。规定数组元素之间放置的内容，默认是""（空字符串）
array	必须参数。要组合为字符串的数组

【例 5-22】（实例文件：ch05\Chap5.22.php）合成字符串。

```php
<?php
$arr=array("Welcome","to","Beijing");
$str=implode(" ",$arr);
echo "$str";
?>
```

在 IE 浏览器中运行结果为 Welcome to Beijing。

提示：explode()函数和 implode()函数是两个相对的函数，分别用于分割和合成。

5.7 就业面试技巧与解析

面试官：PHP 随机生成字符串可以自定义所需要的长度，在实际应用开发中经常遇到，请编写一个函数来实现。

应聘者：代码如下，相应代码带有说明。

```php
<?php
//随机生成字符串
function random_fun($length) {
    $test_str= "0123456789ABCDEFGHIJKLMNOPQRSTUVWXYZ";
    $string = "";
    //strlen()函数用来获取字符串的长度值
    //rand()%(strlen($test_str))是生成 0-strlen($test_str)之间的数值
    //然后使用 while 循环，根据传入的参数来获取相应长度的随机字符串
    while(strlen($string)<$length) {
    //每次循环获取一个字符
        $string .= substr($test_str,(rand()%(strlen($test_str))),1);
    }
    return($string);
}
?>
```

第6章

PHP 数组

 学习指引

    数组就是一组数据的集合，把一系列数据组织起来，形成一个可以操作的整体。其中每个数据都被称为一个元素，每个元素由一个特殊的标识符来区分，这个标识符称之为键，也可以称之为下标。数组中的每个元素都包含两项：键名和值，可以通过键名获取相对应的数组元素。

 重点导读

- 了解数组的分类。
- 掌握数组的定义。
- 熟悉数组的遍历。
- 熟悉数组的常用操作。
- 熟悉预定义数组。
- 了解操作 PHP 数组需要注意的一些细节。
- 了解如何使用生成器。

6.1 数组的分类

    在 PHP 中数组分为两类：数字索引数组和关联数组。

1. 数字索引数组

    数字索引数组一般表示数组元素在数组中的位置，它由数字组成，下标从 0 开始，数字索引数组默认索引值是从数字 0 开始。不需要特别指定，PHP 会自动为索引数组的键名赋一个整数值，然后从这个整数值开始自动增加。当然，也可以指定从某个位置开始保存数据。

    下面代码中$arr1 和$arr2 就是数字索引数组。

```
$arr1=array("姓名","密码","邮箱");
$arr2=array(1=>"姓名",2=>"密码",3=>"邮箱");
```

2. 关联数组

在数组中，可以为每个数组元素指定一个关键词，称之为键名（key）。键名可以是数字和字符串混合的形式，键名中只要有一个不是数字，那么这个数组就称之为关联数组，不像数字索引数组那样，键名只能是数字。

```
$arr=array("name"=>"jack", "password"=>"123456");
```

提示：关联数组的键名可以是任何一个整数或者字符串，如果键名是一个字符串，不要忘了给这个键名或者索引加上定界符——单引号（'）或者双引号（"）。对于数字索引数组，为了避免不必要的麻烦，最好也加上定界符。

6.2　数组的定义

在 PHP 中声明数组的方式主要有两种：一种是应用 array()函数声明数组，另一种是直接通过为数组元素赋值的方式来声明数组。

6.2.1　直接赋值的方式定义数组

在 PHP 中，如果在定义数组时不知道所创建数组的大小，或者在实际编写程序时数组的大小可能发生变化，建议采用直接赋值的方式定义数组。

直接赋值的方式定义数组其实就是直接为数组元素赋值，下面通过具体的实例来具体介绍。

【例 6-1】（实例文件：**ch06\Chap6.1.php**）直接赋值的方式定义数组。

```php
<?php
    $array[1]="定";
    $array[2]="义";
    $array[3]="数";
    $array[4]="组";
    print_r($array);      //输出所创建的数组
?>
```

图 6-1　直接赋值的方式定义数组

在 IE 浏览器中运行结果如图 6-1 所示。

提示：print_r()函数输出数组（Array）变量时，会按照一定格式显示键和元素，如果输出的是字符串（String）、整型（Integer）或者浮点型（Float）类型的变量，则输出变量的值。

注意：采用直接为数组元素赋值方式定义数组时，要求同一数组元素中的数组名相同。

6.2.2　使用 array()函数定义数组

使用 array()函数定义数组是比较常用的一种方式，语法格式如下：

```
array array([arr1,arr2,arr3,...])
```

其中，参数（arr1，arr2，arr3）的语法为 key=>value，分别定义索引和值，每个参数之间用逗号分开。索引可以是数字或者是字符串。如果省略了索引，就会自动产生从 0 开始的整数索引。如果索引是整数，下一个产生的索引将会是目前最大的整数索引+1。如果定义了两个完全一样的索引，那么后面的一个索引将会覆盖前面的一个索引。

数组中各数据元素的数据类型允许不一样，也可以是数组类型。当参数是数组类型时，该数组就是一个二维数组，二维数组将在 6.2.3 节进行介绍。

使用 array()函数定义数组时，数组下标既可以为数字索引，也可以是关联索引。下标与数组元素值之间使用 "=>" 进行连接，不同的数组元素之间使用逗号进行分割。

下面通过一个实例进行介绍。

【例 6-2】（实例文件：ch06\Chap6.2.php）使用 array()函数定义数组。

```php
<?php
    $array = array("1"=>"定","2"=>"义","3"=>"数","4"=>"组");    //定义数组
    print_r($array);                                          //输出数组元素
    echo "<p></p>";
    echo $array[1];                                           //输出数组元素的值
    echo $array[2];                                           //输出数组元素的值
    echo $array[3];                                           //输出数组元素的值
    echo $array[4];                                           //输出数组元素的值
?>
```

在 IE 浏览器中运行结果如图 6-2 所示。

图 6-2　使用 array()函数定义数组

有时会遇到以下类型的数组：

```php
<?php
    $arr=array("php","html","css");
?>
```

这种方式也是"合法"的，这是 array()函数定义数组比较灵活的一面，可以在函数体中只给出数组元素值，而不给出键值。

提示：可以通过给变量赋予一个没有参数的 array()函数创建空数组，然后使用方括号[]来添加数组元素值。

使用 array()函数定义的数组，在使用其中的某个元素的数据时，可以直接利用它们在数组中的排列顺序取值，这个顺序称为数组的下标。例如下面的代码：

```php
<?php
    $arr=array("php","html","css");
    echo $arr[0].", ";        //输出索引值为 0 的元素值
    echo $arr[1].", ";        //输出索引值为 1 的元素值
    echo $arr[2];             //输出索引值为 2 的元素值
?>
```

在 IE 浏览器中运行结果如图 6-3 所示。

图 6-3　通过数组下标获取元素

注意：在使用 array()函数定义数组时，下标默认是从 0 开始的，而不是 1，然后依次增加 1。所以下标为 2 的元素是指数组的第 3 个元素，以此类推。

6.2.3　多维数组的定义

数组中的值可以是另一个数组，另一个数组的值也可以是一个数组，以此类推，便可以创建出二维和三维数组。在多维数组中，二维数组的使用率相对比较高，下面通过一个实例介绍二维数组。

【例 6-3】（实例文件：ch06\Chap6.3.php）多维数组的定义。

```php
<?php
$outside=array(
    "a"=>array("1", "2", "3"),
    "b"=>array("4", "5", "6"),
    "c"=>array("7", "8", "9")
);
print_r($outside);                    //输出数组元素
echo "<p>输出\$outside[\"a\"][0]的值为: ";
echo $outside["a"][0];                //输出数组中的一个元素值
?>
```

在 IE 浏览器中运行结果如图 6-4 所示。

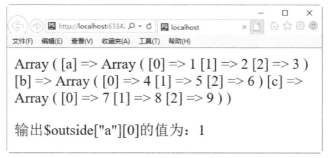

图 6-4　多维数组的定义

6.3　数组的遍历

遍历数组中的所有元素是常用的一种操作，在遍历的过程中可以完成查询等功能。本节主要介绍 4 种方法。

6.3.1　使用 for 语句循环遍历数组

在 PHP 中，使用 for 语句循环遍历数组要求遍历的数组必须是数字索引数组，不能循环遍历关联数组。

【例 6-4】（实例文件：ch06\Chap6.4.php）for 语句循环遍历数组。

```php
<?php
    $arr=array(
        1=>"姓名",
        2=>"密码",
        3=>"邮箱",
    );
    for($i=1;$i<=count($arr);$i++){
        echo $i."=>".$arr[$i]."<br/>";      //输出键和值
    }
?>
```

在 IE 浏览器中运行结果如图 6-5 所示。

6.3.2 使用 foreach 语句循环遍历数组

图 6-5　for 语句循环遍历数组

foreach 循环遍历数组时，是将其索引和值分别取到变量中，或者只取值到一个变量中，然后单独操作放有索引和值的变量，不会影响被遍历的数组本身。如果要在遍历过程中修改数组中的值，需要在定义的变量前加上&符号，如 foreach($array as &$value)。

提示：foreach()仅能用于遍历数组或对象。

使用 foreach 循环遍历数组时，只取值到变量$value 中，格式如下：

```
foreach(array as $value){
    statement;
}
```

不仅将元素的值赋给$value，还将当前元素的键名赋值给变量$key，格式如下：

```
foreach(array as $key=>$value){
    statement;
}
```

【例 6-5】（实例文件：ch06\Chap6.5.php）foreach 循环遍历数组。

```php
<?php
    $fruits=array(
        "1"=>"苹果",
        "2"=>"香蕉",
        "3"=>"橘子",
    );
    foreach($fruits as $value){
        echo $value."—";                //输出元素值
    }
    echo "<br/><br/>";
    foreach($fruits as $key=>$value){
        echo $key."=>".$value."<br/>";   //输出键和值
    }
?>
```

图 6-6　foreach 循环遍历数组

在 IE 浏览器中运行结果如图 6-6 所示。

6.3.3 联合使用 list()、each()、while()循环遍历数组

list()函数作用是把数组中的值赋给一些变量。该函数只用于数字索引的数组，并且数字的索引从 0 开始。语法格式如下：

```
list(var1,var2,var3,...)
```

其中，参数（var1，var2，var3）为被赋值的变量名称。

each()函数返回当前元素的键名和键值。该元素的键名和键值会被返回带有 4 个元素的数组中。两个元素（1 和 value）包含键值，两个元素（0 和 key）包含键名。

语法格式如下：

```
each(array)
```

while()循环在前面第 4 章中已经介绍过了，这里就不赘述了。

下面通过一个实例来介绍联合使用 list()、each()、while()循环遍历数组。

【例 6-6】（实例文件：ch06\Chap6.6.php）使用 list()、each()、while()遍历数组。

```php
<form action="Chap6.6.php" method="post">
    <input type="text" name="username" placeholder="姓名"><br/>
    <input type="text" name="password" placeholder="密码"><br/>
    <input type="submit"><br/>
</form>
<?php
while (list($key,$val) = each($_POST)){
    echo "$key => $val<br>";
}
?>
```

在 IE 浏览器中运行并输入相应的姓名和密码，如图 6-7 所示；单击"提交查询内容"按钮，在页面中输出姓名和密码，结果如图 6-8 所示。

图 6-7　页面加载并输入内容

图 6-8　提交后的结果

注释：实现例 6-6 通过以下两个步骤。

（1）利用开发工具新建一个 Chap6.6.php 文件，然后应用 HTML 标记设计页面，首先创建一个表单，在表单中，创建了两个文本框和一个提交按钮，用于输入登录信息和提交。

（2）使用 each()函数提取全局函数$_POST 中的内容，然后使用 list()函数把 each()函数提取的内容赋值给变量$key 和$val，最后使用 while()循环输出用户提交的登录信息。

6.3.4　使用数组的内部指针控制函数遍历数组

前面已经介绍了几种数组遍历的方法，下面再介绍一种，使用数组的内部指针控制函数遍历数组。

数组的内部指针是数组内部的组织机制，指向一个数组中的某个元素，默认是指向数组中第一个元素。通过移动或改变指针的位置，可以访问数组中的任意元素。对于数组指针的控制，PHP 提供了一些函数，具体说明如表 6-1 所示。

表 6-1　数组的内部指针控制函数

函　　数	说　　明
current()	获取目前指针位置的内容
key()	读取目前指针所指向元素的索引值（键值）
next()	将数组中的内部指针移动到下一个元素

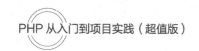

续表

函　　数	说　　明
prev()	将数组的内部指针倒回一位
end()	将数组的内部指针指向最后一个元素
reset()	将目前指针无条件移至第一个索引位置

表 6-1 中的函数，参数都是只有一个，就是要操作的数组本身。

下面通过一个实例，介绍如何使用这些数组指针函数来控制数组中元素的读取顺序。

【例 6-7】（实例文件：ch06\Chap6.7.php）内部指针控制函数遍历数组。

```php
<?php
$person = array(
"学号" => 3041211409,
"姓名" => "高宝",
"年级" => "九年级",
"班级" => "（5）班",
"电话" => "0557-1234567",
);
//数组刚声明时，数组指针在数组中第一个元素位置
echo '第一个元素: '.key($person).'=>'.current($person).'<br>';
echo '第一个元素: '.key($person).'=>'.current($person).'<br>';   //数组指针没动
next($person);                                                    //指针移动到第二个元素
next($person);                                                    //指针移动到第三个元素
echo '第三个元素: '.key($person).'=>'.current($person).'<br>';
end($person);                                                     //指针移动到最后一个元素
echo '最后一个元素: '.key($person).'=>'.current($person).'<br>';
prev($person);                                                    //将指针倒回上一个元素
echo '倒数第二个元素: '.key($person).'=>'.current($person).'<br>';
reset($person);                                                   //指针移动到第一个元素
echo '又回到了第一个元素: '.key($person).'=>'.current($person).'<br>';
?>
```

在 IE 浏览器中运行结果如图 6-9 所示。

在上面的实例中，通过使用指针控制函数 next()、prev()、end()和 reset()随意在数组中移动指针位置，再使用 key()和 current()函数获取指针当前位置所对应元素的键和值。

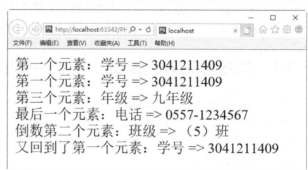

图 6-9　内部指针控制函数遍历数组

6.4　数组的常用操作

数组是对大量数据进行有效组织和管理的手段之一，通过数组的强大功能，可以对大量数据类型相同的数据进行存储、排序、插入及删除等操作。本节就来具体介绍一下数组的常用操作。

6.4.1 输出数组

在 PHP 中一般使用 print_r()来输出数组。语法格式如下：

```
print_r ($var,$bool)
```

其中，$var 是要输出的变量，如果该变量是 string、integer 或 float 类型变量，将打印变量值本身；如果给出的是 array，将会按照一定格式显示键和元素，object 与 array 类似。$bool 是一个可选参数，如果为 true，则不输出结果，而是将结果赋值给一个变量；如果为 false，则直接输出结果。

注意：可以使用 echo 和 print 输出一个字符串、整型和浮点型，但是不能用来输出数组。

【例 6-8】（实例文件：ch06\Chap6.8.php）使用 print_r()输出数组。

```php
<?php
    $arr=array(
        "用户名"=>"一帆风顺",
        "密码"=>"123456",
    );
    print_r($arr);
?>
```

在 IE 浏览器中运行结果如图 6-10 所示。

图 6-10　使用 print_r()输出数组

6.4.2 字符串与数组的转换

字符串与数组的转换在 PHP 中经常使用，主要用 explode()函数和 implode()函数实现，下面分别进行介绍。

1. 使用 explode()函数将字符串转换成数组

explode()函数将字符串按照指定的字符串或字符进行分割，返回由字符串组成的数组。语法格式如下：

```
explode(separator,string,limit)
```

explode()函数的参数说明如表 6-2 所示。

表 6-2　explode()函数的参数说明

参　　数	说　　明
separator	必须参数，规定在哪里分割字符串
string	必须参数，要分割的字符串
limit	可选参数，规定所返回的数组元素的数目。 大于 0：返回包含最多 limit 个元素的数组； 小于 0：返回包含除了最后的-limit 个元素以外的所有元素的数组； 0：返回包含一个元素的数组

在返回的 array 中，每个元素都是 string 的一个子串，它们被字符串 separator 作为边界点分割出来。

使用 explode()函数时，如果 separator 为空字符串（""），explode()将返回 false；如果 separator 所包含的值在 string 中找不到，explode()函数将返回包含 string 单个元素的数组；如果参数 limit 是负数，则返回除了最后 limit 个元素外的所有元素；如果 separator 所包含的值在 string 中找不到，并且使用了负数的 limit，那么会返回空的数组。

下面通过一个实例进行介绍。

【例 6-9】（实例文件：ch06\Chap6.9.php）字符串与数组的转换。

```php
<?php
    $str="开始-应用程序-控制面板";
    $arr1=explode("-",$str);
    $arr2=explode("-",$str,-1);
    print_r($arr1);
    echo "<br/>";
    print_r($arr2);
?>
```

在 IE 浏览器中运行结果如图 6-11 所示。

图 6-11　字符串与数组的转换

2. 使用 implode()函数将数组转换成一个新字符串

使用 implode()函数可以将一个一维数组的值转化为字符串。语法格式如下：

```
implode(separator,array)
```

implode()函数的参数说明如表 6-3 所示。

表 6-3　implode()函数的参数说明

参　　数	说　　明
separator	可选参数，规定数组元素之间放置的分隔符，默认是" "（空字符串）
array	必须参数，要组合为字符串的数组

【例 6-10】（实例文件：ch06\Chap6.10.php）数组的值转化为字符串。

```php
<?php
$arr=array("开始","应用程序","控制面板");
$str=implode("-",$arr);                    //转换成字符串
var_dump($str)                             //输出$str 的类型和值
?>
```

在 IE 浏览器中运行结果如图 6-12 所示。

6.4.3　统计数组元素个数

在 PHP 中，可以使用 count()函数和 sizeof()函数统计数组的元素个数。count()函数和 sizeof()函数的语法格式基本一样，这

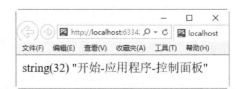

图 6-12　数组的值转化为字符串

里以 count()函数为例进行介绍。

count()函数的语法格式如下：

```
count(array,mode);
```

count()函数的参数说明如表 6-4 所示。

表 6-4　count()函数的参数说明

参　　数	说　　明
array	必须参数，规定要统计的数组
mode	可选参数，规定统计模式，取值如下： 0：默认值，不对多维数组中的所有元素进行统计； 1：递归统计数组中元素个数（计算多维数组中的所有元素）

【例 6-11】（实例文件：ch06\Chap6.11.php）使用 count()统计数组的元素个数。

```php
<?php
    $arr=array(                          //定义一个二维数组
        "1"=>array("苹果","香蕉"),
        "2"=>array("男装","女装"),
        "3"=>array("电影","动漫"),
    );
    echo count($arr);                    //统计并输出数组中元素的个数
    echo count($arr,1);                  //统计并输出数组中元素的个数
?>
```

输出的结果为 3 和 9。

注意：在统计二维数组时，如果直接使用 count()函数只会显示到一维数组的个数，所以需要使用递归的方式来统计二维数组的个数。

6.4.4　查询数组中指定元素

array_search()函数在数组中搜索某个键值，并返回对应的键名。该函数常用在购物车，实现对购物车中指定商品数量的修改和删除。语法格式如下：

```
array_search(value,array,strict)
```

array_search()函数的参数说明如表 6-5 所示。

表 6-5　array_search()函数的参数说明

参　　数	说　　明
value	必须参数，规定要搜索的键值
array	必须参数，规定被搜索的数组
strict	可选参数，如果该参数被设置为 true，则函数在数组中搜索数据类型和值都一致的元素，可能的值为 true 和 false（默认）

【例 6-12】（实例文件：ch06\Chap6.12.php）array_search()函数。

```php
<?php
$arr=array(
    "4500"=>"数码相机",
    "3200"=>"平板电脑",
```

```
    "6800"=>"高清电视",
    "2500"=>"智能手机",
);
$arr=array_search("智能手机",$arr);   //搜索数组中"智能手机"的键值
var_dump($arr);
?>
```

输出的结果为 int(2500)。

6.4.5 获取数组中最后一个元素

获取数组最后一个元素，可以使用 PHP 内置函数 end()，也可以使用 array_pop() 函数。但是 array_pop()
函数有一个弊端，使用它获取数组最后一个元素时，同时也会把该元素删除。

end() 和 array_pop() 函数的语法格式如下：

```
end($array)
array_pop($array)
```

其中，参数 $array 为输入的数组。

【例 6-13】（实例文件：ch06\Chap6.13.php）使用 end() 和 array_pop() 函数。

```
<?php
$arr=array("a","b","c","d");
echo end($arr)."<br/>";              //获取数组的最后一个元素
print_r($arr);                       //输出数组所有元素
echo "<br/>".array_pop($arr)."<br/>"; //获取数组的最后一个元素并删除
print_r($arr);                       //输出数组所有元素
?>
```

在 IE 浏览器中运行结果如图 6-13 所示。

一般情况下，使用 end() 函数获取数组的最后一个元素，
而使用 array_pop() 函数删除数组的最后一个元素。

图 6-13　使用 end() 和 array_pop() 函数

6.4.6 向数组中添加元素

在 PHP 中有两个函数可以向数组中添加元素，分别为
array_push() 和 array_unshift()。array_push() 是向数组的尾部
添加元素，array_unshift() 是向数组的开头添加元素。语法格
式如下：

```
array_push(array,value1,value)
array_unshift(array,value1,value)
```

其中，参数 array 是要添加的数组；value 为要添加的元素，是一个集合，包含要添加的所有元素。

下面通过一个实例来介绍一下它们的用法。

【例 6-14】（实例文件：ch06\Chap6.14.php）向数组中添加元素。

```
<?php
    $arr=array("one","two","three");
    print_r($arr);
    echo "<br/>";
    array_push($arr,"four");         //向数组的尾部添加元素 four
    print_r($arr);
    array_unshift($arr,"five");      //向数组的开头添加元素 five
```

```
    echo "<br/>";
    print_r($arr);
?>
```

在 IE 浏览器中运行结果如图 6-14 所示。

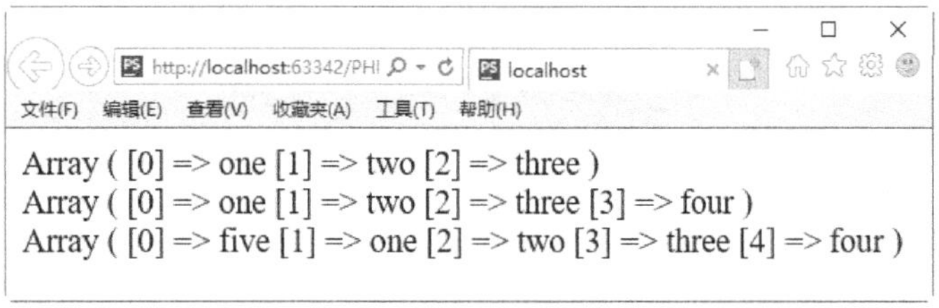

图 6-14　向数组中添加元素

6.4.7　删除数组中重复元素

删除数组中重复的元素，通过 array_unique()函数来完成。

使用 array_unique()函数后，当数组中有元素的值相等时，只保留第一个元素，其他的元素被删除，在返回的数组中，被保留的数组元素将保持原来数组的键名。

array_unique()函数的语法格式如下：

```
array_unique(array)
```

其中，参数 array 是要检查的数组。

【例 6-15】（实例文件：ch06\Chap6.15.php）删除数组中重复的元素。

```
<?php
$arr=array("c","b","c","a","b","a");
$arr1=array_unique($arr);    //删除重复的元素
print_r($arr1);              //输出删除重复元素后的数组
?>
```

图 6-15　删除数组中重复的元素

在 IE 浏览器中运行结果如图 6-15 所示。

6.5　预定义数组

PHP 提供了一套预定义的数组，这些数组变量包含来自 Web 服务器、客户端、运行环境和用户输入的数据。这些数组虽然是一种特殊的数组，但与普通数组的操作方式没有区别。这些预定义数组不用去定义它们，在每个 PHP 脚本中默认存在。因为在 PHP 中用户不用自定义它们，所以在自定义变量时应避免和这些预定义的数组同名。这些预定义的数组在全局范围内自动生效，即在函数中直接就可以使用，且不用使用 global 关键字访问它们。

6.5.1　服务器变量：$_SERVER

$_SERVER 是一个包含诸如头信息（header）、路径（path）和脚本位置（script locations）的数组。它是 PHP 中一个全局变量，可以在 PHP 程序的任何地方直接访问它。

在 PHP 编码中，经常遇到需要使用地址栏的信息，如域名、访问的 URL、URL 带的参数等，这些信息 PHP 服务器都存在了预定义变量 $_SERVER 中。这个数组中的项目由 Web 服务器创建，不能保证每个服务器都提供全部项目，服务器可能会忽略一些。

$_SERVER 包含着很多的信息，可以直接打印它，代码如下：

```php
<?php
echo "<pre>";              //输出数组自动格式化换行显示
print_r($_SERVER);         //输出$_SERVER变量
?>
```

在 IE 浏览器中运行结果如图 6-16 所示。

图 6-16 $_SERVER 变量包含的信息

$_SERVER 变量中各个参数的意思都可以根据其值猜测出来，具体可以参考 PHP 文档说明。下面挑选其中几个来介绍一下使用方法，代码如下：

【例 6-16】（实例文件：ch06\Chap6.16.php）使用 $_SERVER 变量。

```php
<?php
    echo $_SERVER['SERVER_ADDR'];      //获取当前运行脚本所在服务器的 IP 地址
    echo "<br/>";
    echo $_SERVER['SERVER_NAME'];      //获取当前运行 PHP 程序所在服务器的名称
    echo "<br/>";
    echo $_SERVER['SERVER_PORT'];      //获取当前运行脚本所在服务器的端口号
?>
```

在 IE 浏览器中运行结果如图 6-17 所示。

6.5.2 环境变量：$_ENV

$_ENV 是一个包含服务器端环境变量的数组，它和 $_SERVER 一样，也是一个全局变量，可以在 PHP 程序的任何地方直接访问它。

$_ENV 只是被动地接受服务器端的环境变量并把它们转换为数组元素，可以直接打印它。

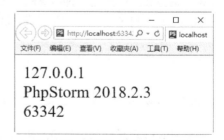

图 6-17 使用 $_SERVER 变量

```php
<?php
echo "<pre>";
```

```
var_dump($_ENV);
?>
```

在 IE 浏览器中运行结果如图 6-18 所示。

这里输出的结果为空，原因是 PHP 的配置文件 php.ini 的配置项为 variables_order="GPCS"，需要在 GPCS 前面加上大写的 E，变成 variables_order="EGPCS"，这样输出的结果才不为空。刷新页面，结果如图 6-19 所示。

图 6-18　打印 $_ENV 变量

```
D:\PHP\PHP1\ch06\Chap6.11.php:3:
array (size=34)
  'ALLUSERSPROFILE' => string 'C:\ProgramData' (length=14)
  'APPDATA' => string 'C:\WINDOWS\system32\config\systemprofile\AppData\Roamin
  'classpath' => string 'D:\jdk\lib' (length=10)
  'CommonProgramFiles' => string 'C:\Program Files (x86)\Common Files' (length
  'CommonProgramFiles(x86)' => string 'C:\Program Files (x86)\Common Files' (.
  'CommonProgramW6432' => string 'C:\Program Files\Common Files' (length=29)
  'COMPUTERNAME' => string 'SC-201803011149' (length=15)
  'ComSpec' => string 'C:\WINDOWS\system32\cmd.exe' (length=27)
  'DriverData' => string 'C:\Windows\System32\Drivers\DriverData' (length=38)
  'LOCALAPPDATA' => string 'C:\WINDOWS\system32\config\systemprofile\AppData\l
  'NUMBER_OF_PROCESSORS' => string '4' (length=1)
  'OS' => string 'Windows_NT' (length=10)
  'Path' => string 'C:\Ruby23-x64\bin;C:\ProgramData\Oracle\Java\javapath;C:\W
  'PATHEXT' => string '.COM;.EXE;.BAT;.CMD;.VBS;.VBE;.JS;.JSE;.WSF;.WSH;.MSC'
  'PROCESSOR_ARCHITECTURE' => string 'x86' (length=3)
  'PROCESSOR_ARCHITEW6432' => string 'AMD64' (length=5)
  'PROCESSOR_IDENTIFIER' => string 'AMD64 Family 21 Model 101 Stepping 1, Auth
  'PROCESSOR_LEVEL' => string '21' (length=2)
  'PROCESSOR_REVISION' => string '6501' (length=4)
  'ProgramData' => string 'C:\ProgramData' (length=14)
```

图 6-19　$_ENV 变量包含的内容

这个配置表示了 PHP 接受的外部变量来源及顺序，EGPCS 是 Environment、Get、Post、Cookies、Server 的缩写，如果 variables_order 的配置中缺少了 E，那么 PHP 就无法接受环境变量，导致 $_ENV 为空。

6.5.3　URL GET 变量：$_GET

在 PHP 中，预定义的 $_GET 变量用于获取来自 method="GET" 表单中的值。下面通过一个实例介绍。

【例 6-17】（实例文件：ch06\Chap6.17.php）$_GET 的应用。

首先创建 form.php 文件，添加 form 表单，用来提交姓名和密码等信息。

```
<form action="Chap6.17.php" method="GET">
    姓名：<input type="text" name="username">
    密码：<input type="text" name="password">
    <input type="submit" value="提交">
</form>
```

当用户单击 submit 按钮时，使用 GET 方法把数据会发送到 Chap6.17.php 文件。在 Chap6.17.php 文件中，通过 $_GET 变量获取表单的数据。$_GET 变量是一个数组，表单域的 name 属性是该数组中的键，通过键获取指定的数据值。

Chap6.17.php 文件代码如下：

```
<?php
```

```
        echo "姓名: ".$_GET["username"];
        echo "<br/>";
        echo "密码: ".$_GET["password"];
    ?>
```

相关的代码请参考 form.php 和实例文件 Chap6.17.php，在 IE 浏览器中运行 form.php 文件并输入姓名和密码，如图 6-20 所示；单击"提交"按钮，数据会发送到 Chap6.17.php 文件，结果如图 6-21 所示。

图 6-20　页面加载并输入数据

图 6-21　输出数据

注意：在 HTML 表单中使用 method="GET"提交数据时，数据会显示在 URL 中，所以在发送密码或其他敏感信息时，不要使用该方法，可以使用 POST 方法。

6.5.4　HTTP POST 变量：$_POST

预定义的$_POST 变量用于获取来自 method="POST"的表单中的值，与$_GET 变量用法相似。下面通过一个实例来介绍。

【例 6-18】（实例文件：ch06\Chap6.18.php）$_POST 的应用。

首先创建 form1.php 文件，添加 form 表单，用来提交姓名和密码等信息。

```
<form action="Chap6.18.php" method="POST">
    姓名: <input type="text" name="username">
    密码: <input type="text" name="password">
    <input type="submit" value="提交">
</form>
```

当用户单击 submit 按钮时，使用 POST 方法把数据会发送到 Chap6.18.php 文件。在 Chap6.18.php 文件中，通过$_POST 变量来获取表单的数据。$_POST 变量是一个数组，表单域的 name 属性是该数组中的键，通过键来获取指定的数据值。

Chap6.18.php 文件代码如下：

```
<?php
echo "姓名: ".$_POST["username"];
echo "<br/>";
echo "密码: ".$_POST["password"];
?>
```

相关的代码请参考 form1.php 和实例文件 Chap6.18.php，在 IE 浏览器中运行 form1.php 文件并输入姓名和密码，如图 6-22 所示；单击"提交"按钮，数据会发送到 Chap6.18.php 文件，结果如图 6-23 所示。

图 6-22　页面加载并输入数据

图 6-23　输出数据

提示：使用 POST 方法提交的表单数据，对任何人都是不可见的，并且发送数据的大小也没有限制。

6.5.5　Request 变量：$_REQUEST

在 PHP 中，$_REQUEST 包含了$_GET、$_POST 和$_COOKIE 三个变量，用法与它们基本上相同。
下面通过一个实例来进行介绍。

【例 6-19】（实例文件：ch06\Chap6.19.php）$_REQUEST 的应用。

首先创建 form2.php 文件，添加 form 表单，用来提交姓名和密码等信息。

```
<form action="Chap6.19.php" method="POST">
    姓名: <input type="text" name="username">
    密码: <input type="text" name="password">
    <input type="submit" value="提交">
</form>
```

当用户单击 submit 按钮时，使用 POST 方法把数据会发送到 Chap6.19.php 文件。在 Chap6.19.php 文件
中，通过$_REQUEST 变量来获取表单的数据。$_REQUEST 变量是一个数组，表单域的 name 属性是该数
组中的键，通过键来获取指定的数据值。

Chap6.19.php 文件代码如下：

```php
<?php
echo "用户名: ".$_REQUEST["username"]."<br/>";
echo "密码: ".$_REQUEST["password"];
?>
```

相关的代码请参考 form2.php 和实例文件 Chap6.19.php，在 IE 浏览器中运行 form2.php 文件并输入姓名
和密码，如图 6-24 所示；单击"提交"按钮，数据会发送到 Chap6.19.php 文件，结果如图 6-25 所示。

图 6-24　页面加载并输入数据

图 6-25　输出数据

6.5.6　HTTP 文件上传变量：$_FILES

$_FILES 全局变量是一个的二维数组，作用是存储各种与上传文件有关的信息，这些信息对于通过 PHP
脚本上传到服务器的文件至关重要。下面通过一个实例进行介绍。

【例 6-20】（实例文件：ch06\Chap6.20.php）$_FILES 的应用。

首先创建 form3.php 文件，添加 form 表单，用来上传文件。

```
<form enctype="multipart/form-data" action="Chap6.20.php" method="post">
    <input type="hidden" name="MAX_FILE_SIZE" value="1000">
    <input name="myFile" type="file">
    <input type="submit" value="上传文件">
</form>
```

提示：enctype="multipart/form-data 属性类别表示不对字符编码，在使用包含文件上传控件的表单时，
必须使用它。

当用户上传文件到 Chap6.20.php 文件后，该文件会获得一个$_FILES 数组。

Chap6.20.php 文件的代码如下：

```php
<?php
echo $_FILES['myFile']['name'];        //获取客户端文件的名称
echo "<br/>";
echo $_FILES['myFile']['type'];        //文件的 MIME 类型，需要浏览器提供该信息的支持
echo "<br/>";
echo $_FILES['myFile']['size'];        //已上传文件的大小，单位为字节
echo "<br/>";
echo $_FILES['myFile']['tmp_name'];    //文件被上传后在服务端储存的临时文件名，一般是系统默认
echo "<br/>";
echo $_FILES['myFile']['error'];       //文件上传相关的错误信息
?>
```

相关的代码请参考 form3.php 和实例文件 Chap6.20.php，在 IE 浏览器中运行 form3.php 文件并选择文件，如图 6-26 所示；单击"上传文件"按钮，文件会发送到 Chap6.20.php 文件，效果如图 6-27 所示。

图 6-26 页面加载并选择文件

图 6-27 上传文件的信息

$_FILES['myFile']['error']有 6 个返回值，分别代表不同的情况，如表 6-6 所示。

表 6-6 返回值

error 返回值	说　　明
0	没有错误发生，文件上传成功
1	上传的文件超过了 php.ini 中 upload_max_filesize 选项限制的值
2	上传文件的大小超过了 HTML 表单中 MAX_FILE_SIZE 选项指定的值
3	文件只有部分被上传
4	没有文件被上传
5	上传文件大小为 0

6.5.7 HTTP Cookies 变量：$_COOKIE

$_COOKIE 是 HTTP Cookies 方式传递给当前脚本变量的数组。有时需要获取前一个页面中发送过来的 cookie，使用$_COOKIE 来实现。下面通过一个实例来介绍。

【例 6-21】（实例文件：ch06\Chap6.21.php）$_COOKIE 应用。

首先创建 form4.php 文件，在该文件中使用 setcookie()方法创建名为 name 的 cookie，值为 user，有效期为 60s，然后使用表单提交到脚本文件。

```php
<?php
setcookie("name","user",time()+60);  //设置 cookie
?>
```

```
<!--使用表单提交到脚本文件-->
<form action=" Chap6.21.php " method="post">
    <input type="submit" value="提交">
</form>
```

在脚本文件中使用$_COOKIE 获取发送过来的 cookie 并输出。

```
<?php
echo "名字为 name 的 cookie 值为: ";
echo $_COOKIE["name"];    //获取并输出 cookie
?>
```

相关的代码请参考 form4.php 和实例文件 Chap6.21.php，在 IE 浏览器中运行，结果如图 6-28 所示。

图 6-28　获取 cookie 的值

6.5.8　Session 变量：$_SESSION

$_SESSION 是当前脚本可用 Session 变量的数组，可以通过它创建 Session 变量，只要给它添加一个元素即可，也可以在 PHP 脚本中用来接 Session。

下面通过一个实例进行介绍。

【例 6-22】（实例文件：ch06\Chap6.22.php）使用$_SESSION。

首先创建 form5.php 文件，在该文件中使用$_SESSION 创建名为 name 的 Session，值为 admin。然后使用表单提交到脚本文件。

```
<?php
session_start();                    //启动 Session
$_SESSION["name"] ="admin";         //定义一个名为 name 的 Session 变量，并赋值为 admin
?>
<!--使用表单提交到脚本文件-->
<form action="Chap6.18.php" method="post">
    <input type="submit" value="提交">
</form>
```

在脚本文件中使用$_SESSION 获取发送过来的 Session 值并输出。

```
<?php
session_start();                    //启动 Session
echo $_SESSION["name"];             //获取并输出 Session
?>
```

相关的代码请参考 form5.php 和实例文件 Chap6.22.php，在 IE 浏览器中运行，结果如图 6-29 所示。

图 6-29　获取 Session 的值

6.5.9　Global 变量：$GLOBALS

$GLOBALS 用来引用全局作用域中可用的全部变量。一个包含了全部变量的全局组合数组，变量的名字就是数组的键。例如下面代码，定义一个全局变量$a，然后输出$GLOBALS。

```
<?php
$a ="自定义全局变量 a";
var_dump($GLOBALS);
?>
```

在全局变量中，可以找到自定义的全局变量$a。在 IE 浏览器中运行结果如图 6-30 所示。

下面使用$GLOBALS 变量在函数中定义一个全局变量$b，然后在函数外面改变它的值。

【例 6-23】（实例文件：ch06\Chap6.23.php）$GLOBALS 的应用。

```php
<?php
function test() {
    $b = "10";
    echo '定义全局变量:'.$GLOBALS["b"]."<br/>";
    echo '局部变量:'.$b;
}
$b = "100";
test();
?>
```

在 IE 浏览器中运行结果如图 6-31 所示。

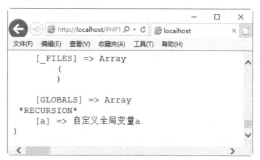

图 6-30　全局变量$a

图 6-31　$GLOBALS 应用

6.6　操作 PHP 数组需要注意的一些细节

在操作数组时，需要注意一些细节问题。掌握了这些细节问题，对操作数组有许多的益处。

6.6.1　数组运算符号

在 PHP 中数组运算符只有 "+" 是运算符，其他的都是比较运算符，具体内容如表 6-7 所示。

表 6-7　数组运算符

数组运算符	名　　称	例　　子	结　　果
+	联合	$a+$b	$a 和$b 进行联合
==	相等	$a==$b	如果$a 和$b 具有相同的键/值对，则为 true
===	全等	$a===$b	如果$a 和$b 具有相同的键/值对并且顺序和类型都相同，则为 true
!=	不等	$a!=$b	如果$a 不等于$b，则为 true
<>	不等	$a<>$b	如果$a 不等于$b，则为 true
!==	不全等	$a!==$b	如果$a 不全等于$b，则为 true

"+" 运算符把右边的数组附加到左边的数组后面，有相同的键时保留左边的键和值。下面通过一个简单的实例来进行介绍。

【例 6-24】（实例文件：ch06\Chap6.24.php）数组运算符的应用。

```php
<?php
$a = array("1" => "苹果", "2" => "香蕉");
$b = array("1" => "橘子", "2" => "香蕉", "3" => "西瓜");
$arr1=$a + $b;                //$a 联合$b
$arr2=$b + $a;                //$b 联合$a
var_dump($arr1);
echo "<br/>";
var_dump($arr2);
?>
```

在 IE 浏览器中运行结果如图 6-32 所示。

关于数组的比较，这里以 "==" 和 "===" 为例来进行介绍，例如下面的代码：

```php
<?php
    $a=array("1"=>"苹果","2"=>"香蕉");
    $b=array("2"=>"香蕉","1"=>"苹果");
    var_dump($a == $b);          //bool(true)
    echo "<br/>";
    var_dump($a === $b);         //bool(false)
?>
```

在 IE 浏览器中运行结果如图 6-33 所示。

图 6-32　数组运算符的应用

图 6-33　"==" 和 "===" 的应用

在上面的代码中，$a 和$b 具有相同的键／值对，所以$a==$b 输出的结果为 true；虽然$a 和$b 具有相同的键／值对，但是顺序不同，所以$a===$b 输出的结果为 false。

6.6.2　删除数组中的元素

在 PHP 中，删除数组中的元素有 4 种方法：unset()函数、array_splice()函数、array_diff()函数和 array_diff_key()函数，下面分别进行介绍。

1. unset()函数

使用 unset()方法是不会改变其他的键（key）。如果想对其他的键（key）重新整理排序，可以使用 array_values()。

【例 6-25】（实例文件：ch06\Chap6.25.php）unset()方法。

```php
<?php
    $array = array(1 => "苹果", 2 => "香蕉", 3 => "橘子");
    unset($array[2]);           //删除键名为 2 的元素
    print_r($array);
?>
```

在 IE 浏览器中输出的结果为 Array([1]=>苹果[3]=>橘子)。

2. array_splice()函数

array_splice()函数从数组中移除选定的元素，并用新元素取代它，函数也将返回被移除元素的数组。array_splice()函数的语法格式如下：

```
array_splice(array,start,length,array)
```

array_splice()函数的参数说明如表 6-8 所示。

表 6-8　array_splice()函数的参数说明

参　　数	说　　明
array	必须参数，规定要删除元素的数组
start	必须参数，规定删除元素的开始位置。0 表示第一个元素，如果该值设置为正数，则从数组中该值指定的偏移量开始移除；如果该值设置为负数，则从数组末端倒数该值指定的偏移量开始移除。例如，"–3" 表示从数组的倒数第 3 个元素开始
length	可选参数，规定被移除的元素个数，也是被返回数组的长度。如果该值设置为正数，则移除该数量的元素。如果该值设置为负数，则移除从 start 到数组末端倒数 length 为止中间所有的元素。如果该值未设置，则移除从 start 参数设置的位置开始直到数组末端的所有元素
array	可选参数，规定带有要插入原始数组中元素的数组。如果只有一个元素，则可以设置为字符串，不需要设置为数组

【例 6-26】（实例文件：ch06\Chap6.26.php）array_splice()函数。

```php
<?php
$arr=array("苹果","香蕉","橘子","西瓜","葡萄");
array_splice($arr,0,3);          //移除$arr 中前 3 个的元素
print_r($arr);                   //输出删除元素后的数组
?>
```

在 IE 浏览器中输出的结果为 Array([0]=>西瓜[1]=>葡萄)。

3. array_diff()函数

当知道数组的元素值时，可以使用 array_diff()函数来完成删除。array_diff()函数的语法格式如下：

```
array_diff(array1,array2,array3...);
```

其中，array1 是要删除元素的数组，array1 之后的元素是要删除元素的值所组成的数组，如其中的 array2 和 array3。

【例 6-27】（实例文件：ch06\Chap6.27.php）array_diff()函数。

```php
<?php
    $array = array(0=>"a",1=>"b",2=>"c");
    $array = array_diff($array,["a","c"]);    //删除数组中值为 a 和 c 的元素
    print_r($array );
?>
```

在 IE 浏览器中输出的结果为 Array([1]=>b)。

4. array_diff_key()函数

如果知道数组元素的键（key），可以使用 array_diff_key()函数删除该元素，array_diff_key()函数的语法与 array_diff()函数基本一致，如下所示：

```
array_diff_key(array1,array2,array3...);
```

其中，array1 是要删除元素的数组，array1 之后的元素是要删除元素的键名所组成的数组，如 array2 和 array3 所对应的元素值不需要，可以为空，也可以随意输入。

【例 6-28】（实例文件：ch06\Chap6.28.php）array_diff_key()函数。

```php
<?php
$array = array(0=>"a",1=>"b",2=>"c");
$array = array_diff_key($array,[0=>"","1" =>""]);
```

```
    print_r($array);
    ?>
```

在 IE 浏览器中输出的结果为 Array([2]=>c)。

6.6.3　关于数组下标的注意事项

在 PHP 中，可以使用[]和{}符号来操作数组的下标，建议使用[]符号。

【例 6-29】（实例文件：ch06\Chap6.29.php）数组下标。

```
<?php
    $arr[0]=10;            //使用[]符号向数组添加元素
    $arr{1}=20;            //使用{}符号向数组添加元素
    print_r($arr);
?>
```

在 IE 浏览器中输出的结果为 Array([0]=>10[1]=>20)。

在操作数组下标时，需要注意以下三方面。

（1）一样的下标会被后面的覆盖。如果在数组中出现相同的下标，前者会被后者覆盖，例如下面的代码：

【例 6-30】（实例文件：ch06\Chap6.30.php）相同下标的问题。

```
<?php
$arr=array(
    "b"=>"10",
    "b"=>"20",
);
$arr[1]=30;
$arr[1]=40;
print_r($arr);
?>
```

在 IE 浏览器中输出的结果为 Array ([b]=>20[1]=>40)。

（2）数组下标的自动增加，默认值是从 0 开始的，自动增加都是出现的最大值加 1。

【例 6-31】（实例文件：ch06\Chap6.31.php）数组下标的自动增加。

```
<?php
$arr[]="0";           //下标为 0
$arr[]="1";           //下标为 1
$arr[]="2";           //下标为 2
$arr[10]="10";        //下标为 10
$arr[]="11";          //下标为 11
$arr[]="12";          //下标为 12
print_r($arr);
?>
```

在 IE 浏览器中输出的结果为 Array ([0] => 0[1] => 1[2] => 2[10] => 10[11] => 11[12] => 12)。

从上面的结果可以看出，数组默认的是从 0 开始，到下标为 10 的时候，后续的下标会从 10 开始加 1。

（3）关联数组的字符串下标，不会影响索引下标的排列规则。

【例 6-32】（实例文件：ch06\Chap6.32.php）关联数组的字符串下标。

```
<?php
$arr[]="0";           //下标为 0
$arr[]="1";           //下标为 1
$arr[]="2";           //下标为 2
$arr["a"]="10";       //下标为 a
$arr[]="3";           //下标为 3
```

```
$arr[]="4";          //下标为 4
print_r($arr);
?>
```

在 IE 浏览器中输出的结果为 Array ([0] => 0[1] => 1[2] => 2[a] => 10[3] => 3[4] => 4)。

从上面例子可以发现，数组中的字符串 a，并不会影响索引下标的顺序。

6.7　使用生成器

生成器提供了一种更容易的方法来实现简单的对象迭代，相比较定义类实现迭代程序接口的方式，性能提升很大。

6.7.1　使用生成器迭代数据

在使用生成器迭代数据时，通常是创建一个生成器函数。生成器函数看起来像一个普通的函数，但不同的是普通函数返回一个值，而一个生成器可以生成许多它所需要的值，并且每一次的生成返回值只是暂停当前的执行状态，当下次调用生成器函数时，PHP 会从上次暂停的状态继续执行下去。

当一个生成器被调用的时候，它返回一个可以被遍历的对象。当遍历这个对象的时候，PHP 将会在每次需要值的时候调用生成器函数，并在产生一个值后保存生成器的状态，这样就可以在需要产生下一个值的时候恢复调用状态。

一旦不再需要产生更多的值，生成器函数可以退出，而调用生成器的代码还可以继续执行，就像一个数组已经被遍历完了。

生成器函数的核心是 yield 关键字。它最简单的调用形式看起来像一个 return 申明，不同之处在于普通 return 会返回值并终止函数的执行，而 yield 会返回一个值给循环调用此生成器的代码，并且只是暂停执行生成器函数。

下面通过一个实例来进行介绍。

【例 6-33】（实例文件：ch06\Chap6.33.php）生成器的应用。

```
<?php
    function creater($start,$limit,$step=1){
        for ($i=$start;$i<=$limit;$i+=$step){
            yield $i;                        //变量$i 的值在不同的 yield 之间是保持传递的
        }
    }
    echo '1~20 之间的奇数有: ';
    foreach (creater(1, 20, 2) as $number) {   //调用 create()函数
        echo "$number ";
    }
?>
```

在 IE 浏览器中输出的结果为 1 3 5 7 9 11 13 15 17 19。

注意：生成器 yield 关键字不是返回值，它叫产出值，只是生成一个值。

注释：上面代码中 foreach 循环的是什么？其实是 PHP 在使用生成器的时候，会返回一个 Generator 类的对象。foreach 可以对该对象进行迭代，每一次迭代，PHP 会通过 Generator 实例计算出下一次需要迭代的值。这样 foreach 就知道下一次需要迭代的值了。而且，在 for 循环执行后，会立即停止，等待 foreach 下次循环再次向 for 索要下次的值时，for 循环才会再执行一次，然后立即再次停止，直到不满足条件结束。

6.7.2　生成器与数组的区别

生成器允许在 foreach 代码块中写代码来迭代一组数据，而不需要在内存中创建一个数组，如果数据很大，会使内存达到上限，或者会占据很长的处理时间。生成器对 PHP 应用性能有很大的提升，运行代码时也可以节省大量的内存，同时生成器也适合计算大量的数据。

下面通过具体的实例来进行介绍。

创建一个数组来存放迭代的数据，具体步骤如下：

- 创建一个 create()函数。create()函数是一个常见的 PHP 函数，在处理一些数组时经常会用到。
- create()函数内包含一个 for 循环，循环地把当前时间放到数组（$data）里面。
- for 循环执行完毕，把$data 返回出去。
- 调用 create()函数，并传入参数值 5，赋值为$result。
- 使用 foreach 循环遍历$result。

【例 6-34】（实例文件：ch06\Chap6.34.php）数组迭代数据。

```php
<?php
    function create($number){
        $data = [];                        //创建存放数据的数组
        for($i=0;$i<$number;$i++){
            $data[] = time();
        }
        return $data;
    };
    $result = create(5);                   //调用 create()函数，传入 5
    foreach($result as $value){
        sleep(1);                          //延迟代码执行 1s(这里显示不出效果)
        echo $value.'<br />';
    }
?>
```

相关的代码实例文件请参考 Chap6.34.php，在 IE 浏览器中运行结果如图 6-34 所示。

在例 6-34 中，给函数传的值是 5，假如是 1000 万呢?那么 create()函数中，for 循环就需要执行 1000 万次，且有 1000 万个值被放到数组中，数组再被放入内存中，所以在调用函数时会占用大量的内存。

下面再来看一下生成器迭代数据。

这里直接修改例 6-34 中的代码，删除数组$data，而且也没有返回任何内容，而是在 time()之前使用了一个关键字 yield，其他的不变。

【例 6-35】（实例文件：ch06\Chap6.35.php）生成器迭代数据。

```php
<?php
function create($number){
    for($i=0;$i<$number;$i++){
        yield time();
    }
};
$result = create(5);                //调用 create()函数,传入 5
foreach($result as $value){
    sleep(1);                       //延迟代码执行 1s
    echo $value.'<br />';
}
?>
```

相关的代码实例文件请参考 Chap6.35.php，运行结果如图 6-35 所示。

| 图 6-34　数组迭代结果 | 图 6-35　生成器迭代结果 |

上面的结果和第一次没有使用生成器输出的结果不一样，这里的值中间间隔了 1s（sleep(1)造成的）。但是第一次没有时间间隔，那是因为 create()函数内的 for 循环结果被很快放到$data 中，并且立即返回，所以，这里的 foreach 循环是一个固定的数组。使用生成器时，create()函数的值不是一次性快速生成，而是依赖于 foreach 循环，foreach 循环一次，for 执行一次。

注释：生成器的执行过程。

（1）首先调用 create()函数，传入参数 5，但是 for 循环执行了一次然后停止，并且告诉 foreach 第一次循环可以用的值。

（2）foreach 开始对$result 循环，在 foreach 循环体中首先执行 sleep(1)，然后开始使用 for 循环给的一个值执行输出。

（3）foreach 准备第二次循环，开始第二次循环之前，它向 for 循环又请求了一次。

（4）for 循环于是又执行了一次，将生成的时间戳告诉 foreach。

（5）foreach 拿到第二个值，并且输出，由于 foreach 中有 sleep(1)，所以 for 循环延迟了 1s 生成当前时间。

可以发现，整个代码执行中，始终只有一个记录值参与循环，内存中也只有一条信息，无论开始传入的$number 有多大，由于并不会立即生成所有结果集，所以内存始终是一条循环的值。

6.8　就业面试技巧与解析

面试官： 列举 10 种 PHP 数组相关的函数？

应聘者：

- array_combine()：通过合并两个数组来创建一个新数组。
- range()：创建并返回一个包含指定范围的元素的数组。
- array_chunk()：将一个数组分割成多个。
- array_merge()：把两个或多个数组合并成一个数组。
- array_slice()：在数组中根据条件取出一段值。
- array_intersect()：计算数组的交集。
- array_search()：在数组中搜索给定的值。
- array_key_exists()：判断某个数组中是否存在指定的 key。
- shuffle()：把数组中的元素随机排列。
- array_reverse()：将原数组中的元素顺序翻转，创建新的数组并返回。

第 7 章

正则表达式

学习指引

正则表达式是用某种模式去匹配一类字符串的一个公式。很多人因为它们看上去比较奇怪而复杂，所以不敢去学习并使用它。本章通过一个个的实例，让读者觉得正则表达式其实并不复杂，而是很"好玩"。

重点导读

- 了解正则表达式。
- 掌握正则表达式的语法。
- 熟悉正则表达式的函数。

7.1　正则表达式简介

正则表达式（Regular Expression）是一种文本模式，包括普通字符（如 a~z 的字母）和特殊字符（称为"元字符"）。正则表达式是对字符串操作的一种逻辑公式，是事先定义好的一些特定字符及这些特定字符的组合，组成一个"规则字符串"，这个"规则字符串"用来表达对字符串的一种过滤操作，如提取、编辑、替换或删除文本字符串等。对于处理字符串（如 HTML 处理、日志文件分析和 HTTP 标头分析）的许多应用程序而言，正则表达式是不可缺少的工具。

7.2　正则表达式语法规则

正则表达式由两部分构成，即元字符和文本字符。元字符就是具有特殊含义的字符，如"*"和"?"等；文本字符就是普通的文本，如字母和数字等。

构造正则表达式的方法是用多种元字符与运算符，将小的表达式结合在一起来创建更大的。正则表达式可以是单个的字符、字符集合、字符范围、字符间的选择或者所有这些的任意组合。

7.2.1 行定位符

行定位符包含 "^" 和 "$" 两种，"^" 表示行的开头，"$" 表示行的结尾，经常应用它们来描述字符串的边界。

【例 7-1】（实例文件：ch07\Chap7.1.php）行定位符。

```php
<?php
$str1="I like cats";                    //定义字符串变量
$str2="The cat is lovely";              //定义字符串变量
$reg1="/^I/";                           //定义正则 reg1
$reg2="/lovely$/";                      //定义正则 reg2
if (preg_match($reg1,$str1)){           //判断$str1 是否以 I 为开头的
    echo $str1."是以 I 开头的";          //若是，输出内容
}
echo "<br>";
if (preg_match($reg2,$str2)){           //判断$str2 是否以 lovely 为结尾的
    echo $str2."是以 lovely 结尾的";     //若是，输出内容
}
?>
```

在 IE 浏览器中运行结果如图 7-1 所示。

在例 7-1 中，使用 "^I" 来匹配$reg1，使用 "lovely$" 来匹配$reg2，如果满足则输出相应的内容。

提示：preg_match()函数用来进行正则表达式匹配，成功返回 1，否则返回 0，在后面的章节中将详细介绍。

如果想要匹配的子字符串出现在字符串的任意部分，可以直接写成子字符串本身。例如，想要匹配 cat，可以直接写成 cat，这样便可以匹配到$str1 和$str2。

图 7-1　行定位符

7.2.2 单词定界符

使用 cat 可以匹配到$str1 和$str2，会发现只要匹配的字符串中含有 cat 就会被匹配，如 cats、cate 和 category 中都含有 cat，所以会被匹配到。但有时只需要匹配的是某个单词，而不是单词的一部分，这时可以使用单词定界符\b，表示要查找的字符串是一个完整的单词。

【例 7-2】（实例文件：ch07\Chap7.2.php）单词定界符。

```php
<?php
$str="I like cats";                     //定义字符串变量
$reg="/\bcat\b/";                       //定义正则 reg
if(preg_match($reg,$str)){              //判断$str 是否含有 cat
    echo "\$str 中含有 cat 单词 ";       //若含有，输出$str 中含有 cat 子串
}else{
    echo "\$str 中不含有 cat 单词";       
//否则，输出$str 中不含有 cat 子串
}
```

在 IE 浏览器中运行结果如图 7-2 所示。

另外，还有大写的\B，意思与\b 刚好相反，它匹配的字符串不能是一个完整的单词，而是其他单词或字符串的一部分。例如：

$str中不含有cat单词

图 7-2　单词定界符

```
\Bcat\B
```

7.2.3 字符类

正则表达式是区分大小写的。如果忽略大小写，可使用方括号表达式"[]"。只要匹配的字符出现在方括号内，即可表示匹配成功。但需要注意的是，一个方括号只能匹配一个字符。例如，要匹配的字符串 AB 不区分大小写，那么该表达式应该写作以下格式：

```
[aB][Ab]
```

这样即可匹配字串 AB 的所有写法。

7.2.4 选择字符

选择字符使用"|"，表示或的意思。例如，A|B 表示字母 A 或者 B。

【例 7-3】（实例文件：ch07\Chap7.3.php）选择字符。

```php
<?php
$str1="I like cats";                    //定义字符串变量
$str2="The cat is lovely";              //定义字符串变量
$reg="/^I|The/";                        //定义正则 reg，匹配以 I 或者 The 开头的字符串
if (preg_match($reg,$str1)){            //判断$str1 是否以 I 或者 The 为开头
    echo $str1."是以 I 或者 The 开头的";   //若是，输出内容
}
echo "<br>";
if (preg_match($reg,$str2)){            //判断$str2 是否以 I 或者 The 为开头
    echo $str2."也是以 I 或者 The 开头的"; //若是，输出内容
}
?>
```

在 IE 浏览器中运行结果如图 7-3 所示。

图 7-3 选择字符

注意使用"[]"与"|"的区别，"[]"只能匹配单个字符，而"|"可以匹配任意长度的字符串。在使用"[]"的时候，往往配合连接字符"-"一起使用，如[a-d]，代表 a 或 b 或 c 或 d。

7.2.5 连字符

在用正则匹配字符串时，如果需要匹配 26 个英文字符或者 0~9 的数字时，像这样[a,b,c,…]或者[1,2,3,…]都写出来是很麻烦的。这时可以使用连字符"-"，连字符可以表示字符的范围，如匹配在 a~z、A~Z 和 0~9 的字符，可以写成：

```
[a-zA-Z0-9]
```

7.2.6 排除字符

在 7.2.1 节中讲过 "^" 的用法，表示行的开始，如果把它放到方括号里，则表示排除的意思。

【例 7-4】（实例文件：ch07\Chap7.4.php）排除字符。

```php
<?php
    $str=6;                           //定义整型常量
    $reg="/[^1-5]/";                  //定义正则$reg，排除 1-5 的数
    if (preg_match($reg,$str)){       //判断$str 是否满足$reg
        echo "\$str 满足\$reg";        //若是，输出$str 满足$reg
    } else{
        echo "\$str 不满足\$reg";      //否则，输出$str 不满足$reg
    }
?>
```

在 IE 浏览器中运行结果如图 7-4 所示。

在例 7-4 中，判断$str 是否满足$reg，也就是数字 6 是否满足不在 1～5，显然满足，所示输出$str 满足$reg。

图 7-4　排除字符

7.2.7 限定符

在当今互联网的时代，经常会登录或注册不同的网站，当用户登录或注册时，会对输入的账号或密码有限制，如输入的用户名不能大于 12 位、密码不能大于 18 位等。

对于这种情况，可以使用限定符来实现。限定符主要有 6 种，如表 7-1 所示。

表 7-1　限定符

限 定 符	说 明	举 例
?	匹配前面的字符零次或一次	ab?c，该表达式可以匹配 ac 和 abc
+	匹配前面的字符一次或多次	ab+c，该表达式可以匹配的范围为 abc～abbb…c
*	匹配前面的字符零次或多次	ab*c，该表达式可以匹配的范围为 ac～abb…c
{n}	匹配前面的字符 n 次	ab{3}c，该表达式只匹配 abbbc
{n, }	匹配前面的字符最少 n 次	ab{3}c，该表达式可以匹配的范围为 abbbc～abbb…c
{n, m}	匹配前面的字符最少 n 次，最多 m 次	ab{1,3}c，该表达式可以匹配 abc、abbc 和 abbbc

7.2.8 点号字符

点号（.）字符在正则表达式中具有特殊意义，可以匹配除了回车符（\r）和换行符（\n）之外的任意字符。

例如，要匹配一个单词，知道第一个为 b，第三个字母为 o，最后一个字母为 k，则匹配该单词的表达式为：

```
^b.ok$
```

7.2.9 转义字符

在 5.6.1 节中介绍了 PHP 字符串的转义，正则表达式中的转义与其类似，都是使用转义字符 "\" 将特殊字符（如 "."、"?"、"\" 等）变为普通的字符。

例如，用正则表达式匹配 192.167.0.120 IP 地址，正则表达式为：

```
[0-9]{1,3}(\.[0-9]{1,3}){3}
```

在正则表达式中，"."表示除了回车符（\r）和换行符（\n）之外的任意字符，这里使用转义字符"\"转换为普通字符。

提示：表达式中圆括号"()"在正则表达式中也是一个元字符，将在 7.2.11 节中介绍。

7.2.10　反斜线

反斜线"\"除了可以转义外，还可以指定预定义的字符集，如表 7-2 所示。

表 7-2　预定义字符集

预定义字符集	说　　明
\d	匹配一个数字字符，相当于[0~9]
\D	匹配一个非数字字符，相当于[^0~9]
\s	匹配任何空白字符，包括空格、制表符、换页符等，相当于[\f\n\r\t\v]
\S	匹配任何非空白字符，相当于[^\f\n\r\t\v]
\w	匹配字母、数字、下画线，相当于[A~Z，a~z，0~9_]
\W	匹配非字母、数字、下画线，相当于[^A~Z，a~z，0~9_]

例如，使用上面的字符集来定义一个匹配用户名的正则表达式，该用户名以字母开头，长度为 5~12 位，表达式如下：

```
^[a-z]\w{4,11}$
```

7.2.11　括号字符

圆括号"()"本身不匹配任何内容，也不限制匹配任何内容，只是把括号内的内容看成一个整体，也就是一个表达式，例如：

```
(ABC){1,4};
```

这里把（ABC）看成一个整体，表示 ABC 最少出现 1 次，最多出现 4 次。如果这里没有圆括号，就表示 C 最少出现 1 次，最多出现 4 次了。

另外，圆括号还可以改变限定符（如"|"、"*"、"^"等）的作用范围，例如：

```
1(1|9);
```

这个表达式表示匹配 11 或者 19，如果去掉括号，则表示 11 或者 9。

7.2.12　反向引用

在匹配到某个字符串之后，后续还需要使用该字符串，对它进行引用，这就是反向引用。

反向引用首先是将需要的字符串保存起来，以便后续引用，可以理解为保存到内存中，同时对它进行编号，使用圆括号即可。它会从 1 开始编号，依次是 2，3，4……

在引用的时候使用"\编号"即可，如\\1，\\2，\\3，第一个"\"表示转义。

括号编号的顺序不一定是书写的顺序，应该是执行的顺序。如果括号是平行，从左到右；如果括号是包含关系，先内后外。

下面通过一个实例进行介绍。

【例 7-5】（实例文件：ch07\Chap7.5.php）反向引用。

```php
<?php
$reg= "/^ (\\d)\\1$/";
$str=88;
if (preg_match($reg,$str)){      //判断$str 是否满足$reg
    echo "\$str 满足\$reg";       //若是，输出$str 满足$reg
} else{
    echo "\$str 不满足\$reg";     //否则，输出$str 不满足$reg
}
?>
```

在 IE 浏览器中运行结果如图 7-5 所示。

在$reg 中，\1 会引用\d 匹配到的内容。"^(\\d)" 匹配到数字 "8"，"\1" 会引用 "^(\\d)"，所以$str 满足$reg。如果把$str 的值改为 "89"，就不能匹配成功。

图 7-5　反向引用

7.2.13　模式修饰符

PHP 模式修饰符主要用来规定如何解释正则表达。模式修饰符增强了正则表达式在匹配、替换等操作的能力。模式修饰符如表 7-3 所示。

表 7-3　模式修饰符

修　饰　符	表达式写法	说　　明
i	(?i)…(?-i)、(?i:…)	正则匹配时不区分大小写
m	(?m)…(?-m)、(?m:…)	当字符串含有换行符，且正则表达式中含有^或$时，m 才会起作用，作用是影响^或$的匹配
s	(?s)…(?-s)、(?s:…)	设置这个修饰符后，被匹配的字符串将被视为一行来看，包括换行符，此时换行符将作为普通的字符串
x	(?x)…(?-x)、(?x:…)	忽略空白字符

注意：模式修饰符既可以写在正则表达式的外面，也可以写在表达式的内部。例如，忽略大小写模式可以写成/abc/i、(?i)abc(?-i)和(?i:abc)三种格式。

【例 7-6】（实例文件：ch07\Chap7.6.php）模式修饰符。

```php
<?php
$str="abc\ndef";
$reg='/^de/m';
if (preg_match($reg,$str,$arr)){
    echo "匹配成功: ";
    print_r($arr);
}
else{
    echo "匹配失败";
}
?>
```

在 IE 浏览器中运行结果如图 7-6 所示。

图 7-6　模式修饰符

7.3　PCRE 兼容正则表达式函数

在 PHP 中有两套正则表达式函数，一套是 POSIX 扩展正则表达式函数，包含 ereg()、eregi()、ereg_replace()、eregi_replace()、split()和 spliti()等函数；另一套是 PCRE 兼容正则表达式函数，包括 preg_grep()、preg_match()、preg_match_all()、preg_quote()、preg_replace()、preg_replace_callback()和 preg_split()等函数。

自 PHP 5.3 及其以上的版本，POSIX 扩展正则表达式已经不推荐使用，如果使用会提示用户使用了过期的函数。而 PCRE 兼容正则表达式函数更加规范，执行效率更高，所以推荐使用。下面分别了解一下 PCRE 兼容正则表达式函数。

7.3.1　preg_grep()函数

preg_grep()函数返回给定数组$array 与 pattern 匹配的元素组成的数组。语法格式如下：

```
preg_grep($pattern, $array, $flags)
```

preg_grep()函数的参数说明如表 7-4 所示。

表 7-4　preg_grep()函数的参数说明

参　　数	说　　明
$pattern	正则表达式，字符串形式
$array	匹配的数组
$flags	如果设置为 PREG_GREP_INVERT，这个函数返回输入数组中与给定模式 pattern 不匹配的元素组成的数组

【例 7-7】（实例文件：ch07\Chap7.7.php）preg_grep()函数。

```php
<?php
$array = array("abc", "abd", "bcd", "def");
$reg="/^a/";                                    //定义正则表达式，以 a 开头
$arr1= preg_grep($reg,$array);                  //使用 preg_grep 函数匹配满足$reg 的元素
$arr2=preg_grep($reg,$array,PREG_GREP_INVERT);  //使用 preg_grep 函数匹配不满足$reg 的元素
var_dump($arr1);                                //输出满足$reg 的元素
echo "<p></p>";
var_dump($arr2);                                //输出不满足$reg 的元素
?>
```

在 IE 浏览器中运行结果如图 7-7 所示。

图 7-7 preg_grep()函数

7.3.2 preg_match()函数和 preg_match_all()函数

preg_match()函数和 preg_match_all()函数的语法格式基本一致，如下所示：

```
preg_match/preg_match_all($pattern,$subject,$matches)
```

preg_match()函数和 preg_match_all()函数的参数说明如表 7-5 所示。

表 7-5 preg_match()函数和 preg_match_all()函数的参数说明

参　　数	说　　明
$pattern	正则表达式，字符串形式
$subject	匹配的字符串
$matches	用来储存匹配结果的数组

preg_match()函数和 preg_match_all()函数都用来进行正则表达式匹配，函数返回匹配的次数。如果有 $matches 参数，每次匹配的结果都存储在其中。

两者区别是，preg_match()函数在匹配成功后就停止继续查找，preg_match_all()函数会一直匹配到最后才停止。

【例 7-8】（实例文件：ch07\Chap7.8.php）正则表达式匹配函数。

```php
<?php
$str="a1b2c3d4";
$reg="/\D/";                              //定义正则表达式（非数字）
$str1= preg_match($reg,$str,$arr1);       //使用 preg_match 函数匹配满足$reg 的字符
$str2= preg_match_all($reg,$str,$arr2);   //使用 preg_match_all 函数匹配满足$reg 的字符
echo "$str1"."<br/>";                     //输出 preg_match 函数匹配的次数
print_r($arr1);                           //输出 preg_match 函数匹配的结果
echo "<p></p>";
echo "$str2"."<br/>";                     //输出 preg_match_all 函数匹配的次数
print_r($arr2);                           //输出 preg_match_all 函数匹配的结果
?>
```

在 IE 浏览器中运行结果如图 7-8 所示。

图 7-8 正则表达式匹配函数

7.3.3　preg_quote()函数

preg_quote()函数的语法格式如下：

```
preg_quote ($str,$delimiter);
```

该函数将字符串$str 中的所有特殊字符自动转义。如果有参数$delimiter，那么该参数所包含的字串也将被转义，函数返回转义后的字串。

【例 7-9】（实例文件：ch07\Chap7.9.php）preg_quote()函数。

```php
<?php
$str1='. \ + * ? [ ^ ] $ ( ) { } = ! < > | : - e';
$str2="e";
$str=preg_quote($str1,$str2);
echo $str;
?>
```

在 IE 浏览器中运行结果如图 7-9 所示。

图 7-9　preg_quote()函数

7.3.4　preg_replace()函数

preg_replace()函数的语法格式如下：

```
preg_replace ($pattern , $replacement , $subject ,$limit);
```

该函数在字符串$subject 中匹配表达式$pattern，并将匹配项替换为字符串$replacement。如果有参数$limit，则替换 limit 次。

有很多人喜欢看小说，然后去一些网站上下载小说，而下载的小说往往带有 HTML 标签，阅读起来很别扭，这时便可以使用 preg_replace()函数去掉标签，下面来看一下实现的代码。

【例 7-10】（实例文件：ch07\Chap7.10.php）preg_replace()函数。

```php
<?php
$str="<b>天生我材必有用，</b><p>千金散尽还复来。</p>";
$reg="/<[^>]+>/";
$str1=preg_replace($reg,"",$str);
echo $str1;
?>
```

在 IE 浏览器中运行结果如图 7-10 所示。

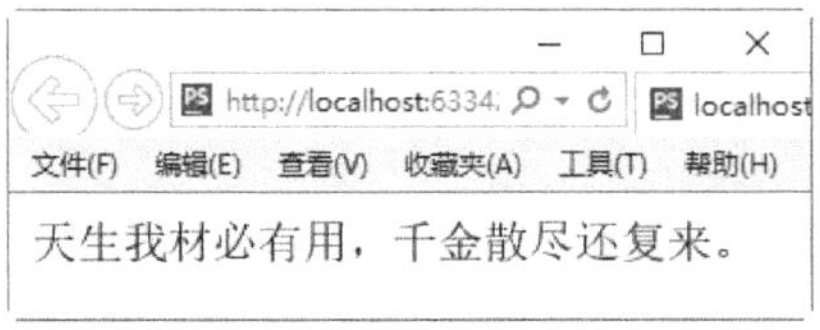

从上面的结果可以看出，显示的内容并没标签的作用效果，说明已经去除了 HTML 标签。

图 7-10　preg_replace()函数

7.3.5　preg_replace_callback()函数

preg_replace_callback()函数与 preg_replace()函数的功能相同，都用于查找和替换字串。不同的是 preg_replace_callback()函数使用一个回调函数代替 replacement 参数。

```
preg_replace_callback (pattern, callback, subject, limit);
```

注意：在 preg_replace_callback()函数的回调函数中，字符串使用" "，这样可以保证字符串中的特殊符号不被转义。

【例 7-11】（实例文件：ch07\Chap7.11.php）preg_replace_callback()函数。

```php
<?php
$str="<b>天生我材必有用，</b><p>千金散尽还复来。</p>";
function callback(){
    return "*";
}
$reg="/<[^>]+>/";
$str1=preg_replace_callback($reg,"callback",$str);
echo $str1;
?>
```

在 IE 浏览器中运行结果如图 7-11 所示。

图 7-11　preg_replace_callback()函数

7.3.6　preg_split()函数

preg_split()函数是使用表达式来分割字符串。语法格式如下：

```
preg_split($pattern,$subject,$limit);
```

preg_split()函数的参数说明如表 7-6 所示。

表 7-6　preg_split()函数的参数说明

参　　数	说　　明
$pattern	正则表达式
$subject	匹配的字符串
$limit	如果指定$limit，分割后的数组中最多只有$limit 个元素，数组中最后一个元素将包含所有剩余部分。$limit 值为-1、0 或 null 时都表示"不限制"

【例 7-12】（实例文件：ch07\Chap7.12.php）preg_split()函数。

```php
<?php
$str="小明100分，小红98分，小华95分";      //被分割的字符串
$reg="/, /";                              //分割字符串的表达式
$arr1 = preg_split("/, /", $str);         //使用 preg_split 函数分割字符串
$arr2 = preg_split("/, /", $str,2);       //使用 preg_split 函数分割字符串，设置$limit 参数
print_r($arr1);                           //输出分割后的数组$arr1
echo "<br/>";
print_r($arr2);                           //输出分割后的数组$arr2
?>
```

在 IE 浏览器中运行结果如图 7-12 所示。

图 7-12　preg_split()函数

7.4 就业面试技巧与解析

7.4.1 面试技巧与解析（一）

面试官：如何在 PHP 中把下画线样式的字符串转换成驼峰样式的字符串？请举一个实例。

应聘者：例如把 welcome_to_china 转换成 welcomeToChina，实现代码如下：

```php
<?php
$str="welcome_to_china";
$str1 = preg_replace_callback('/_+([a-z])/',function($matches){
    return strtoupper($matches[1]);
},$str);
echo $str1;  //welcomeToChina
?>
```

7.4.2 面试技巧与解析（二）

面试官：设置一个密码的正则。

应聘者：这里设置正则表达式校验密码满足以下两个条件：

（1）密码必须由数字、字符、特殊字符中的两种组成；

（2）密码长度不能少于 8 个字符。

```php
<?php
$pattern = '/(?!^\\d+$)(?!^[a-zA-Z]+$)(?!^[_#@]+$).{8,}/';
//正则匹配密码
$str="1234abcd-*-*";                    //定义字符串变量
$reg="/\bcat\b/";                       //定义正则 reg
if(preg_match($pattern,$str)){          //判断$str 是否含有 cat
    echo "密码符合要求";                //若含有，输出$str 中含有 cat 子串
}else{
    echo "密码不符合要求";              //否则，输出$str 中不含有 cat 子串
}
?>
```

运行结果为密码符合要求。

第8章

日期和时间

 学习指引

在 PHP 开发中对日期和时间的使用与处理是必不可少的。例如，在一些博客或论坛上评论时，会记录评论者评论的具体时间，规定时间删除 Cookie 或者 Session，电子商务网站活动倒计时等。世界上各个地区对时间的表示不相同，本章介绍对日期和时间的处理。

 重点导读

- 掌握系统时区设置。
- 掌握 PHP 日期和时间函数。
- 熟悉日期和时间的应用。

8.1　系统时区设置

本节来介绍一下时区划分和时区设置。

8.1.1　时区划分

整个地球的时区共划分为 24 个时区，分别是中时区（零时区）、东 1～12 区和西 1～12 区。在每个时区都有自己的本地时间，而且在同一个时间，每个时区的本地时间会相差 1～23 小时，如英国伦敦的本地时间与北京的本地时间相差 8 小时。

在国际无线电通信领域，使用一个统一的时间，称为通用协调时间（Universal Time Coordinated，UTC），UTC 与格林尼治标准时间（Greenwich Mean Time，GMT）相同。

8.1.2　时区设置

在 PHP 中，默认的时间是格林尼治标准时间，也就是采用的是零时区。一般是根据北京时间确定全国的时间，北京属于东 8 区，所以要获取本地当前时间必须更改 PHP 语言的时区设置。

更改 PHP 中的时区设置有以下两种方法：

（1）修改 php.ini 文件中的设置，找到[data]下的"date.timezone="选项，修改为"date.timezone=Asia/Shanghai"，然后重新启动 Apache 服务器。

（2）在应用程序中，使用时间日期函数之前添加以下函数。

```
date_default_timezone_set(timezone);
```

参数 timezone 为 PHP 提供可识别的时区名称，如果时区名称无法识别，系统会采用 UTC 时区。在 PHP 手册中提供了各时区名称列表，其中，设置我国北京时间可以使用的时区包括 PRC（中华人民共和国）、Asia/Urumqi（乌鲁木齐）、Asia/Shanghai（上海）或者 Asia/Chongqing（重庆），这几个时区名称是等效的。

设置完成后，date()函数便可以正常使用，不会再有时间差的问题。

注意：*如果将程序上传到空间中，那么对系统时区设置时，不能修改 php.ini 文件，只能使用 date_default_timezone_set()函数对时区进行设置。*

8.2 PHP 日期和时间函数

PHP 也提供了大量的内置函数，使开发者在日期和时间的处理上游刃有余，大大提高了工作效率。本节就为读者介绍一些常见的 PHP 日期和时间函数以及日期和时间的处理。

8.2.1 获取本地化时间戳

在 PHP 中应用 mktime()函数，可以将一个日期和时间转换成一个本地化的 Unix 时间戳，常与 date()函数一起完成时间的转换。

mktime()函数根据给出的参数返回 Unix 时间戳。时间戳是一个长整数，包含了从 Unix 纪元（1970 年 1 月 1 日）到给定时间的秒数。其参数可以从右到左省略，任何省略的参数会被设置成本地日期和时间的当前值，mktime()函数的语法格式如下：

```
mktime(hour,minute,second,month,day,year,is_dst);
```

mktime()函数的参数说明如表 8-1 所示。

表 8-1 mktime()函数的参数说明

参　　数	说　　明
hour	小时
minute	分钟
second	秒数
month	月份
day	天数
year	年份
is_dst	如果时间在夏令时，则设置为 1，否则设置为 0。若未知则设置为-1（默认）

PHP 有效的时间戳典型范围是格林尼治时间 1901 年 12 月 13 日 20:45:54—2038 年 1 月 19 日 03:14:07

（此范围符合 32 位有符号整数的最小值和最大值）。在 PHP 5.1 之前此范围在某些系统（如 Windows）中限制为从 1970 年 1 月 1 日—2038 年 1 月 19 日。在 PHP 5.1 之后 64 位系统不会受影响了，32 位系统也可以使用 new DateTime() 函数解决。

【例 8-1】（实例文件：ch08\Chap8.1.php）获取本地化时间戳。

```php
<?php
$date=mktime(0,0,0,10,1,2020);      //获取 2020 年 10 月 1 日的时间戳
echo $date;                         //输出 2020 年 10 月 1 日的时间戳
echo "<br/>";
echo date("y-m-d h:i:s",$date);     //使用 date 函数输出格式化后的时间
?>
```

在 IE 浏览器中运行结果如图 8-1 所示。

图 8-1　获取本地化时间戳

8.2.2　获取当前时间戳

在 PHP 中通过 time() 函数获取当前的 Unix 时间戳，返回值是从时间戳纪元（格林尼治时间 1970 年 1 月 1 日 00:00:00）到当前的秒数。语法格式如下：

```
time()
```

time() 函数没有参数，返回值为 Unix 时间戳的整数值。

【例 8-2】（实例文件：ch08\Chap8.2.php）获取当前时间戳。

```php
<?php
$time=time();                  //获取当前的时间戳
Echo $time . "<br>");          //输出当前的时间戳
Echo date("Y-m-d",$time);      //使用 date 函数输出格式化后的当前时间
?>
```

在 IE 浏览器中运行结果如图 8-2 所示。

8.2.3　获取当前日期和时间

在 PHP 中，应用 date() 函数获取当前的日期和时间。date() 函数的语法格式如下：

图 8-2　获取当前时间戳

```
date(format,timestamp)
```

其中，format 参数规定输出的日期时间格式，关于 format 参数的格式化选项将在 8.2.6 节进行介绍；timestamp 参数规定时间戳，默认是当前日期时间。

【例 8-3】（实例文件：ch08\Chap8.3.php）获取当前的日期和时间。

```php
<?php
echo date("Y-m-d h:i:s");                    //使用 date 函数获取当前的时间和日期
```

```
echo "<br/>";
echo date("Y-m-d h:i:s","1840976674");        //使用 date 函数获取指定时间戳的日期和时间
?>
```

在 IE 浏览器中运行结果如图 8-3 所示。

注意：在例 8-3 中，获取的时间和系统时间并不一定相同，这是因为 PHP 中默认的设置是标准的格林尼治时间，而不是北京时间。如果出现不相符的情况，请参考 8.1 节的系统时区设置。

图 8-3　获取当前的日期和时间

8.2.4　获取日期信息

在日期数据处理中，有时会需要获取今天是一年中的第几天、今天是星期几等问题，可以使用 getdate() 函数获取日期指定部分的相关信息。getdate() 函数的语法格式如下：

```
getdate(timestamp);
```

getdate() 函数返回的是一个关于日期时间的数组，如果没有 timestamp 参数，返回的是当前日期时间的信息。该数组中包含了许多的元素，分别表示日期时间的不同信息，如表 8-2 所示。

表 8-2　getdate() 函数返回的数组元素

数 组 元 素	说　　明
seconds	秒
minutes	分钟
hours	小时
mday	一个月中的第几天
wday	一周中的某天
mon	月
year	年
yday	一年中的某天
weekday	星期几的名称
month	月份的名称
0	自 Unix 纪元以来经过的秒数

【例 8-4】（实例文件：ch08\Chap8.4.php）获取日期信息。

下面直接获取当前日期时间的信息，代码如下：

```
<?php
echo "<pre>";        //预格式化数组
print_r(getdate());  //输出当前日期时间的信息
?>
```

在 IE 浏览器中运行结果如图 8-4 所示。

在处理日期时，只需要其中的一部分信息，这时传入数组相关的元素参数就可以获取相应的日期信息，下面通过一个简单的实例介绍。

【例 8-5】（实例文件：ch08\Chap8.5.php）获取部分日期信息。

```php
<?php
$date=getdate();                                        //获取当前的所有日期信息，赋值给$date
echo $date["year"]."-".$date["mon"]."-".$date["mday"]."<br/>";     //获取当前的年-月-日
echo $date["hours"].":".$date["minutes"].":".$date["seconds"];     //获取当前的时-分-秒
$date["yday"]                                           //获取当前处于一年中的哪一天
?>
```

在 IE 浏览器中运行结果如图 8-5 所示。

```
Array
(
    [seconds] => 53
    [minutes] => 29
    [hours] => 3
    [mday] => 1
    [wday] => 4
    [mon] => 11
    [year] => 2018
    [yday] => 304
    [weekday] => Thursday
    [month] => November
    [0] => 1541042993
)
```

图 8-4　获取日期信息

2018-11-1
3:41:55
304

图 8-5　获取部分日期信息

8.2.5　检验日期的有效性

在编写程序时，有时需要检测日期信息是否符合规范，如 2 月 30 天就是错误的。在 PHP 中检测日期应用 checkdate()函数来完成，它的语法格式如下：

```
checkdate(month,day,year);
```

其中，**month** 参数用来检测月份是否符合规范，有效值为 1～12；day 参数用来检测月份的天数是否符合规范，有效值为 1～31 天，2 月为 29 天（闰年）；year 参数用来检测年份，有效值为 1～32767。

【例 8-6】（实例文件：ch08\Chap8.6.php）检验日期的有效性。

```php
<?php
var_dump(checkdate(8,31,-2000));     //检测-2000 年 8 月 31 日是否符合规范
echo "<br>";
var_dump(checkdate(2,29,2039));      //检测 2039 年 2 月 29 日是否符合规范
echo "<br>";
var_dump(checkdate(2,29,2040));      //检测 2040 年 2 月 29 日是否符合规范
?>
```

在 IE 浏览器中运行结果如图 8-6 所示。

8.2.6　输出格式化的日期和时间

8.2.3 节介绍了 date()函数的用法，用它来获取日期和时间，这只是它的一种用法，还可以用它来格式化日期和时间。格式化日期和时间主要是 format 参数起作用，format 参数的格式化选项如表 8-3 所示。

bool(false)
bool(false)
bool(true)

图 8-6　检验日期的有效性

表 8-3 format 参数的格式化选项

选　　项	说　　明
a	上午和下午的小写表示形式，返回值 am 或 pm
A	上午和下午的大写表示形式，返回值 AM 或 PM
B	Swatch Internet 标准时间，返回值 000～999
c	ISO 8601 标准的日期（如 2018-11-01T04:51:03+00:00）
d	一个月中的第几天，返回值 01～31
D	星期几的文本格式，用三个字母表示，返回值 Mon～Sun
e	时区标识符（如 UTC、GMT、Atlantic/Azores）
F	月份的完整的文本格式，返回值 January～December
g	12 小时制，不带前导零，返回值 1～12
G	24 小时制，不带前导零，返回值 0～23
h	12 小时制，带前导零，返回值 01～12
H	24 小时制，带前导零，返回值 00～23
i	分钟，带前导零，返回值 00～59
I（i 的大写形式）	日期是否是在夏令时，如果是夏令时则为 1，否则为 0
j	一个月中的第几天，不带前导零，返回值 1～31
l（L 的小写形式）	星期几的完整的文本格式
L	是否是闰年，如果是闰年则为 1，否则为 0
m	月份的数字格式，返回值 01～12
M	月份的短文本格式，用三个字母表示
n	月份的数字表示，不带前导零，返回值 1～12
N	星期几的 ISO 8601 数字格式，1 表示 Monday（星期一），7 表示 Sunday（星期日）
o	ISO 8601 标准下的年份数字
O	格林尼治时间（GMT）的差值，单位是小时
P	格林尼治时间（GMT）的差值，单位是 hours:minutes
r	RFC 2822 格式的日期（如 Thu, 01 Nov 2018 05:02:48 +0000）
s	秒数，带前导零，返回值 00～59
S	一个月中的第几天的英语序数后缀，2 个字符（st、nd、rd 或 th），与 j 搭配使用
t	给定月份中包含的天数（28～31）
T	时区的简写
U	自 Unix 纪元（January 1 1970 00:00:00 GMT）以来经过的秒数
w	星期几的数字格式，0 表示 Sunday（星期日），6 表示 Saturday（星期六）
W	用 ISO 8601 数字格式表示一年中的星期数字，每周从 Monday（星期一）开始
y	年份的两位数格式
Y	年份的四位数格式
z	一年中的第几天，返回值 0～366
Z	以秒为单位的时区偏移量

对于表 8-3 中的格式化选项，可以根据需要随意的组合。下面通过一个实例来介绍。

【例 8-7】（实例文件：ch08\Chap8.7.php）输出格式化的日期和时间。

```php
<?php
echo date("Y-m-d D h:i:s");          //输出当前时间的年、月、日、星期、时、分、秒
echo "<br/>";
echo "今天是一年中的第".date("z")."天";   //输出一年中的第几天
echo "<br/>";
echo "今天是一年中的第".date("W")."个星期";
//输出一年中的第几个星期
?>
```

在 IE 浏览器中运行结果如图 8-7 所示。

另外，还有一些关于时间和日期的预定义常量可以使用，预定义常量提供了标准的日期表达方式，如表 8-4 所示。

图 8-7　输出格式化的日期和时间

表 8-4　时间和日期的预定义常量

常　　量	说　　明	常　　量	说　　明
DATE_ATOM	Atom	DATE_RFC1036	RFC 1036
DATE_COOKIE	HTTP Cookies	DATE_RFC1123	RFC 1123
DATE_ISO8601	ISO-8601	DATE_RFC2822	RFC 2822
DATE_RFC822	RFC 822	DATE_RFC3339	与 DATE_ATOM 相同
DATE_RFC850	RFC 850	DATE_RSS	RSS
DATE_W3C	万维网联盟		

【例 8-8】（实例文件：ch08\Chap8.8.php）预定义常量。

```php
<?php
echo "DATE_ATOM = ".date(DATE_ATOM)."<br/>";
echo "DATE_COOKIE = ".date(DATE_COOKIE)."<br/>";
echo "DATE_ISO8601 = ".date(DATE_ISO8601)."<br/>";
echo "DATE_W3C = ".date(DATE_W3C)."<br/>";
echo "DATE_RSS = ".date(DATE_RSS);
?>
```

在 IE 浏览器中运行结果如图 8-8 所示。

8.2.7　显示本地化的日期和时间

不同的国家和地区，使用不同的时间和日期。虽然是相同的时间，表示的方式却是不一样，这时就需要设置本地化环境。本节使用 setlocale()函数和 strftime()函数来设置本地化环境和格式化输出日期和时间。

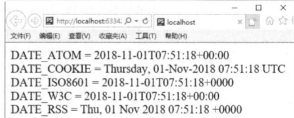

图 8-8　预定义常量

1. setlocale()函数

setlocale()函数用来改变 PHP 中默认的本地化环境。语法格式如下：

```
setlocale(category,locale)
```

参数 category 为必须参数，规定应该设置什么地区信息。可选项如表 8-5 所示。

表 8-5　category 参数的选项及说明

选　　项	说　　明
LC_ALL	包括下面的所有选项
LC_COLLATE	排序次序
LC_CTYPE	字符类别及转换（如所有字符大写或小写）
LC_MESSAGES	系统消息格式
LC_MONETARY	货币格式
LC_NUMERIC	数字格式
LC_TIME	日期和时间格式

参数 locale 为必须参数，规定把地区信息设置为哪个国家/地区，可以是字符串或者数组。如果 locale 参数是 NULL，就会使用系统环境变量的 locale 或 lang 的值，否则就会应用 locale 参数所指定的本地化环境。

【例 8-9】（实例文件：ch08\Chap8.9.php）setlocale()函数改变本地化环境。

```php
<?php
echo setlocale(LC_ALL,NULL);
?>
```

在 IE 浏览器中运行结果如图 8-9 所示。

图 8-9　setlocale()函数改变本地化环境

2. strftime()函数

strftime()函数根据本地化环境来格式化日期和时间。语法格式如下：

```
strftime(format,timestamp)
```

该函数返回给定的字符串对参数 timestamp 进行格式化后输出的字符串。如果没用给出参数 timestamp，则用本地时间。月份、星期以及其他和语言有关的字符串写法和 setlocale 函数设置的当前区域有关。参数 format 识别的转换标记如表 8-6 所示。

表 8-6　参数 format 识别的转换标记

转 换 标 记	说　　明
%a	星期的简写
%A	星期的全称
%b	月份的简写
%B	月份的全称
%c	首选的日期和时间表示法
%C	表示世纪的数字（年份除以 100，00～99）
%d	一个月中的第几天（01～31）
%D	时间格式，与%m/%d/%y 表示法相同
%e	一个月中的第几天（1～31）
%g	与%G 表示法类似，但不带世纪

续表

转 换 标 记	说　明
%G	与 ISO 星期数对应的 4 位数年份
%h	与%b 表示法相同
%H	小时，使用 24 小时制（00～23）
%I	小时，使用 12 小时制（01～12）
%j	一年中的第几天（001～366）
%m	月份（01～12）
%M	分
%n	换行符
%p	与给定的时间值相对应的 am 或 pm
%r	am 和 pm 的时间标记法
%R	24 小时制的时间标记法
%S	秒
%t	Tab 制表符
%T	当前时间，与%H:%M:%S 表示法相同
%u	星期几的数字表示（1～7），1 表示星期一
%U	当年包含的周数，从第一个星期日开始，作为第一周的第一天
%V	当年包含的 ISO 8601 格式下的周数（01～53），week1 表示当年的第一周，至少要有四天，且以星期一作为周的第一天
%W	当年包含的周数，从第一个星期一开始，作为第一周的第一天
%w	以十进制数形式表示一周中的某天，Sunday[星期日]=0
%x	首选的日期表示法，不带时间
%X	首选的时间表示法，不带日期
%y	不包含表示世纪的数字的年份表示（00～99）
%Y	包含表示世纪的数字的年份表示
%Z 或%z	时区名称或简写
%%	输出一个%字符

【例 8-10】（实例文件：ch08\Chap8.10.php）strftime()函数。

```php
<?php
echo "今天是星期".strftime("%w");
?>
```

在 IE 浏览器中运行结果如图 8-10 所示。

图 8-10　strftime()函数

8.2.8　将日期和时间解析为 Unix 时间戳

在 PHP 中使用 strtotime()函数可以将任何英文文本的日期或时间描述解析为 Unix 时间戳。strtotime() 函数的语法格式如下：

```
strtotime(time,now);
```

strtotime()函数的参数说明如表 8-7 所示。

表 8-7　strtotime()函数的参数说明

参　　数	说　　明
time	必须参数，规定日期和时间字符串
now	可选参数，规定用来计算返回值的时间戳。如果省略该参数，则使用当前时间

注意：如果参数 time 的格式是绝对时间，则 now 参数不起作用；如果参数 time 是相对时间，那么其对应的时间就是参数 now 来提供的。

【例 8-11】（实例文件：ch08\Chap8.11.php）strtotime()函数。

```php
<?php
echo "当前时间的时间戳: ".strtotime("now")."<br>";                          //当前时间的时间戳
echo "当前的时间: ".date("Y-m-d H:i:s",strtotime("now"))."<br>";            //输出当前时间
echo "输出下周此时此刻的时间戳: ".strtotime("+1 week")."<br>";
echo "输出下周此时此刻的时间: ".date("Y-m-d H:i:s",strtotime("+1 week"))."<br>";
?>
```

在 IE 浏览器中运行结果如图 8-11 所示。

图 8-11　strtotime()函数

8.3　日期和时间的应用

前面小节中介绍了日期和时间的一些处理函数，本节介绍一下日期和时间的应用。

8.3.1　比较两个时间的大小

在实际开发中经常会用到比较两个时间大小的问题，但是 **PHP** 中的时间是不可以直接进行比较的。首先需要把时间转换为时间戳的格式，然后再进行比较。strtotime()函数可以完成时间戳的转换。

下面通过一个实例来进行介绍。首先设定一个绝对时间，然后获取当前的时间，并把这两个时间都转换为时间戳，进行减法运算，然后判断差值的大小，得出比较的结果。

【例 8-12】（实例文件：ch08\Chap8.12.php）比较两个时间的大小。

```php
<?php
$T1="2020-11-25 5:10:50";                          //设置一个时间$T1
echo $T1."<br/>";                                  //输出设置的时间$T1
$T2=date("Y-m-d h:i:s");                           //获取当前时间，赋值给$T2
```

```
echo $T2."<br/>";                          //输出时间$T2
$time=strtotime($T1)-strtotime($T2);       //计算两个时间的时间戳差值
if($time>0){                               //判断时间戳差值的大小
    echo "\$T1 的时间大于\$T2 的时间";        //大于 0 时，说明$T1 的时间大于$T2 的时间
}else{
    echo "\$T1 的时间小于\$T2 的时间";        //否则说明$T1 的时间小于$T2 的时间
}
?>
```

在 IE 浏览器中运行结果如图 8-12 所示。

8.3.2 实现倒计时功能

除了可以比较两个时间的大小外，还可以精确的计算出两个日期的时间差。例如，在很多的电子商务网站上都可以看到的活动倒计时，就是通过两个日期的时间差来实现的。

下面就来实现一个简单的倒计时案例。首先还是先计算出时间差，然后把时间差转换成正常的"年-月-日 时:分:秒"的格式。

图 8-12　比较两个时间的大小

【例 8-13】（实例文件：ch08\Chap8.13.php）倒计时。

```
<?php
$T1="2030-01-01 00:00:00";;                //设置一个倒计时的开始时间$T1
echo "倒计时开始的时间\$T1: ".$T1."<br/>";    //输出倒计时开始的时间$T1
$T2="2030-06-07 10:00:00";                 //设置一个倒计时结束的时间$T2
echo "倒计时结束的时间\$T2: ".$T2."<br/>";    //输出设置的时间$T2
$time=strtotime($T2)-strtotime($T1);       //计算倒计时开始到结束的时间戳
echo "<br/>";
$day=ceil(($time/60/60/24));               //计算倒计时的天数
$hour=ceil($time/60/60%24);                //计算倒计时的小时
$minute=ceil($time/60%60);                 //计算倒计时的分钟
$second=ceil(($time%60));                  //计算倒计时的秒数
echo "\$T1 距离\$T2 的倒计时还有: ".$day."天".$hour."小时".$minute."分钟".$second."秒"
?>
```

在 IE 浏览器中运行结果如图 8-13 所示。

图 8-13　倒计时

提示：ceil()函数的格式为 float ceil(float value)，该函数为取整函数，返回不小于参数 value 值的最小整数。如果有小数部分，则进一位。应注意函数的返回类型为 float 型，而不是整型。

8.3.3　计算页面脚本的运行时间

在计算页面脚本运行时间时，采用 microtime() 函数。microtime() 函数返回当前 Unix 时间戳和微秒数，它的语法格式如下：

```
microtime(get_as_float);
```

其中，get_as_float 参数是一个可选值，当设置为 true 时，函数返回浮点数（时间戳和微秒数的和）；如果不设置，则为默认值 false，默认情况下函数返回字符串 microsec 和 sec，其中 microsec 为微秒数部分，sec 为自 Unix 纪元（0:00:00 January 1，1970 GMT）起的秒数。

【例 8-14】（实例文件：ch08\Chap8.14.php）计算页面脚本的运行时间。

```php
<?php
$start_time=microtime(true);                    //获取实例运行前的时间
//运行倒计时实例，计算运行的时间
$T1="2030-01-01 00:00:00";;                       //设置一个倒计时的开始时间$T1
echo "倒计时开始的时间\$T1: ".$T1."<br/>";        //输出倒计时开始的时间$T1
$T2="2030-06-07 10:00:00";                        //设置一个倒计时结束的时间$T2
echo "倒计时结束的时间\$T2: ".$T2."<br/>";        //输出设置的时间$T2
$time=strtotime($T2)-strtotime($T1);              //计算倒计时开始到结束的时间戳
$day=ceil(($time/60/60/24));                      //计算倒计时的天数
$hour=ceil($time/60/60%24);                       //计算倒计时的小时
$minute=ceil($time/60%60);                        //计算倒计时的分钟
$second=ceil(($time%60));                          //计算倒计时的秒数
echo "\$T1 距离\$T2 的倒计时还有: ".$day."天".$hour."小时".$minute."分钟".$second."秒";
$end_time=microtime(true);                         //获取实例结束时的时间
$Time= $end_time - $start_time;                    //计算实例运行前和结束的时间差值
echo "<p>实例运行的时间为: ".$Time."秒";           //输出差值
?>
```

在 IE 浏览器中运行结果如图 8-14 所示。

图 8-14　计算页面脚本的运行时间

在例 8-14 中，计算了例 8-13 "倒计时" 的运行时间，在 "倒计时" 运行前和结束后运行 microtime(true) 来获取当时的时间，最后求出前后的时间差，便是 "倒计时" 运行的时间。

8.4　就业面试技巧与解析

8.4.1　面试技巧与解析（一）

面试官：在 PHP 中打印出前一天此刻的时间，格式是年-月-日 时:分:秒。

应聘者：

```php
<?php
echo date('Y-m-d H:i:s', strtotime('-1 day'));
?>
```

8.4.2　面试技巧与解析（二）

面试官： 请编写一个计算两个时间差的函数？

应聘者：

```php
<?php
function time_difference($day1, $day2){
    $second1 = strtotime($day1);
    $second2 = strtotime($day2);
    if ($second1 < $second2) {
        $tmp = $second2;
        $second2 = $second1;
        $second1 = $tmp;
    }
    return ($second1 - $second2) / 86400;
}
$day1 = "2049-10-1";
$day2 = "2049-10-8";
$diff = time_difference($day1, $day2);
echo $diff;
?>
```

输出的结果为 7。

第 9 章
PHP 中 Cookie 与 Session 管理

 学习指引

Cookie 和 Session 是都是用来存储信息的，但是存储机制不同，Cookie 是从一个 Web 页面到下一个页面的数据传递方法，存储在客户端；Session 是让数据在页面中持续有效的方法，存储在服务器端。

 重点导读

- 掌握 Cookie 管理。
- 掌握 Session 管理。
- 熟悉 Session 的高级应用。

9.1　Cookie 管理

Cookie 是作为互联网的产物，用来保存用户的一些基本的信息，也可以理解为服务器在计算机上暂时保存的一些信息。Cookie 的使用很普遍，许多提供个人化服务的网站都是利用 Cookie 区别不同的用户，以显示与用户相应的内容。

9.1.1　了解 Cookie

Cookie 技术产生源于 HTTP 在互联网的急速发展。随着互联网的发展，人们需要更复杂的互联网交互活动，就必须同服务器保持活动状态。于是，在浏览器发展初期，为了适应用户的需求，技术上推出了各种保持 Web 浏览状态的手段，其中就包括 Cookie 技术。

Cookie 可以翻译为"小甜品，小饼干"。现在，Cookie 在网络系统中几乎无处不在，当浏览以前访问过的网站时，网页中可能会出现"你好，小明"，这会让浏览者感觉很亲切，就好像吃了一个小甜品一样。这其实是通过访问主机中的一个文件来实现的，这个文件就是 Cookie。

Cookie 在计算机中是存储在浏览器目录中的文本文件，当浏览器运行时，一旦用户从该网站或服务器退出，Cookie 可存储在用户的本地硬盘上。

在 Cookie 文件夹下，每个 Cookie 文件都是一个简单的文本文件。Cookie 文件中的内容大多经过了加密处理，因此，表面看起来只是一些字母和数字组合，只有服务器的 CGI 处理程序才知道它们的真正含义。

通常情况下，当用户结束浏览器会话时，系统将终止所有的 Cookie。当 Web 服务器创建了 Cookie，只要在其有效期内，当用户访问同一个 Web 服务器时，浏览器首先要检查本地的 Cookie，并将其原样发送给 Web 服务器。

注意：一般不使用 Cookie 保存数据集或其他大量数据，并非所有的浏览器都支持 Cookie，并且数据信息是以明文文本的形式保存在客户端计算机中的，因此不要保存重要的、私密的、未加密的数据。

9.1.2　创建 Cookie

在 PHP 中通过 setcookie()函数创建 Cookie。setcookie()函数的语法格式如下：

```
setcookie(name,value,expire,path,domain,secure);
```

setcookie()函数的参数说明如表 9-1 所示。

表 9-1　setcookie()函数的参数说明

参　　数	说　　明
name	必须参数，规定 Cookie 的名称
value	必须参数，规定 Cookie 的值
expire	可选参数，规定 Cookie 的过期时间。time()+60 将设置 Cookie 的过期时间为 1min。如果不规定过期时间，Cookie 将永远有效，除非手动删除
path	可选参数，规定 Cookie 的服务器路径。如果路径设置为"/"，那么 Cookie 将在整个域名内有效。如果路径设置为"/file"，那么 Cookie 将在 file 目录下以及其所有子目录下有效。默认的路径值是 Cookie 所处的当前目录
domain	可选参数，规定 Cookie 的域名。为了让 Cookie 在 file.com 的所有子域名中有效，需要把 Cookie 的域名设置为 ".file.com"。当把 Cookie 的域名设置为 www.file.com 时，Cookie 仅在 www 子域名中有效
secure	可选参数，规定是否需要在安全的 HTTPS 连接传输 Cookie。如果 Cookie 需要在安全的 HTTPS 连接下传输，则设置为 true，默认是 false

setcookie()函数定义一个和其余的 HTTP 标头一起发送的 Cookie，它的所有参数是对应 HTTP 标头 Cookie 资料的属性。虽然 setcookie()函数的导入参数看起来不少，但除了参数 name，其他参数都是非必须的，经常使用的只有 name、value 和 expire 三个参数。

【例 9-1】（实例文件：ch09\Chap9.1.php）创建 Cookie。

```php
<?php
setcookie("name","user",time()+60);
?>
```

在 IE 浏览器中运行，打开"开发人员工具"界面，刷新页面，选择"网络"选项，在左侧单击文件的路径，在右侧可以看到设置的 Cookie，如图 9-1 所示。

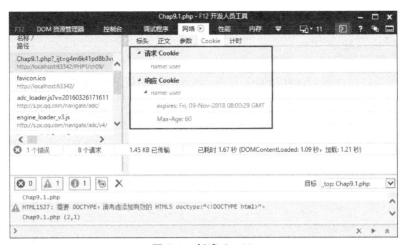

图 9-1　创建 Cookie

9.1.3　读取 Cookie

在 PHP 中可以直接通过超级全局数组$_COOKIE[]来读取浏览器端的 Cookie 值。

【例 9-2】（实例文件：ch09\Chap9.2.php）读取 Cookie。

```php
<?php
//创建数组 cookie
setcookie("cookie[name1]","user1");
setcookie("cookie[name2]","user2");
setcookie("cookie[name3]","user3");
if(isset($_COOKIE["cookie"])){                      //判断是否存在
    echo "cookie 如下:<br/>";
    foreach ($_COOKIE["cookie"] as $name => $value){   //使用 foreach 循环输出 Cookie
        echo "$name:$value"."<br/>";
    }
}
?>
```

在 IE 浏览器中运行结果如图 9-2 所示。

注意：打开文件时可能不会显示效果，刷新页面即可显示效果，后面小节中类似。

图 9-2　读取 Cookie

9.1.4　删除 Cookie

Cookie 被创建时，如果没有设置它的有效时间，其 Cookie 文件会在关闭浏览器时自动被删除。如果要在关闭浏览器之前删除保存在客户端的 Cookie 文件，其方法有三种，而这三种方法和设置 Cookie 一样，也是调用 setcookie()函数实现删除 Cookie 的动作：第一种方法，省略 setcookie()函数的所有参数列，仅仅使用第一个 Cookie 识别名称参数，删除指定名称的 Cookie 资料；第二种方法，利用 setcookie()函数把目标 Cookie 设置为"已经过期"的状态；第三种方法，通过设置 Cookie 值为空。

1. 使用 setcookie()函数删除 Cookie

setcookie()函数可以创建 Cookie，也可以用来删除 Cookie。使用 setcookie()函数删除 Cookie 有以下三种方法：

（1）设置 Cookie 的有效时间为过去时间或者是当前时间，如 time()、time()-60。

（2）设置 Cookie 的 value 值为空字符串或 null。

（3）不设置 Cookie 的 value 值。

下面通过一个实例来介绍。

【例 9-3】（实例文件：ch09\Chap9.3.php）使用 setcookie()函数删除 Cookie。

```php
<?php
//创建数组 Cookie
setcookie("cookie[name]","user1");              //创建有效的 Cookie
setcookie("cookie[name1]","user2",time()-60);   //设置过期时间来删除 Cookie
setcookie("cookie[name2]",null);                //设置 Cookie 的 value 值为 null 来删除 Cookie
setcookie("cookie[name3]","");                  //设置 Cookie 的 value 值为空字符串来删除 Cookie
setcookie("cookie[name4]");                     //不设置 value 值来删除 Cookie
if(isset($_COOKIE["cookie"])){                  //判断是否存在
    echo "cookie 如下:<br/>";
    foreach ($_COOKIE["cookie"] as $name => $value){ //若存在，使用 foreach 循环输出 Cookie
        echo "$name:$value"."<br/>";
    }
}else{
    echo "不存在 Cookie";
}
?>
```

在 IE 浏览器中运行结果如图 9-3 所示。

可以发现，输出的 Cookie 只有 name，其他的 Cookie 都不存在。

2. 在浏览器中手动删除 Cookie

除了上面的方法外，还可以在浏览器中手动删除 Cookie。Cookie 一般是一个文本文件，存储于 IE 浏览器的临时文件夹中。

启动 IE 浏览器，选择"工具"→"Internet 选项"，打开"Internet 选项"对话框，如图 9-4 所示。在"常规"选项卡中单击"删除"按钮，将弹出如图 9-5 所示的对话框，选择"Cookie 和网站数据"，然后单击"删除"按钮，即可删除所有 Cookie 文件。

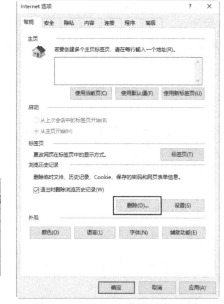

图 9-3　使用 setcookie()函数
　　　　删除 Cookie

图 9-4　"Internet 选项"对话框

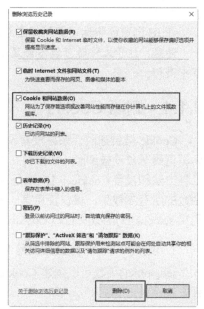

图 9-5　"删除浏览历史记录"对话框

9.1.5　Cookie 的生命周期

Cookie 的生命周期可以理解为：Cookie 在客户端存在的有效时间。

有效时间取决于是否设置 Cookie 的过期时间。如果没有设置过期时间，此时 Cookie 为会话 Cookie，不保存在硬盘上，而是保存在内存里，只要关闭浏览器窗口，Cookie 就会消失；如果设置过期时间，此时 Cookie 为持久性 Cookie，浏览器会把 Cookie 保存到硬盘上，关闭后再次打开浏览器，Cookie 依然有效，直到超过设定的过期时间。

虽然 Cookie 在有效时间内可以保存在客户端浏览器中，但也不是一成不变的。因为每个域名的 Cookie 数量和每个 Cookie 的大小是有限制的，如果达到了限制数量，浏览器会自动随机删除 Cookie 文件。

9.2　Session 管理

对比 Cookie，Session 会话是存储在服务端的，比较安全，并且不像 Cookie 那样有存储长度的限制。

9.2.1　了解 Session

Session 称为"会话控制"。在网络应用中，Session 的生存时间为用户在浏览某个网站时，从进入网站到关闭这个网站所经过的这段时间，也就是用户浏览这个网站所花费的时间。

由于 HTTP 是一种无状态的协议，只负责请求服务器，当它在服务器响应之后，就与浏览器失去了联系，不能保存用户的个人信息。Session 的使用就很好地解决了这个问题。

当用户第一次访问网站时，session_start()函数就会创建一个唯一的 session_id，并自动通过 HTTP 的响应头，将这个 session_id 保存到客户端 Cookie 中。同时在服务器端中创建一个以 session_id 命名的文件，用于保存这个用户的会话信息。当同一个用户再次访问这个网站时，也会自动通过 HTTP 的请求头将 Cookie 中保存的 session_id 携带过来，这时 session_start()函数就不会再去分配一个新的 session_id，而是在服务器的硬盘中去寻找和这个 session_id 同名的 Session 文件，将之前为这个用户保存的会话信息读出，在当前脚本中应用，达到跟踪用户的目的。

例如，在购物网站中，通过 Session 记录用户登录的信息，以及用户所购买的商品，如果没有 Session，那么用户每进入一个页面都需要登录用户名和密码。

9.2.2　创建 Session

创建 Session 通过以下步骤完成：启动会话→注册会话→使用会话→删除会话。

1. 启动会话

Session 的设置不同于 Cookie，必须先启动。启动 PHP 会话使用 session_start()函数来完成。session_start()函数的语法格式如下：

```
session_start(options);
```

其中，options 参数是一个关联数组，如果提供，那么会用其中的项目覆盖会话配置指示中的配置项。

注意：一般 session_start()函数在页面开始位置调用，然后会话变量被传入到$_SESSION。

2. 注册会话

启动 Session 会话，创建一个$admin 变量，

所有的会话变量都保存在$_SESSION 中。$_SESSION 是一个数组，可以通过它来创建会话变量，只要给它添加一个元素即可。例如，创建一个 Session 变量并赋值为 Session。

```php
<?php
session_start();                        //启动 Session
$_SESSION["admin"] ="session";          //声明一个名为 admin 的变量，并赋空值为 Session
?>
```

运行完程序后，可以在系统临时文件夹中找到这个 Session 文件，一般文件名为 sess_atneh2q3 vufb0n22h2o06m2ch5，后面是 32 位编码的随机字符串。用编辑器或者浏览器打开文件，可以看到文件内容。

提示：可以使用 session_save_path()函数来查看 Session 保存的位置。

打开上面程序对应的 Session 文件，结果如下：

```
admin|s:7:"session";
```

一般 Session 文件的结构如下：

```
变量名|类型:长度:值;
```

3. 使用会话

使用会话很简单，首先判断会话变量是否存在，如果不存在，就创建一个；如果存在，则将这个会话变量载入，以供用户使用。

```php
<?php
if(!empty($_SESSION["admin"])){          //判断用于存储用户名的 Session 会话变量是否存在
    $mySession=$_SESSION["admin"];       //若存在，赋值给一个变量$mySession
}
?>
```

4. 删除会话

删除会话有三种方式，分别为删除单个会话、删除多个会话和结束当前会话。下面分别进行介绍。

1）删除单个会话

所有会话内容都保存在$_SESSION 数组中，所以可以通过注销数组中的某个元素来完成。例如注销$_SESSION['username1']变量，可以使用 unset()函数，代码如下：

```php
<?php
session_start();                        //启动 Session 的初始化
$_SESSION["username1"]="user1";         //注册 Session 变量，赋值为一个用户的名称
$_SESSION["username2"]="user2";         //注册 Session 变量，赋值为一个用户的名称
unset($_SESSION["username1"]);          //注销$_SESSION["username1"]变量
?>
```

运行上面文件，打开对应的 Session 文件，结果如下：

```
username2|s:5:"user2";
```

可以发现$_SESSION["username1"]变量已经注销了。

2）删除多个会话

删除多个会话，可以给$_SESSION 赋值一个空的数组来实现，代码如下：

```php
<?php
session_start();                        //启动 Session 的初始化
$_SESSION["username1"]="user1";         //注册 Session 变量，赋值为一个用户的名称
```

```
$_SESSION["username2"]="user2";            //注册 Session 变量，赋值为一个用户的名称
$_SESSION=array ();
?>
```

运行上面文件，打开相应的 Session 文件，可以发现内容为空。

3）结束当前会话

如果整个会话已经结束，应先注销所有的会话变量，然后使用 session_destroy()函数结束当前的对话，销毁当前会话中的全部数据。代码如下：

```
session_destroy();
```

9.2.3 通过 Session 判断用户的操作权限

在大多网站的开发过程中，一般是通过 Session 来判断登录的用户是管理员还是普通用户，进而划分管理员和普通用户操作网站的权限。下面通过一个实例进行介绍。

【例9-4】（实例文件：ch09\Chap9.4.php）通过 Session 判断用户的操作权限。

（1）设计登录页面，添加 form 表单，应用 POST 方法传参，action 指向的数据处理页面为 index.php，添加一个用户名文本框并命名为 user，添加一个密码域文本框并命名为 pwd。

```
<!DOCTYPE html>
<html>
<head>
    <meta charset="UTF-8">
    <title>Title</title>
</head>
<body background="128398365389236566.jpg">
<form action="Chap9.6.php" method="post" name="form1">
    <table>
        <tr>
            <td>用户名: </td>
            <td><input type="text" name="user" id="user"></td>
        </tr>
        <tr>
            <td>密码: </td>
            <td><input type="password" name="pwd" id="pwd"></td>
        </tr>
        <tr>
            <td>
                <input type="submit" name="sub1" value="提交" onclick="return verifier (form)">
                <input type="reset" name="sub2" value="重置">
            </td>
        </tr>
    </table>
</form>
<p>管理员: superMan<br/>密码: 123</p>
<p>普通用户: commonMan<br/>密码: 456</p>
</body>
</html>
```

（2）在提交按钮的单击事件下，调用自定义函数 verifier ()来验证表单元素是否为空。自定义函数 verifier ()的代码如下：

```
<script>
    function verifier (){
        if(form.user.value==""){
            alert("请输入用户名");form.user.focus();return false;
        }
        if(form.pwd.value==""){
            alert("请输入密码");form.pwd.focus();return false;
```

```
        }
        form.submit();
    }
</script>
```

（3）提交表单元素到数据处理页面 Chap9.6.php。首先使用 session_start() 函数初始化 Session 变量，然后通过 POST 方法接收表单的元素值，将获取的用户名和密码分别赋给 Session 变量，在 Chap9.6.php 中添加导航栏。具体代码如下：

```php
<?php
session_start();
$_SESSION["user"]=$_POST["user"];
$_SESSION["pwd"]=$_POST["pwd"];
if($_SESSION["user"]==""||$_SESSION["pwd"]==""){
    echo "<script>alert('请输入用户名和密码');history.back();</script>";
}
if($_SESSION["user"]=="superMan"&&$_SESSION["pwd"]=="123"){
    echo "<p>管理员:".$_SESSION["user"]."</p>";
}else{
    echo "<p>普通用户:".$_SESSION["user"]."</p>";
}
?>
<table>
    <tr>
        <style>
            body{background-image:url("128398365389236566.jpg") }
            .tdStyle{
                border: 1px solid blue;
            }
        </style>
        <td><a href="index.html">论坛首页</a></td>
        <td><a href="index.html">我的信息</a></td>
        <td><a href="index.html">我的文章</a></td>
        <td><a href="index.html">论坛头条</a></td>
        <td><a href="lose.php">用户注销</a></td>
        <?php
            if($_SESSION["user"]=="superMan"&&$_SESSION["pwd"]=="123"){
        ?>
        <td class="tdStyle"><a href="index.html">用户管理</a></td>
        <?php
            }
        ?>
    </tr>
</table>
```

（4）导航栏中的"用户注销"将链接到 lose.php，该页具体代码如下：

```php
<?php
session_start();              //初始化 Session
unset($_SESSION["user"]);     //删除用户名会话变量
unset($_SESSION["pwd"]);      //删除密码会话变量
session_destroy();            //删除当前所有的会话变量
header("location:index.html");//跳转到论坛用户登录页
?>
```

（5）在论坛用户登录页面输入用户名和密码，以管理员的身份登录网站，如图 9-6 所示，单击"提交"按钮进入管理员页面，如图 9-7 所示。

以普通的身份登录网站，如图 9-8 所示，单击"提交"按钮进入普通用户页面，如图 9-9 所示。

图 9-6　管理员登录

| 图 9-7　管理员界面 | 图 9-8　普通用户登录 | 图 9-9　普通用户界面 |

9.3　Session 的应用

从前面小节中，大家已经了解了什么是 Session，本节来介绍一些关于 Session 的应用。

9.3.1　Session 临时文件

Session 临时文件是保存在服务器的临时文件中。如果大量的 Session 都保存在临时文件中，会降低服务的效率。在 PHP 中，使用 session_save_path() 函数设置 Session 临时文件的储存位置，可以缓解因临时文件过大导致服务器效率降低和站点打开缓慢的问题。

【例 9-5】（实例文件：ch09\Chap9.5.php）Session 临时文件。

```php
<?php
    echo session_save_path();              //输出默认的 Session 存储位置
    session_save_path("d:/session");       //自定义存储路径
    session_start();                       //初始化 Session
    $_SESSION["username"]="123";           //创建一个 Session 文件
    echo "<br/>";
    echo session_save_path();              //输出现在的 Session 存储位置
?>
```

在 IE 浏览器运行结果如图 9-10 所示，这时 d:/session 路径下就会出现创建的 Session 文件，如图 9-11 所示。

图 9-10　页面加载效果

图 9-11　Session 文件

注意：在运行上面代码之前，切记在 D 盘根目录下新建名为 Session 的文件夹，否则会报错。session_save_path() 必须放在 session_start() 的前面调用。

9.3.2　Session 缓存

Session 缓存是将网页中的内容临时存储到客户端，并可以设置缓存的时间。当第一次浏览网页后，页面的部分内容在规定时间内就被临时存储在客户端的临时文件夹中，在下次访问这个页面时，就可以直接读取缓存的内容，而不需要再次下载，从而提高网站的浏览效率。

Session 缓存使用 session_cache_limiter() 函数来实现，语法格式如下：

```
session_cache_limiter(cache_limiter)
```

其中，参数 cache_limiter 为 public 或者 private。

缓存的时间设置，使用 session_cache_expire() 函数来实现，语法格式如下：

```
session_cache_expire(new_cache_expire);
```

其中，new_cache_expire 参数是 Session 缓存的时间，单位为 min。

注意：Session 的缓存函数和缓存时间函数必须放在 session_start() 函数之前调用，否则会报错。

在下面代码中，把缓存限制为 private，并设定缓存 Session 页面的失效时间在 60min 之后。

```php
<?php
session_cache_limiter("private");
$cache_limit=session_cache_limiter();        //开启客户端缓存
session_cache_expire(60);
$cache_expire=session_cache_expire();        //设定客户端缓存的时间
session_start();
?>
```

9.4　就业面试技巧与解析

面试官：为什么说 Session 比 Cookie 更安全？

应聘者：真正的 Cookie 存在于客户端硬盘的一个文本文件，如果两者一样，只要 Cookie 就好了，让客户端来分担服务器的负担，并且对于用户来说又是透明的，但实际上不是。Session 的 session_id 是放在 Cookie 里，要想攻破 Session 的话，一般分为两步：

（1）要得到 session_id。攻破 Cookie 后，还要得到 session_id，session_id 是要有人登录，或者启动 session_start 才会有，不知道什么时候会有人登录。

（2）取有效 session_id。session_id 是加密的，第二次 session_start 时，前一次的 session_id 就没有用了，Session 过期时 session_id 也会失效，想在短时间内攻破加密的 session_id 很难。Session 是针对某一次通信而言，会话结束，Session 也就随着消失了。

第 3 篇

核心技术

在本篇中，将结合案例示范学习 PHP 软件开发中的一些核心技术，如程序的错误和异常处理、PHP 文件系统处理、PHP 动态图形处理、PHP 函数运用等核心技术。

- 第 10 章　错误处理和异常处理
- 第 11 章　PHP 文件系统处理
- 第 12 章　PHP 动态图像处理
- 第 13 章　PHP 函数应用

第 10 章

错误处理和异常处理

 学习指引

任何程序员在开发时都可能有过一些失误，或其他原因造成错误的发生。如果不遵循应用程序的约束，也会在使用时引起一些错误发生。本章介绍 PHP 中的错误处理和异常处理。

 重点导读

- 了解错误报告级别。
- 熟悉调整错误报告级别。
- 熟悉 trigger_error()函数的应用。
- 掌握自定义错误处理。
- 熟悉异常处理的实现。
- 掌握扩展 PHP 内置的异常处理类。
- 了解捕获多个异常。

10.1 错误处理

错误属于 PHP 脚本自身的问题，大部分情况是由错误的语法、服务器环境导致，使得编译器无法通过检查，甚至无法运行的情况。warning、notice 都是错误，只是他们的级别不同而已。

10.1.1 错误报告级别

错误报告级别指定了在什么情况下，脚本代码中的错误（这里的错误是广义的错误，包括 E_NOTICE、E_WARNING、E_ERROR 等）会以错误报告的形式输出。

只有熟悉错误级别，才能对错误捕捉有更好的认识。错误有不同的错误级别，以下是几类常见的错

误级别：

（1）Fatal Error:致命错误（脚本终止运行）。

E_ERROR——致命的运行错误，错误无法恢复，暂停执行脚本。

E_CORE_ERROR——PHP 启动时初始化过程中的致命错误。

E_COMPILE_ERROR——编译时的致命错误。

E_USER_ERROR——自定义错误消息。例如，在 trigger_error 函数时，设置错误类型为 E_USER_ERROR。

（2）Parse Error：编译时解析错误、语法错误（脚本终止运行）。

E_PARSE——编译时的语法解析错误。

（3）Warning Error：警告错误（仅给出提示信息，脚本不终止运行）。

E_WARNING——运行时警告。

E_CORE_WARNING——PHP 初始化启动过程中发生的警告。

E_COMPILE_WARNING——编译警告。

E_USER_WARNING——用户产生的警告信息。

（4）Notice Error：通知错误（仅给出通知信息，脚本不终止运行）。

E_NOTICE——运行时通知，表示脚本遇到可能会表现为错误的情况。

E_USER_NOTICE——用户产生的通知信息。

10.1.2 调整错误报告级别

在 PHP 脚本中使用 error_reporting()函数来调整错误报告级别。这个函数用于确定 PHP 应该在特定的页面内报告哪些类型的错误。语法格式如下：

```
error_reporting(level);
```

level 参数规定新的 error_reporting 级别，可以是一个位掩码，也可以是一个已命名的常量。例如下面的代码：

```
error_reporting(0);                      //关闭错误报告
error_reporting(E_ALL);                  //报告所有错误
error_reporting(E_ALL & ~E_NOTICE);      //报告 E_NOTICE 之外的所有错误
```

注意：该函数只在使用的脚本中有效果。

下面通过一个实例来介绍。在实例中，在 PHP 脚本中分别创建一个"注意"、一个"警告"和一个"致命错误"。

【例 10-1】（实例文件：ch10\Chap10.1.php）调整错误报告级别。

```
<h2>测试错误报告</h2>
<?php
//通过 error_reporting()函数设置在本脚本中，输出所有级别的错误报告
error_reporting(E_ALL);
//注意(notice)的报告，不会阻止脚本的执行，并且可能不一定是一个问题
getType($var);      //调用函数时提供的参数变量没有在之前声明
//警告(warning)的报告，指示一个问题，但是不会阻止脚本的执行
getType();          //调用函数时没有提供必要的参数
get_Type();         //调用一个没有被定义的函数
?>
```

在 IE 浏览器中运行结果如图 10-1 所示。

在例 10-1 中，如果只想输出致命错误，可以把 error_reporting() 函数的参数值改为 E_ERROR 即可实现，代码如下：

```
error_reporting(E_ERROR);
```

重新运行上面的实例，效果如图 10-2 所示。

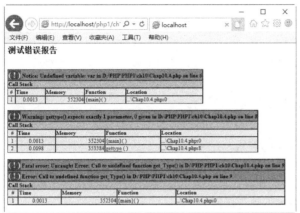

图 10-1　调整错误报告级别

图 10-2　更改后的结果

10.1.3　使用 trigger_error() 函数替代 die()

die() 函数如果执行，会终止 PHP 程序的运行，可以在退出程序之前输出一些错误报告。trigger_error() 则可以生成一个用户警告来代替，使程序更具有灵活性。

trigger_error() 函数的语法格式如下：

```
trigger_error(error_message,error_types)
```

trigger_error() 函数的参数说明如表 10-1 所示。

表 10-1　trigger_error() 函数的参数说明

参　　数	说　　明
error_message	必须参数。规定错误消息，最大长度 1024 字节
error_types	可选参数。规定错误类型，可能的值如下： E_USER_ERROR E_USER_WARNING E_USER_NOTICE（默认）

【例 10-2】（实例文件：ch10\Chap10.2.php）trigger_error() 函数的应用。

```php
<?php
$a=10;
if($a>5){
    trigger_error("$a 不能大于 5");
}
echo "<h1>"."\$a 的值为".$a."</h1>";
?>
```

在 IE 浏览器中运行结果如图 10-3 所示。

如果把例 10-2 中的 trigger_error() 函数换成 die() 函数，结果将变成如图 10-4 所示。

图 10-3　trigger_error()函数的应用

图 10-4　换成 die()函数

10.1.4　自定义错误处理

自定义错误报告的处理方式，可以完全绕过标准的 PHP 错误处理函数，这样就可以按照自己定义的格式打印错误报告，或者改变错误报告打印的位置（标准 PHP 的错误报告是哪里发生错误，就在哪里显示报告错误）。下面几种情况可以考虑自定义错误处理。

（1）想要记下错误的信息，及时发现一些生产环境出现的问题。

（2）想要屏蔽错误。出现错误会把一些信息暴露，极有可能成为黑客攻击网站的工具。

（3）做相应的处理，将所有错误报告放到脚本最后输出，或出错时可以显示跳转到预先定义好的出错页面，提供更好的用户体验。如果必要，还可以在自定义错误处理程序中，根据情况去终止脚本运行。

（4）作为调试工具。一些时候必须在运行环境时调试一些东西，但又不想影响正在使用的用户。

通常使用 set_error_handler()函数去设置用户自定义的错误处理函数。该函数有两个参数，其中第一个参数是必选的，是一个回调函数，规定发生错误时运行的函数。这个回调函数必须要定义 4 个参数，否则无效。按顺序，参数分别为"是否存在错误""错误信息""错误文件"和"错误行号"。set_error_handler()函数的第二个参数为可选的参数，规定哪个错误报告级别会显示用户自定义的错误。默认是 E_ALL。

【例 10-3】（实例文件：ch10\Chap10.3.php）自定义错误处理。

```php
<?php
error_reporting(0); //关掉程序中所有错误报告
//定义 error_report 函数，作为 set_error_handler()函数的第一个参数"回调"
function error_report($handler,$error_message,$file,$line){
    $EXIT =FALSE;
    switch($handler){
//提醒级别
        case E_NOTICE:
        case E_USER_NOTICE:
            $error_type = 'Notice';
            break;
//警告级别
        case E_WARNING:
        case E_USER_WARNING:
            $error_type='warning';
            break;
//错误级别
        case E_ERROR:
        case E_USER_ERROR:
            $error_type='Fatal Error';
```

```
            $EXIT = TRUE;
            break;
    //其他未知错误
        default:
            $error_type='Unknown';
            $EXIT = TRUE;
            break;
    }
    //直接打印错误信息
     printf("<b>%s</b>:%s in<b>%s</b> on line <b>%d</b><br>\n",$error_type, $error_message, $file,
$line);
    }
set_error_handler('error_report');          //把错误的处理交给 error_handle()
echo $var;                                  //使用未定义的变量报 notice
echo 1/0;                                   //除以 0 报警告
//自定义一个错误
trigger_error('我是一个错误');
?>
```

在 IE 浏览器中运行结果如图 10-5 所示。

图 10-5　自定义错误处理

10.2　异常处理

异常提供了控制应用程序生成和处理错误的方法。通过提供异常发生的场景细节，能够更加轻松地编写程序。另外，通过使用异常，能够创建具有容错特性的更加稳定的应用程序，并且在发生问题时，异常也能够通知到管理员。

异常处理用于在指定的错误发生时改变脚本的正常流程，是 PHP 5 中的一个新的重要特性。异常处理是一种可扩展、易维护的错误处理统一机制，并提供了一种新的面向对象的错误处理方式。

10.2.1　异常处理实现

异常用来处理不应该在正常的代码执行中发生的任何类型的错误。异常是通过增加 try、catch 和 throw 这三个关键字和内置的 Exception 类来实现的。异常处理和编写程序的流程控制相似，所以也可以通过异常处理实现一种另类的条件选择结构。

1. try 关键字

try 关键字用来定义检测异常的代码块。使用异常的函数应该位于 try 代码块内。如果没有触发异常，则代码将照常继续执行；如果异常被触发，会抛出一个异常。

使用 try 语句块要加上花括号，语句形式如下：

```
try{
```

```
    //代码
}
```

2. catch 关键字

catch 代码块会捕获异常，并创建一个包含异常信息的对象。catch 允许定义要捕捉的类型，并且可以访问捕捉到的异常细节。

```
catch(Exception $e){
    echo $e;
}
```

在这个例子中，$e 是 Exception 类的一个包含异常信息的实例对象。Exception 类是所有类型异常的父类，所以捕捉 Exception 类会捕捉到任何类型的异常。

为了处理不同类型的异常，也许会定义多个 catch 语句块。应该先定义最特定的类型，这是因为 catch 是按照顺序来解析的，在前面的语句块会先执行。

3. throw 关键字

throw 语句规定如何触发异常，每一个 throw 必须对应至少一个 catch。

必须给 throw 语句传递一个 Exception 类的实例。代码如下：

```
throw new Exception('Error message');
```

4. Exception 类

Exception 类是所有异常类的父类。为了自定义异常类，可以从 Exception 类派生。

Exception 的构造函数可以接收一条错误信息和一个错误代码作为参数。错误信息很容易理解，但错误代码的含义就需要做一些解释。

通过提供的错代码，在处理异常事件时，就可以灵活处理异常了。通过检查返回的代码，可以以数字的形式映射异常类型，而不是依赖于错误的字符串，因为错误的字符串可能会随时发生改变。

构造好异常的实例后，异常就获得了几个关键的信息，其中包括构造异常的代码所处的位置、在构造时执行的代码、错误信息和错误代码。这些关键信息可以通过一些方法来获取，具体如表 10-2 所示。

表 10-2　获取关键信息的方法

方　　法	说　　明
getMessage()	返回异常信息，此信息是描述错误状态的字符串
getCode()	返回错误代码
getFile()	返回发生错误所在的源文件。此信息对于查找异常抛出的位置是非常有用的
getLine()	返回异常抛出位置在文件中的行号，需要和 getFile()方法一起使用
getTrace()	返回包含场景的一个数组，这是当前正在执行的方法以及执行顺序的一个列表
getTraceAsString()	与 getTrace()相同，不过这个函数返回的是字符串而不是数组
__toString()	返回用字符串表达的整个异常信息

由于数组中的每个键值都包含了文件、行号、函数名称以及重要的信息，所以 getTrace()方法非常有用。使用回溯信息，可以看到导致问题发生的所有数据流，从而简化了调试工作。

【例 10-4】（实例文件：ch10\Chap10.4.php）实现异常处理。

```php
<?php
//定义连接数据库的函数
```

```php
function con($config){
    if(!$conn = mysqli_connect($config['host'],$config['user'],$config['password'],$config['datebase'])){
        throw new Exception('不能连接到数据库');
    }
}
try{
    $config = [
        'host' => 'localhost',
        'user' => 'root',
        'password' => '123',
        'datebase' => 'student'
    ];
    con($config);
}catch(Exception $e){
    echo $e->getMessage();
}
?>
```

在 IE 浏览器中运行结果如图 10-6 所示。

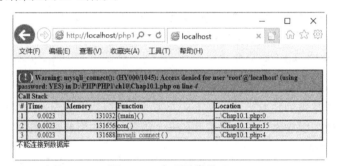

图 10-6　实现异常处理

提示：*为了本例测试，在连接数据库时，故意使用了错误的密码。*

如果无法连接数据库，连接函数就会返回 false，异常就会被抛出。throw 关键字要和一个 Exception 类的对象一起使用，它会告诉应用程序什么时候发生了错误。一旦抛出了异常，这个函数就不会执行到最后，它会直接跳出到 catch 语句块。在 catch 语句块中，应用程序会打印出错误信息。

10.2.2　扩展 PHP 内置的异常处理类

在 try 代码块中，需要使用 throw 语句抛出一个异常对象，才能跳转到 catch 代码块中执行，并在 catch 代码块中捕获并使用这个异常类的对象。虽然在 PHP 中提供的内置异常处理类 Exception，已经具有非常不错的特性，但在某些情况下，可能还要扩展这个类来得到更多的功能。所以，用户可以用自定义的异常处理类来扩展 PHP 内置的异常处理类。

如果使用自定义的类作为异常处理类，则必须是扩展内置异常处理类 Exception 的子类，非 Exception 类的子类是不能作为异常处理类使用的。如果在扩展内置处理类 Exception 时重新定义构造函数的话，建议同时调用 parent::construct()来检查所有的变量是否已被赋值。当对象要输出字符串时，可以重载__toString()并自定义输出的样式。在自定义的子类中，可以直接使用内置异常处理 Exception 类中的所有成员属性。

创建自定义的异常处理程序非常简单，和传统类的声明方式相同，但该类必须是内置异常处理类 Exception 的一个扩展。当 PHP 中发生异常时，可调用自定义异常类中的方法进行处理。下面创建一个自定义的 **MyException** 类，继承内置异常处理类 Exception 中的所有属性，并向其添加了自定义的方法。

【例 10-5】（实例文件：ch10\Chap10.5.php）扩展 PHP 内置的异常处理类的应用。

```php
<?php
//自定义一个异常处理类，但必须是扩展内异常处理类的子类
class MyException extends Exception{
    //重定义构造器，使第一个参数 message 变为被指定的属性
    public function __construct($message, $code=0){
        //同时调用 parent::construct()来检查所有的变量是否已被赋值
        parent::__construct($message,$code);
    }
    //重写父类中继承过来方法，自定义字符串输出的样式
    public function __toString(){
        return __CLASS__.":[".$this->code."],".$this->message."<br/>";
    }
    //为这个异常自定义一个处理方法
    public function method(){
        echo "按自定义的方法处理出现的这个异常<br/>";
    }
}
try {
    $error = "抛出这个异常";
    $code = "1";
    throw new MyException($error,$code);
    echo '我不会被执行';
} catch (MyException $e) {
    echo '捕获异常:'.$e."<br/>";
    $e->method();
}
echo "异常已经捕获，并且已经处理";
?>
```

在 IE 浏览器中运行结果如图 10-7 所示。

图 10-7　扩展 PHP 内置的异常处理类

在自定义的 MyException 类中，使用父类中的构造方法检查所有的变量是否已被赋值，并重载了父类中的__toString()方法，输出自己定制捕获的异常消息。自定义和内置的异常处理类，在使用上没有多大区别，只不过在自定义的异常处理类中，可以调用为异常专门编写的处理方法。

10.2.3　捕获多个异常

在 try 代码块之后，必须至少给出一个 catch 代码块，也可以将多个 catch 代码块与一个 try 代码块进行关联。如果每个 catch 代码块可以捕获一个不同类型的异常，那么使用多个 catch 就可以捕获不同的类所产生的异常。

当产生一个异常时，PHP 将查询一个匹配的 catch 代码块。如果有多个 catch 代码块，传递给每一个 catch 代码块的对象必须具有不同的类型，这样 PHP 可以找到需要进入的 catch 代码块。当 try 代码块不再抛出异常或者找不到 catch 能匹配所抛出的异常时，PHP 代码就会在跳转到最后一个 catch 的后面继续执行。

【例 10-6】（实例文件：ch10\Chap10.6.php）捕获多个异常。

```php
<?php
//自定义的一个异常处理类，但必须是扩展内异常处理类的子类
class MyException extends Exception{
    //重定义构造器，使第一个参数 message 变为被指定的属性
    public function __construct($message, $code=0){
        //调用 parent::construct()来检查所有的变量是否已被赋值
        parent::__construct($message, $code);
    }
    //重写父类中继承过来的方法，自定义字符串输出的样式
    public function __toString() {
        return __CLASS__ .":[".$this->code."]:".$this->message."<br>";
    }
    //为这个异常自定义一个处理方法
    public function method() {
        echo "按自定义的方法处理出现的这个异常";
    }
}
//创建一个用于测试自定义扩展的异常类 TestException
class TestException {
    public $var;                             //用来判断对象是否创建成功的成员属性
    function __construct($value=0) {         //通过构造方法的传值决定抛出的异常
        switch($value){                      //对传入的值进行选择性判断
            case 1:                          //传入的参数为 1 时，则抛出自定义的异常对象
                throw new MyException("传入的值为 1，抛出自定义的异常对象", 1);
                break;
            case 2:                          //传入参数 2，则抛出 PHP 内置的异常对象
                throw new Exception("传入的值为 2，抛出 PHP 内置的异常对象", 2);
                break;
            default:                         //传入参数合法，则不抛出异常
                $this->var=$value;           //为对象中的成员属性赋值
                break;
        }
    }
}
//实例 1，在没有异常时，程序正常执行，try 中的代码全部执行并不会执行任何 catch 区块
try{
    $testObj = new TestException();          //使用默认参数创建异常的测试类对象
    echo "$testObj->var<br>";                //没有抛出异常这条语句就会正常执行
}catch(MyException $e){                      //捕获用户自定义的异常区块
    echo "捕获自定义的异常: $e <br>";         //按自定义的方式输出异常消息
    $e->method();                            //可以调用自定义的异常处理方法
}catch(Exception $e) {                       //捕获 PHP 内置的异常处理类的对象
    echo "捕获 PHP 内置的异常: ".$e->getMessage()."<br>";    //输出异常消息
}
var_dump($testObj);                          //判断对象是否创建成功，如果没有任何异常，则创建成功
echo "<hr/>";
//实例 2，抛出自定义的异常，并通过自定义的异常处理类捕获这个异常并处理
```

168

```
try{
    $testObj1 = new TestException(1);          //传1时，抛出自定义异常
    echo "$testObj->var<br>";                  //这个语句不会被执行
}catch(MyException $e){                         //这个catch区块中的代码将被执行
    echo "捕获自定义的异常: $e <br>";
    $e->method();
}catch(Exception $e) {                          //这个catch区块不会执行
    echo "捕获PHP内置的异常: ".$e->getMessage()."<br>";
}
var_dump($testObj1);                            //有异常产生，这个对象没有创建成功
echo "<hr/>";
//实例3，抛出内置的异常，并通过自定义的异常处理类捕获这个异常并处理
try{
    $testObj2 = new TestException(2);          //传入2时，抛出PHP内置异常
    echo "$testObj->var<br>";                  //这个语句不会被执行
}catch(MyException $e){                         //这个catch区块不会执行
    echo "捕获自定义的异常: $e <br>";
    $e->method();
}catch(Exception $e) {                          //这个catch区块中的代码将被执行
    echo "捕获PHP内置的异常: ".$e->getMessage()."<br>";
}
var_dump($testObj2);                            //有异常产生，这个对象没有创建成功
?>
```

在IE浏览器中运行结果如图10-8所示。

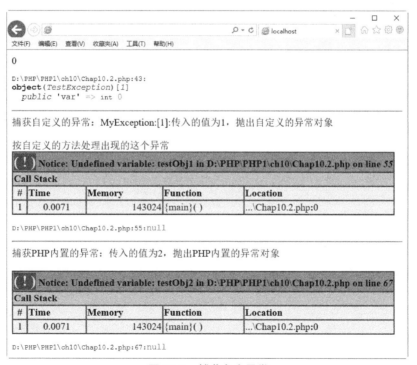

图10-8　捕获多个异常

10.3　就业面试技巧与解析

10.3.1　面试技巧与解析（一）

面试官：一般 PHP 常见的错误有哪几种？

应聘者：常见的错误有以下几种。

（1）E_ERROR：致命错误，会导致脚本终止运行。

（2）E_WARNING：运行时警告（非致命错误）。仅给出提示信息，但是脚本不会终止运行。

（3）E_NOTICE：运行时通知。表示脚本遇到可能会表现为错误的情况，但是在可以正常运行的脚本里面也可能会有类似的通知。

（4）E_STRICT：启用 PHP 对代码的修改建议，以确保代码具有最佳的互操作性和向前兼容性。

（5）E_ALL：E_STRICT 除外的所有错误和警告信息。

10.3.2　面试技巧与解析（二）

面试官：使用异常对程序有影响吗？

应聘者：虽然异常机制的功能非常强大，但使用它要付出代价。在 PHP 中，当抛出一个异常时，许多机制必须被初始化，其中包括异常类实例和代码回溯信息。如果异常日志记录到文件中，就会增加更多的花销。

不应该使用异常来控制一般的应用程序流，因为这样做会大大降低应用程序的性能。例如，在数据库中搜索登录标识并且没有找到对应用户时，就不应该使用它。在这种情况下，应该只返回 null 或者 false，表示失败信息。

第 11 章
PHP 文件系统处理

 学习指引

文件是用来存取数据的方式之一，可以用文件长时间保存数据。相对于数据库来说，文件在使用上更方便、更直接。如果数据较少，较简单，使用文件无疑是最合适的方法。所有的项目基本上都离不开文件的处理，本章具体介绍一下。

 重点导读

- 熟悉文件系统。
- 掌握目录的基本操作。
- 掌握文件的基本操作。
- 熟悉文件的上传与下载。

11.1 文件系统概述

在操作文件时，往往需要知道文件的类型和属性，才能更好地处理文件。本节介绍一下文件类型和文件属性。

11.1.1 文件类型

PHP 是以 Unix 的文件系统为模型的，因此在 Windows 系统中只能获得 File、Dir 或者 Unknown 三种文件类型。而在 Unix 系统中，可以获得 Block、Char、Dir、Fifo、File、Link 和 Unknown 7 种类型。每种文件类型的说明如表 11-1 所示。

表 11-1 文件类型的说明

文 件 类 型	描 述
Block	块设备文件，如某个磁盘分区、软驱、光驱 CD-ROM 等

续表

文 件 类 型	描　　述
Char	字符设备是指在 I/O 传输过程中以字符为单位进行传输的设备，如键盘、打印机等
Dir	目录类型，目录也是文件的一种
Fifo	命名管道，常用于将信息从一个进程传递到另一个进程
File	普通文件类型，如文本文件或可执行文件
Link	符号链接，是指向文件指针的指针，类似 Windows 中的快捷方式
Unknown	位置类型

在 PHP 中可以使用 filetype()函数获取文件的类型，该函数接收一个文件名作为参数，如果文件不存在将返回 false。

```php
<?php
echo filetype('index.php');
?>
```

上面代码输出的结果为 file，表明 index.php 为普通文件。

对于一个已知的文件，还可以使用 is_file()函数判断给定的文件名是否为一个正常的文件。和它类似，使用 is_dir()函数判断给定的文件名是否是一个目录，使用 is_link()函数判断给定的文件名是否为一个符号链接。

11.1.2　文件属性

在进行编程时，需要使用到文件的一些常用的属性，如文件的大小、文件的类型、文件的修改时间、文件的访问时间和文件的权限等。在 PHP 中，可以使用一些函数来获取这些文件属性，如表 11-2 所示。

表 11-2　获取文件属性的函数

函 数 名	作　　用	参　　数	返　回　值
file_exists()	检查文件或目录是否存在	文件名	文件存在返回 true，不存在则返回 false
is_executable()	判断给定文件名是否可执行	文件名	如果文件存在且可执行，则返回 true
filesize()	获取文件大小	文件名	返回文件大小的自己数，出错返回 false
is_readable()	判断给定文件名是否可读	文件名	如果文件存在且可读，则返回 true
is_writable()	判断给定文件名是否可写	文件名	如果文件存在且可读写，则返回 true
filectime()	获取文件的创建时间	文件名	返回 Unix 时间戳格式
filemtime()	获取文件的修改时间	文件名	返回 Unix 时间戳格式
fileatime()	获取文件的访问时间	文件名	返回 Unix 时间戳格式
stat()	获取文件大部分属性值	文件名	返回关于给定文件有用的信息数组

【例 11-1】（实例文件：ch11\Chap11.1.php）获取文件的属性。

```php
<?php
header("Content-type:text/html;charset=utf-8");
date_default_timezone_set("Asia/Shanghai");
//声明一个函数，通过传入一个文件名称获取文件的部分属性
function getFileAttr($filename){
    if(!file_exists($filename)){
```

```
            echo '目标文件不存在！！<br />';
            return;
        }
    if(is_file($filename)){
        echo $filename.'是一个文件<br />';
    }
    if(is_dir($filename)){
        echo $filename.'是一个目录<br />';
    }
    echo '文件的类型: '.getFileType($filename).'<br />';
    if(is_readable($filename)){
        echo '文件可读<br />';
    }
    if(is_writable($filename)){
        echo '文件可写<br />';
    }
    if(is_executable($filename)){
        echo '文件可执行.<br />';
    }
    echo '文件建立时间: '.date('Y-m-d H:i:s',filectime($filename)).'<br />';
    echo '文件最后修改时间: '.date('Y-m-d H:i:s',filemtime($filename)).'<br />';
    echo '文件最后访问时间: '.date('Y-m-d H:i:s',fileatime($filename)).'<br />';
}
getFileAttr('index.php');
//声明一个函数用来返回文件的类型
function getFileType($filename){
    switch(filetype($filename)){
        case 'file':
            $type = "普通文件";
            break;
        case 'dir':
            $type = '目录文件';
            break;
        case 'block':
            $type = '块设备文件';
            break;
        case 'char':
            $type = '字符设备文件';
            break;
        case 'fifo':
            $type = '命名管道文件';
            break;
        case 'link':
            $type = '符号链接';
            break;
        case 'unknown':
            $type = '位置类型';
            break;
        default;
            $type = '没有检测到文件类型';
    }
    return $type;
}
?>
```

在 IE 浏览器中运行结果如图 11-1 所示。

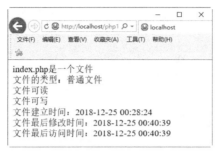

图 11-1　获取文件的属性

11.2　目录的基本操作

要描述一个文件的位置，可以使用绝对路径和相对路径。绝对路径是从根目录开始一级一级地进入各个子目录，最后指定该文件名或者目录名。而相对路径是从当前目录进入某个目录，最后指定该文件名或目录名。在系统的每个目录下都有两个特殊的目录"."和".."，分别指示当前目录和当前目录的父目录（上一级目录）。

11.2.1　解析目录路径

在 Unix 系统中必须使用正斜线"/"作为路径分隔符，而在 Windows 系统中默认使用反斜线"\"作为路径分割线，在程序中表示时还要将"\"转义，但也接受正斜线"/"作为分割线的写法。为了程序有很好的移植性，建议都使用"/"作为文件的路径分隔符。另外，也可以使用 PHP 内部的常量 DIRECTORY_SEPARATOR，其值为当前操作系统的默认文件路径分隔符。

【例 11-2】（实例文件：ch11\Chap11.2.php）解析目录路径。

```php
<?php
$fileName='001'.DIRECTORY_SEPARATOR.'index.php';
echo $fileName;
?>
```

在 IE 浏览器中运行结果如图 11-2 所示。

将目录路径中的各个属性分离开是很有用的，如末尾的扩展名、目录部分和基本名，可以通过 PHP 的系统函数 basename()、dirname()和 pathinfo()完成这些任务。

1. basename()

basename()返回路径中的文件名部分，语法格式如下：

```
basename(path,suffix)
```

该函数给出一个包含有指向一个文件全路径的字符串，返回基本的文件名。第二个参数是可选参数，规定文件的扩展名，如果提供了则不会输出扩展名。

【例 11-3】（实例文件：ch11\Chap11.3.php）basename()的应用。

```php
<?php
$path = './index.php';
echo basename($path)."<br/>";       //显示带有文件扩展名的文件名，输出 index.php
echo basename($path,'.php');        //显示不带文件扩展名的文件名，输出 index
?>
```

在 IE 浏览器中运行结果如图 11-3 所示。

图 11-2　解析目录路径

图 11-3　basename()的应用

2. dirname()

该函数恰好与 basename()相反，只需要一个参数，给出一个包含有指向一个文件的全路径的字符串，返回去掉文件名后的目录名。

【例 11-4】（实例文件：ch11\Chap11.4.php）dirname()的应用。

```php
<?php
$path = './001/index.php';
echo dirname($path);    //返回目录名./001
?>
```

在 IE 浏览器中运行结果如图 11-4 所示。

3. pathinfo()

函数 pathinfo()返回一个关联数组，其中包括制定路径中的目录名、基本名和扩展名三个部分，分别通过数组 dirname、basename 和 extension 来引用。

【例 11-5】（实例文件：ch11\Chap11.5.php）pathinfo()的应用。

```php
<?php
$path = '/001/index.php';
$path_parts = pathinfo($path);
echo $path_parts['dirname']."<br/>";      //输出目录名./001
echo $path_parts['basename']."<br/>";     //输出基本名 index.php
echo $path_parts['extension'];            //输出扩展名 php
?>
```

在 IE 浏览器中运行结果如图 11-5 所示。

图 11-4　dirname()的应用

图 11-5　pathinfo()的应用

11.2.2　遍历目录

在进行 PHP 编程时，需要对服务器某个目录下面的文件进行浏览，通常称为遍历目录。取得一个目录下的文件和子目录，就需要用到 opendir()函数、readdir()函数、closedir()函数和 rewinddir()函数，这些函数具体说明如表 11-3 所示。

表 11-3　遍历目录的函数

函　　数	说　　明
opendir()	用于打开指定目录，接受一个目录的路径作为参数，函数返回值为可供其他目录函数使用的目录句柄（资源类型）。如果目录不存在或者没有访问权限，则返回 false
readdir()	用于读取指定的目录，接受已经用 opendir()函数打开的可操作目录句柄作为参数，函数返回当前目录指针位置的一个文件名，并将目录指针向后移动一位。当指针位于目录的结尾时，因为没有文件存在返回 false
closedir()	关闭指定目录，接收已经用 opendir()函数打开的可操作目录句柄作为参数。函数无返回值，运行后将关闭打开的目录
rewinddir()	倒回目录句柄，接收已经用 opendir()函数打开的可操作目录句柄作为参数，将目录指针重置目录到开始处，即倒回目录的开头

【例 11-6】（实例文件：ch11\Chap11.6.php）使用函数遍历目录。

```php
<?php
function listDir($dir){
    if(is_dir($dir)){
        if ($d = opendir($dir)) {
            while (($file= readdir($d)) !== false){
                if((is_dir($dir."/".$file)) && $file!="." && $file!=".."){
                    echo "文件名: ".$file;
                    listDir($dir."/".$file."/");
                } else{
                    if($file!="." && $file!=".."){
                        echo $file;
                    }
                }
            }
            closedir($d);
        }
    }
}
listDir("C:\wamp64\www\php1\ch13");
?>
```

在 IE 浏览器中运行结果如图 11-6 所示。

图 11-6　使用函数遍历目录

11.2.3　统计目录大小

计算文件、磁盘分区和目录的大小在各种应用程序中都是常见任务。计算文件的大小可以通过前面介绍的 filesize()函数完成，统计磁盘大小也可以使用 disk_free_space()和 disk_total_space()两个函数实现。但是 PHP 目前没有提供目录大小的标准函数，因此需要自定义一个函数来完成任务。

【例 11-7】（实例文件：ch11\Chap11.7.php）统计目录大小。

```php
<?php
function directory_size($directory) {
    $Size=0;
    if ($dh = @opendir($directory)) {
        while (($filename = readdir ($dh))) {
            if ($filename != "." && $filename != "..") {
                if (is_file($directory."/".$filename)){
                    $Size += filesize($directory."/".$filename);
                }
                if (is_dir($directory."/".$filename)){
                    $Size += directory_size($directory."/".$filename);
                }
            }
        }
    }
    @closedir($dh);
    return $Size;
}
$directory = "../";
$totalSize = round((directory_size($directory) / 1024 /1024 ), 2);
echo "Directory $directory: ".$totalSize. "MB";
?>
```

在 IE 浏览器中运行结果如图 11-7 所示。

图 11-7　统计目录大小

11.2.4　建立和删除目录

在 PHP 中，使用 mkdir()函数只需传入一个目录名即可很容易地建立一个新目录。但是删除目录所用到的函数 rmdir()，只能删除一个空目录并且目录必须存在。如果是非空的目录就需要先进入到目录中，使用 unlink()函数将这个目录中的文件都删除，再回来将这个空目录删除。如果目录中还存在子目录，而且子目录也非空，就要使用递归的方法了。

【例 11-8】（实例文件：ch11\Chap11.8.php）建立和删除目录的函数。

```php
//自定义函数递归删除整个目录，$directory 为目录名
<?php
function delDir($directory){
    if(file_exists($directory)){
        if($dir_handle = @opendir($directory)){
            while($filename = readdir($dir_handle)){
                if($filename != '.' && $filename != '..'){
                    $subFile = $directory.DIRECTORY_SEPARATOR.$filename;
                    if(is_dir($subFile)){
                        delDir($subFile);
                    }
                    if(is_file($subFile)){
                        unlink($subFile);
                    }
                }
            }
        }
    }
}
```

```
        closedir($dir_handle);
        rmdir($directory);
    }
}
delDir('C:\wamp64\www\php1\ch13\001\test');
?>
```

在 IE 浏览器中运行结果是 test 目录被删除。

11.2.5 复制目录

要复制一个文件可以通过 PHP 提供的 copy() 函数完成，创建目录可以使用 mkdir() 函数。定义函数时，先对源目录进行遍历，如果遇到的是普通文件，直接使用 copy() 函数进行复制；如果遍历时遇到一个目录，则必须建立该目录，再对该目录下的文件进行复制操作，如果还有子目录，则使用递归重复操作，最终将整个目录复制完成。

【例 11-9】（实例文件：ch11\Chap11.9.php）复制目录下的文件。

index1.php 文件内容如下：

```
<?php
//自定义函数递归复制带有子目录的目录
//$dirSrc 源目录名字字符串
//$dirTo 目标目录名字字符串
function copyDir($dirSrc,$dirTo){
    if(!file_exists($dirTo)){
        mkdir($dirTo);
    }
    if($dir_handle = @opendir($dirSrc)){
        while($filename = readdir($dir_handle)){
            if($filename != '.' && $filename != '..'){
                $subSrcFile = $dirSrc.DIRECTORY_SEPARATOR.$filename;
                $subToFile = $dirTo.DIRECTORY_SEPARATOR.$filename;
                if(is_dir($subSrcFile)){
                    copyDir($subSrcFile,$subToFile);
                }
                if(is_file($subSrcFile)){
                    copy($subSrcFile,$subToFile);
                }
            }
        }
        closedir($dir_handle);
    }
}
copyDir('./','../test2');
?>
```

运行前文件目录如图 11-8 所示，在 IE 浏览器中运行结果如图 11-9 所示。

```
∨  📁 test1
      📄 index.php
      📄 test.php
∨  📁 test2
      📄 index2.php
```

图 11-8　运行前文件目录

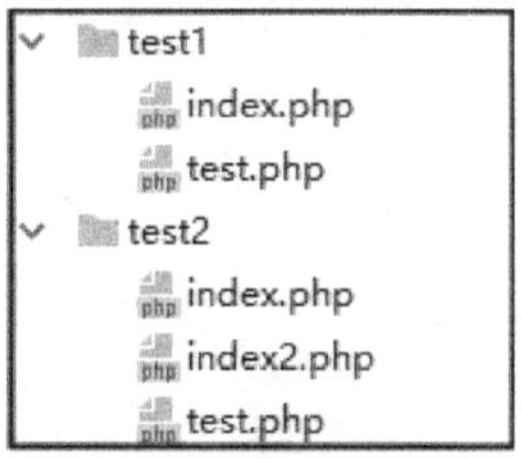

```
∨  📁 test1
      📄 index.php
      📄 test.php
∨  📁 test2
      📄 index.php
      📄 index2.php
      📄 test.php
```

图 11-9　运行后文件目录

11.3　文件的基本操作

文件的基本操作，包括文件的打开/关闭、写入、读取等。本节除了介绍这些基本操作外，还将介绍移动文件指针和文件的锁定机制。

11.3.1　文件的打开与关闭

在处理文件内容之前，通常需要建立与文件资源的连接，即打开文件。同样，结束该资源的操作之后，应当关闭连接资源。打开文件，实际上是建立文件的各种有关信息，并使文件指针指向该文件，就可以将发起输入或输出流的实体联系在一起，以便进行其他操作。关闭文件则断开指针与文件的联系，也就禁止再对文件进行操作。

1. 打开文件

对文件进行操作的时候，首先要做的就是打开文件，这是进行数据存取的第一步。在 PHP 中使用 fopen() 函数打开文件，fopen()函数的语法如下：

```
fopen ($filename , $mode ,$use_include_path , $context );
```

fopen()函数的参数说明如表 11-4 所示。

表 11-4　fopen()函数的参数说明

参　　数	说　　明
$filename	必须参数，规定要打开的文件或 URL，这个 URL 可以是脚本所在服务器中的绝对路径，也可以是相对路径，还可以是网络资源中的文件
$mode	必须参数，规定文件的访问类型，可选的值如表 11-5 所示
$use_include_path	可选参数，如果也需要在 include_path 中检索文件的话，可以将该参数设为 1 或 true
$context	可选参数，规定文件句柄的环境。context 是可以修改目录流行为的一套选项

表 11-5　$mode 参数的可选值

Mode	说　　明
"r"	只读方式打开，将文件指针指向文件头
"r+"	读写方式打开，将文件指针指向文件头
"w"	写入方式打开，将文件指针指向文件头。如果文件存在，则所有文件内容被删除，否则创建这个文件
"w+"	将文件指针指向文件头。如果文件存在，则所有文件内容被删除，否则创建这个文件
"a"	写入方式打开，将文件指针指向文件末尾。如果文件不存在则尝试创建它
"a+"	读写方式打开，将文件指针指向文件末尾。如果文件不存在则尝试创建它
"x"	创建并以写入方式打开，将文件指针指向文件头。如果文件已存在，则 fopen()调用失败并返回 false，并生成一条 E_WARNING 级别的错误信息。如果文件不存在则尝试创建它
"x+"	创建并以读写方式打开，将文件指针指向文件头。如果文件已存在，则 fopen()调用失败并返回 false，并生成一条 E_WARNING 级别的错误信息。如果文件不存在则尝试创建它
b	以二进制模式打开文件，用于与其他模式进行连接。如果文件系统能够区分二进制文件和文本文件，可能会使用它。例如，Windows 系统中可以区分，而 Unix 系统则不区分。这个模式是默认的模式

如果 fopen()函数成功地打开一个文件，该函数将返回一个指向该文件的文件指针。对该文件进行操作所使用的读、写以及其他的文件操作函数，都要使用这个资源来访问该文件。如果打开文件失败，则返回false。

例如，使用 fopen()函数打开文件：

```php
<?php
//使用相对路径打开 info.txt 文件，选择只读模式，并返回资源$handle
$handle = fopen('./001/index.php','r');
//使用绝对路径打开 index.php 文件，选择只读模式，并返回资源$handle
$handle = fopen('C:\wamp64\www\php1\ch13\001','r');
//在 Windows 平台上，转义文件路径中的每个反斜线，或者用斜线，以二进制和只写模式组合
$handle = fopen('C:\\wamp64\\www\\php1\\ch13\\001','wb');
?>
```

2. 关闭文件

资源类型属于 PHP 的基本类型，一旦完成资源的处理，一定要将其关闭，否则可能会出现一些预料不到的错误。fclose()函数会撤销 fopen()打开的资源类型，成功时返回 true，否则返回 false。fclose()函数的语法如下：

```
fclose(file);
```

其中，文件指针必须是有效的，并且是通过 fopen()函数成功打开的文件。例如下面的代码：

```php
<?php
$file_open=fopen("../file.txt","rb");      //打开文件
...                                        //操作文件
fclose($file_open);                        //关闭文件
?>
```

11.3.2 写入文件

将程序中的数据保存到文件中比较容易，使用 fwrite()函数就可以将字符串内容写入到文件中。在文件中通过字符序列\n（换行符），表示文件中一行的结尾。不同的操作系统具有不同的结束符号，基于 Unix 的系统使用 "\n" 作为行结束符号，基于 Windows 的操作系统使用 "\r\n" 作为行结束符号，基于 Mac 的系统使用 "\r" 作为行结束字符号。当要写入一个文本文件并想插入一个新行时，需要使用相应操作系统的行结束符号。

```
fwrite ($handle , $string ,$length);
```

第一个参数需要提供 fopen()函数打开的文件资源，该函数将第二个参数提供的字符串内容输出到第一个参数指定的资源中。如果给出了第三个可选参数 length，fwrite()将在写入了 length 个字符后停止；否则将一直写入，直到到达内容结尾才停止。如果写入的内容少于 length 个字符，该函数也会在写完全部内容后停止。函数 fwrite()执行完成以后会返回写入的字符数，出现错误则返回 false。

【例 11-10】（实例文件：ch11\Chap11.10.php）写入文件的操作。

```php
<?php
$fileName = 'data.txt';
$handle = fopen($fileName,'w') or die('打开<b>'.$fileName.'</b>文件失败');
for($row = 0; $row < 5; $row++){
    fwrite($handle,$row.": data.txt\r\n");      //写入文件
}
fclose($handle);
?>
```

在 IE 浏览器中运行，如果当前目录下存在 data.txt 文件，则清空该文件并写入 5 行数据；如果不存在 data.txt 文件，则会创建该文件并将 5 行数据写入，如图 11-10 所示。

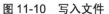

图 11-10　写入文件

11.3.3　读取文件内容

本节介绍一下读取文件的几个常用函数。

1. readfile()函数

readfile()函数可以读取指定的整个文件，立即输出到输出缓存区，并返回读取的字节数。该函数不需要使用 fopen()函数打开文件。该函数的语法格式如下：

```
readfile(filename,include_path,context);
```

readfile()函数的参数说明如表 11-6 所示。

表 11-6　readfile()函数的参数说明

参　　数	说　　明
filename	必须参数，规定要读取的文件
include_path	可选参数，如果想在 include_path 中搜索文件，可以使用该参数并将其设为 true
context	可选参数，规定文件句柄的环境。context 是可以修改目录流行为的一套选项

【例 11-11】　（实例文件：ch11\Chap11.11.php）readfile()函数的应用。

```php
<?php
readfile("data.txt");
?>
```

在 IE 浏览器中运行结果如图 11-11 所示。

2. file()函数

与 file_get_contents()类似，不需要使用 fopen()函数打开文件，不同的是 file()函数可以把整个文件读入到一个

图 11-11　readfile()函数的应用

数组中。数组中的每个元素对应着文件中相应的行，各元素由换行符隔开，同时换行符仍附加在每个元素的末尾。

语法格式如下：

```
file(filename,flags,context);
```

file()函数的参数说明如表 11-7 所示。

表 11-7　file()函数的参数说明

参　　数	说　　明
filename	必须参数，规定要读取文件的路径
flags	可选参数，flags 可以是以下一个或多个常量： FILE_USE_INCLUDE_PATH：在 include_path 中查找文件。 FILE_IGNORE_NEW_LINES：在数组每个元素的末尾不要添加换行符　FILE_SKIP_EMPTY_LINES：跳过空行
context	context 是一套可以修改目录流行为的选项。若使用 null，则忽略

【例 11-12】（实例文件：ch11\Chap11.12.php）file()函数的应用。

```php
<?php
print_r(file("text1.txt"));
?>
```

text1.txt 文件的内容如下：

```
《行路难·其一》
李白
长风破浪会有时，
直挂云帆济沧海。
```

在 IE 浏览器中运行结果如图 11-12 所示。

3. file_get_contents()函数

file_get_contents()函数用于把整个文件读入一个字符串，成功返回一个字符串，失败则返回 false。语法格式如下：

```
file_get_contents(filename,offset,maxlen)
```

file_get_contents()函数的参数说明如表 11-8 所示。

表 11-8　file_get_contents()函数的参数说明

参　　数	说　　明
filename	必须参数，要读取的文件名称
offset	可选参数，指定读取开始的位置，默认为文件开始位置
maxlen	可选参数，指定读取文件的长度，单位字节

【例 11-13】（实例文件：ch11\Chap11.13.php）file_get_contents()函数的应用。

```php
<?php
$str=file_get_contents('data.txt');
echo $str;
?>
```

在 IE 浏览器中运行结果如图 11-13 所示。

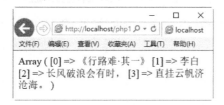

图 11-12　file()函数的应用

图 11-13　file_get_contents()函数的应用

11.3.4　移动文件指针

在对文件进行读写过程中，有时需要在文件中跳转、将数据写入到不同的位置等。例如，使用文件模拟数据库保存数据，就需要移动文件指针。指针的位置是以从文件头开始的字节数度量的，默认以不同模式打开文件时，文件指针通常在文件的开头或是结尾处，可以通过 ftell()、fseek()和 rewind()三个函数对文件指针进行操作。它们语法格式如下：

```
ftell(handle)                        //返回文件指针的当前位置
fseek(hanlde,offset, whence)         //移动文件指针到指定位置
```

```
rewind(handle)                          //移动文件指针到文件的开头
```

使用这些函数时，必须提供一个用 fopen()函数打开的、合法的文件指针。函数 ftell()返回文件指针的当前位置；函数 rewind()将文件指针移回到指定资源的开头；而函数 fseek()则将指针移动到第二个参数 offset 指定的位置，如果没有提供第三个可选参数 whence，则位置将设置为从文件开头的 offset 字节处。否则，第三个参数 whence 可以设置为三个可能的值，将影响指针的位置，具体如下：

（1）SEEK_CUR：设置指针位置为当前位置加上第二个参数所提供的 offset 字节。

（2）SEEK_END：设置指针位置为 EOF 加上 offset 字节。在这里，offset 必须设置为负值。

（3）SEEK_SET：设置指针位置为 offset 字节处。这与忽略第三个参数 whence 效果相同。

如果 fseek()函数执行成功，将返回 0，失败则返回-1。如果将文件以追加模式 "a" 或 "a+" 打开，写入文件的任何数据是会被附加在后面，不管文件指针的位置。

【例 11-14】（实例文件：ch11\Chap11.14.php）移动文件指针。

```php
<?php
$fp = fopen('data.txt' ,'r')or die("文件打开失败");
echo ftell($fp)."<br>";                 //输出刚打开文件的指针默认位置，指针在文件的开头位置为 0
echo fread($fp, 10)."<br>";             //读取文件中的前 10 个字符输出，指针位置发生了变化
echo ftell($fp)."<br>";                 //读取文件的前 10 个字符之后，指针移动的位置在第 10 个字节处
fseek($fp, 100,SEEK_CUR);               //又将指针移动到倒数 10 个字节位置处
echo ftell($fp)."<br/>";                //文件的位置在 110 个字节处
fseek($fp,-10,SEEK_END);                //又将指针移动到倒数 10 个字节位置处
echo fread($fp, 10)."<br>";             //输出文件中最后 10 个字符
rewind($fp);                            //又移动文件指针到文件的开头
echo ftell($fp);                        //指针在文件的开头位置，输出 0
fclose($fp);
?>
```

在 IE 浏览器中运行结果如图 11-14 所示。

11.3.5　文件的锁定机制

文件系统操作是在网络环境下完成的，可能有多个客户端用户在同一时刻对服务器的同一个文件访问。如果有用户正在向文件中写入数据，当还没有写完的时候，其他用户在这一时刻也向这个文件写入数据，这样就可能造成数据写入混乱。还有，当用户没有将数据写完时，其他用户读取这个文件的内容时，就会得到残缺的数据。

如何避免这样的情况发生，需要做到以下几点：

（1）当有用户读取文件的时候，这个文件不能被写操作，同时可以多个用户对这个文件有读操作。

图 11-14　移动文件指针

（2）当用户需要对这个文件进行写操作，不能读取这个文件，同时只能由一个用户对这个文件进行写操作。

PHP 提供了 flock()函数，可以对文件使用锁定操作，当一个进程访问一个文件时会加上锁，只有等这个锁被释放之后，其他进程才可以对该文件进行访问。

flock()函数的语法格式如下：

```
flock(file,lock,block)
```

flock()函数的参数说明如表 11-9 所示。

表 11-9　flock()函数的参数说明

参　　数	描　　述
file	必须参数。规定要锁定或释放的已打开的文件
lock	必须参数。规定要使用哪种锁定类型
block	可选参数。若设置为 1 或 true，则当进行锁定时阻挡其他进程

其中 lock 参数可以是以下之一：

（1）共享锁定（读文件操作），将 lock 设为 LOCK_SH。

（2）独占锁定（写文件操作），将 lock 设为 LOCK_EX。

（3）释放锁定（无论共享或独占），将 lock 设为 LOCK_UN。

（4）如果不希望 flock()在锁定时堵塞，则给 lock 加上 LOCK_NB。

注意：flock()操作的 file 必须是一个已经打开的文件指针。

例如下面的代码，对文件设置独占锁定，然后再释放的过程。

```php
<?php
$file = "./data.txt";
$f = fopen($file, 'a');          //打开文件
if(flock($f, LOCK_EX)){          //设置独占锁定。因为执行的是 fwrite，所以是 LOCK_EX
    fwrite($f, "hello world!");
}
flock($f,LOCK_UN);               //释放锁
fclose($f);
?>
```

11.4　文件的上传与下载

在互联网时代，基本每天都会遇到上传文件或者下载文件的操作，如下载歌曲、上传图片等。本节就来介绍一下文件的上传和下载。

11.4.1　文件上传

对于上传文件来说，首先需要了解$_FILES 变量。$_FILES 变量存储的是上传文件的相关信息，这些信息对于上传功能有很大的作用。该变量是一个二维数组。预定义变量$_FILES 元素说明如表 11-10 所示。

表 11-10　预定义变量$_FILES 元素说明

元　素　名	说　　明
$_FILES["file"]["name"]	被上传文件的名称
$_FILES["file"]["type"]	被上传文件的类型
$_FILES["file"]["size"]	被上传文件的大小，单位为字节
$_FILES["file"]["tmp_name"]	存储在服务器的文件的临时副本的名称
$_FILES["file"]["error"]	存储上传文件的结果。如果为 0，说明上传成功

PHP 中使用 move_uploaded_file()函数上传文件。move_uploaded_file()函数将上传的文件存储到指定的位置。如果成功，则返回 true，否则返回 false。

move_uploaded_file()函数的语法格式如下：

```
move_uploaded_file(filename,destination)
```

move_uploaded_file()函数的参数说明如表 11-11 所示。

表 11-11 move_uploaded_file()函数的参数说明

参　　数	说　　明
filename	必须参数，规定要移动的文件
destination	必须参数，规定文件的新位置

下面通过一个上传图片的实例进行介绍。

【例 11-15】（实例文件：ch11\Chap11.15.php）上传图片。

```php
<form action="" enctype="multipart/form-data" method="post"
    name="uploadfile">上传文件: <input type="file" name="upfile" />
   <input type="submit" value="上传" /></form>
<?php
//print_r($_FILES["upfile"]);
if(@is_uploaded_file($_FILES['upfile']['tmp_name'])){
    $upfile=$_FILES["upfile"];
//获取数组里面的值
    $name=$upfile["name"];               //上传文件的文件名
    $type=$upfile["type"];               //上传文件的类型
    $size=$upfile["size"];               //上传文件的大小
    $tmp_name=$upfile["tmp_name"];       //上传文件的临时存放路径
//判断是否为图片
    switch ($type){
        case 'image/pjpeg':$Type=true;
            break;
        case 'image/jpeg':$Type=true;
            break;
        case 'image/gif':$Type=true;
            break;
        case 'image/png':$Type=true;
            break;
    }
    if($Type){
        $error=$upfile["error"];
        //上传后系统返回的值
        //0:文件上传成功<br/>
        //1: 超过了文件大小，在 php.ini 文件中设置<br/>
        //2: 超过了文件的大小 MAX_FILE_SIZE 选项指定的值<br/>
        //3: 文件只有部分被上传<br/>
        //4: 没有文件被上传<br/>
        //5: 上传文件大小为 0
        echo "<hr/>";
        echo "上传文件名称是: ".$name."<br/>";
        echo "上传文件类型是: ".$type."<br/>";
        echo "上传文件大小是: ".$size."<br/>";
        echo "上传后系统返回的值是: ".$error."<br/>";
        echo "上传文件的临时存放路径是: ".$tmp_name."<br/>";
        echo "开始移动上传文件<br/>";
//把上传的临时文件移动到 D:/PHP/PHP1/ch11/目录下面
        move_uploaded_file($tmp_name,"D:/PHP/PHP1/ch11/".$name);
        $destination="D:/PHP/PHP1/ch11/".$name;
        echo "<hr/>";
        if($error==0){
```

```
        echo "图片上传成功! ";
        echo "<br>图片预览:<br>";
        echo "<img src='$name'>";
    }elseif ($error==1){
        echo "超过了文件大小,在php.ini文件中设置";
    }elseif ($error==2){
        echo "超过了文件的大小MAX_FILE_SIZE选项指定的值";
    }elseif ($error==3){
        echo "文件只有部分被上传";
    }elseif ($error==4){
        echo "没有文件被上传";
    }else{
        echo "上传文件大小为0";
    }
    }else{
        echo "请上传jpg,gif,png等格式的图片! ";
    }
}
?>
```

在 IE 浏览器中运行并选择上传文件的路径，如图 11-15 所示。单击"上传"按钮，结果如图 11-16 所示。

图 11-15　选择上传图片的路径　　　　　　　　　　图 11-16　上传成功效果

注意：使用 move_uploaded_file()函数上传文件，在创建 form 表单时，必须设置 form 表单的 enctype 属性的值为 multipart/form-data。

11.4.2　文件下载

PHP 实现下载文件到本地，只需要在 PHP 文件中设置请求头就可以了。

【例 11-16】（实例文件：ch11\Chap11.16.php）文件下载。

```php
<?php
$fileName = $_GET['filename'];                        //得到文件名
header( "Content-Disposition:attachment;filename=".$fileName); //告诉浏览器通过附件形式来处理文件
header('Content-Length: ' . filesize($fileName));
//下载文件大小
readfile($fileName);
//读取文件内容
?>
<a href="chap13.1.php?filename=01.jpg">下载 01.jpg</a>
```

在 IE 浏览器中运行结果如图 11-17 所示。当单击"下载 01.jpg"时，会有提示保存的按钮，可以选择下载的位置。

图 11-17　文件下载

11.5　就业面试技巧与解析

面试官： 使用递归统计目录下所有文件的个数。

应聘者： 代码如下。

```php
<?php
$dirNum=0;
$fileNum=0;
function getdirnum($filename){
    if(is_dir($filename)){
        $dir=opendir($filename);
        global $dirNum;
        global $fileNum;
        while($filename=readdir($dir)){
            if($filename!=='.'&&$filename!=='..'){
                $filename=@$file.'/'.$filename;
                if(is_dir($filename)){
                    $dirNum++;
                    getdirnum($filename);//递归
                }else{
                    $fileNum++;
                }
            }
        }
        echo '目录个数为'.$dirNum.'<br>';
        echo '文件个数为'.$fileNum.'<br>';
        closedir($dir);
    }else{
        echo "这个文件名不是目录<br>";
    }
}
getdirnum('test');
?>
```

第 12 章

PHP 动态图像处理

 学习指引

在 Web 开发领域，PHP 已经被广泛应用。PHP 不仅可以生成 HTML 页面，而且可以创建和操作二进制形式的数据，如图像、文件等，其中使用 PHP 操作图形可以通过 GD2 函数库来实现。利用 GD2 函数库可以在页面中绘制各种图像、统计图，如果与 AJAX 技术结合还可以制作出各种强大的动态图表。例如，一些商城网站里面有许多的数据，需要统计销量上涨、下降多少，好评、差评等，需要一些统计图来展示，而数据也需要随着时间的变化而改变，这些统计图就需要动态生成。

GD2 函数库是一个开放的、动态创建图像的源代码公开的函数库。目前，GD2 函数库支持 GIF、PNG、JPEG、WBMP 和 XBM 等多种图像格式。

重点导读

- 掌握 GD2 函数库的使用。
- 熟悉 PHP 图片处理。
- 熟悉图像处理技术生成验证码的操作。
- 熟悉 JpGraph 组件的应用。

12.1 PHP 中 GD 库的使用

在 PHP 中，通过 GD2 函数库来处理图像的操作。这些操作都是在内存中处理，操作完成后再以文件流的方式，输出到浏览器或保存在服务器的磁盘中。

创建一个图像应该包括 4 个基本步骤：

（1）创建画布：画布实际上就是在内存中开辟的一块临时区域，用于存储图像的信息。

（2）绘制图像：设置图像的颜色、填充点、线、几何图形、文本等。

（3）输出图像：完成绘制后，需要将图像以某种格式保存到服务器指定的义件中，或将图像直接输出到浏览器上显示给用户。但在图像输出之前，一定要使用 header() 函数发送 Content-type 通知浏览器。

（4）释放资源：图像被输出以后，画布中的内容也不再有用。出于节约系统资源的考虑，需要及时清除画布占用的所有内存资源。

PHP5 中 GD2 函数库已经作为扩展被默认安装，可以通过 phpinfo()语句获取 GD2 函数库的安装信息。

```
<?php
   phpinfo();   //输出 PHP 配置信息
?>
```

在 IE 浏览器中运行结果如图 12-1 所示。

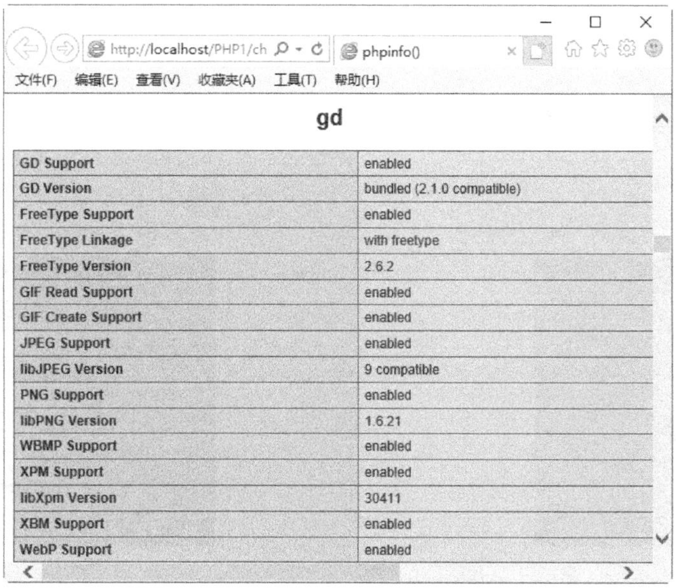

GD Support	enabled
GD Version	bundled (2.1.0 compatible)
FreeType Support	enabled
FreeType Linkage	with freetype
FreeType Version	2.6.2
GIF Read Support	enabled
GIF Create Support	enabled
JPEG Support	enabled
libJPEG Version	9 compatible
PNG Support	enabled
libPNG Version	1.6.21
WBMP Support	enabled
XPM Support	enabled
libXpm Version	30411
XBM Support	enabled
WebP Support	enabled

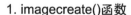

图 12-1　GD2 函数库的安装信息

12.1.1　画布管理

在 GD 函数库中，可以使用 imagecreate()和 imagecreatetruecolor()两个函数来创建画布。

1. imagecreate()函数

imagecreate()函数用来新建一个基于调色板的图像。语法格式如下：

```
imagecreate($width, $height);
```

imagecreate()函数返回一个图像标识符，表示一幅宽度为$width、高度为$height 的空白图像。

【例 12-1】（实例文件：ch12\Chap12.1.php）imagecreate()函数。

```
<?php
header('Content-Type: image/png');                //设置输出的图片类型
$img=imagecreate(200,200);                        //使用 imagecreate()创建画布
$color=imagecolorallocate ( $img ,255,0,0);       //设置颜色
imagepng($img);                                   //输出图片
?>
```

在 IE 浏览器中运行结果如图 12-2 所示。

注意： imagecreate()函数创建画布时需要填充颜色，而 imagecreatetruecolor()函数可以不设置，默认是黑色背景。

2. imagecreatetruecolor()函数

imagecreatetruecolor()函数用来新建一个真彩色图像。语法格式如下：

```
imagecreatetruecolor ($width , $height );
```

imagecreatetruecolor()函数返回一个图像标识符，表示一幅宽度为$width、高度为$height 的黑色图像。

【例 12-2】（实例文件：ch12\Chap12.2.php）imagecreatetruecolor()函数。

```php
<?php
header('Content-Type: image/png');        //设置输出的图片类型
$img=imagecreatetruecolor(200,200);       //使用 imagecreatetruecolor()创建画布
imagepng($img);                           //输出图片
?>
```

在 IE 浏览器中运行结果如图 12-3 所示。

图 12-2　imagecreate()函数创建画布　　　图 12-3　imagecreatetruecolor()函数创建画布

画布的句柄如果不再使用了，可以将这个资源销毁，释放内存与该图像的存储单元。通常调用 imagedestroy($img)函数来实现。

提示：在创建画布时，推荐使用 imagecreatetruecolor()函数。

12.1.2　设置颜色

在使用 PHP 动态输出图像时，离不开颜色的设置，就像画画时需要使用调色板一样。设置颜色使用 imagecolorallocate()函数和 imagefill()函数来实现。imagecolorallocate()函数用来设置颜色，imagefill()函数用来填充颜色。

imagecolorallocate()函数返回一个标识符，表示由给定的 RGB 成分组成的颜色。语法格式如下：

```
imagecolorallocate ($image , $red , $green,$blue);
```

其中，$image 是画布图像的句柄，imagecolorallocate()函数被调用在$image 所代表的图像中；$red、$green、$blue 分别表示颜色的红、绿、蓝成分。$red、$green、$blue 参数是 0～255 的整数或者十六进制的 0x00～0xFF。

imagefill()函数用来为图像区域填充颜色。语法格式如下：

```
imagefill ($image,$x,$y,$color);
```

imagefill()函数在$image 图像上的"$x，$y"（图像左上角为"0,0"）坐标处用$color 颜色执行区域填充（与"$x，$y"坐标点颜色相同且相邻的点都会被填充）。

对于用 imagecreate()函数创建的图像，第一次调用 imagecolorallocate()函数会自动给图像填充背景色，与例 12-1 中所介绍的一样。

对于 imagecreatetruecolor()函数来说，如果使用 imagecolorallocate()函数设置了颜色，还需要使用 imagefill()函数进行填充，否则只会显示默认颜色（黑色）。

【例 12-3】（实例文件：ch12\Chap12.3.php）设置画布颜色。

```php
<?php
header('Content-Type: image/png');              //设置输出的图片类型
$img=imagecreatetruecolor(200,200);             //使用 imagecreatetruecolor()创建画布
$color=imagecolorallocate ( $img ,0,255,0);     //设置颜色
imagefill($img,0,0,$color);                     //填充颜色
imagepng($img);                                 //输出图片
imagedestroy($img)                              //结束图像，释放资源
?>
```

在 IE 浏览器中运行结果如图 12-4 所示。

图 12-4　设置画布颜色

12.1.3　生成图像

在例 12-3 中，使用 imagepng()函数来生成图像，除了 imagepng()函数外，还有 imagegif()、imagejpeg()和 imagewbmp()等函数。它们分别将图像以不同格式输出，具体如下：

（1）imagepng()：以 PNG 格式将图像输出到浏览器或文件。

（2）imagegif()：以 GIF 格式将图像输出到浏览器或文件。

（3）imagejpeg()：以 JPEG 格式将图像输出到浏览器或文件。

（4）imagewbmp()：以 WBMP 格式将图像输出到浏览器或文件。

语法格式如下：

```
imagegif ($image , $filename] )
imagejpeg ($image, $filename,$quality)
imagepng ($image , $filename)
imagewbmp ($image,$ filename, $foreground)
```

其中，参数的含义如表 12-1 所示。

表 12-1　参数说明

参　　数	说　　明
$image	要输出的图像
$filename	可选参数，指定输出图像的文件名，如果省略，则原始图像流将被直接输出
$quality	可选参数，指定图像质量，范围从 0（最差质量，文件最小）到 100（最佳质量，文件最大），默认为 75
$foreground	可选参数，指定图像的前景颜色，默认是黑色

【例 12-4】（实例文件：ch12\Chap12.4.php）生成图像。

```php
<?php
header('Content-Type: image/png');              //设置输出的图片类型
$img=imagecreatetruecolor(200,200);             //使用 imagecreatetruecolor()创建画布
$color=imagecolorallocate ( $img ,0,0,255);     //设置颜色
imagefill($img,0,0,$color);                     //填充颜色
imagepng($img,"image/01.png");                  //图片输出到 image 文件夹下，图名为 01.png
```

```
imagedestroy($img);                                //结束图像，释放资源
?>
```

运行文件后，在 image 文件夹目录下生成一个名为 01.png 的图片文件。

12.1.4   绘制图像

创建画布是使用 GD2 函数库来创建图像的第一步，无论创建什么样的图像，首先都需要创建一个画布，其他操作都在这个画布上完成。创建画布请参考 12.1.1 节。

1. 绘制一个点

在 PHP 中，使用 imageSetPixel()函数在画布中绘制一个像素点，并且可以设置点的颜色。语法格式如下：

```
imagesetpixel($image, $x, $y, $color);
```

说明：在$image 图像上的($x，$y)坐标上画一个$color 颜色的点。

【例 12-5】（实例文件：ch12\Chap12.1.php）绘制一个点。

```
<?php
header('Content-Type: image/png');                 //设置输出的图片类型
$img=imagecreatetruecolor(30,30);                  //创建画布
$color=imagecolorallocate ( $img ,255,255,255);    //设置颜色
imagesetpixel($img, 10, 10, $color);               //绘制一个点
imagepng($img);                //输出图像
imagedestroy($img);            //结束图像，释放资源
?>
```

在 IE 浏览器中运行结果如图 12-5 所示。

2. 绘制一条线段

在 PHP 中，使用 imageline()函数在画布中绘制一条线段。语法格式如下：

```
imageline ($image , $x1 , $y1 , $x2 , $y2 , $color );
```

说明：在图像 $image 中，从坐标 （$x1，$y1）到（$x2，$y2）画一条$color 颜色的线段。

【例 12-6】（实例文件：ch12\Chap12.6.php）绘制一条线段。

图 12-5   绘制点

```
<?php
header('Content-Type: image/png');                 //设置输出的图片类型
$img=imagecreatetruecolor(200,200);                //创建画布
$color=imagecolorallocate ( $img ,255,255,255);    //设置颜色
imageline($img, 20, 100,180,100,$color);           //绘制一条横着的线段
imageline($img, 100, 20,100,180,$color);           //绘制一条竖着的线段
imagepng($img);                //输出图像
imagedestroy($img);            //结束图像，释放资源
?>
```

在 IE 浏览器中运行结果如图 12-6 所示。

3. 绘制矩形

在 PHP 中，使用 imagerectangle ()函数在画布中绘制矩形。语法格式如下：

```
imagerectangle ($image , $x1 , $y1 , $x2 , $y2 , $color );
```

说明：在$image 中绘制一个$color 颜色的矩形，左上角坐标为（$x1, $y1），右下角坐标为（$x2, $y2）。

提示：还可以使用 imagefilledrectangle()函数绘制填充的矩形，语法与 imagerectangle ()函数的语法基本一致。

【例 12-7】（实例文件：ch12\Chap12.7.php）绘制矩形。

```php
<?php
header("content-type: image/png");                        //设置输出的图片类型
$img=imagecreatetruecolor(400,300);                       //创建画布
$color=imagecolorallocate($img,255,255,255);              //设置颜色
$color1=imagecolorallocate($img,255,255,240);             //设置颜色
imagerectangle($img,50,50,350,250,$color);                //绘制矩形
imagefilledrectangle($img,100,100,300,200,$color1);       //绘制矩形并填充颜色
imagepng($img);                                           //输出到页面
imagedestroy($img);                                       //结束图像，释放内存
?>
```

在 IE 浏览器中运行结果如图 12-7 所示。

图 12-6　绘制线段

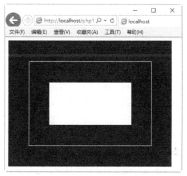

图 12-7　绘制矩形

4. 绘制椭圆

在 PHP 中，使用 imageellipse ()函数在画布中绘制椭圆。语法格式如下：

```
imageellipse ($image , $cx , $cy , $width , $height , $color );
```

说明：在$image 中绘制一个$color 颜色的椭圆，中心点的坐标为（$cx, $cy），椭圆的宽度为$width，高度为$height。

提示：还可以使用 imagefilledellipse ()函数绘制填充的椭圆，语法与 imageellipse ()函数的语法基本一致。

【例 12-8】（实例文件：ch12\Chap12.8.php）绘制椭圆。

```php
<?php
header("content-type: image/png");                        //设置输出的图片类型
$img=imagecreatetruecolor(400,300);                       //创建画布
$color=imagecolorallocate($img,255,255,255);              //设置颜色
$color1=imagecolorallocate($img,255,255,240);             //设置颜色
imageellipse($img,200,150,300,200,$color);                //绘制椭圆
imagefilledellipse($img,200,150,200,100,$color1);         //绘制椭圆，并填充颜色
imagepng($img);                                           //输出图像
imagedestroy($img);                                       //结束图像，释放内存
?>
```

在 IE 浏览器中运行结果如图 12-8 所示。

提示：使用 imageellipse()函数，当 $width（宽度）和 $height（高度）相等时，绘制出来的是一个圆形。

5. 绘制多边形

在 PHP 中，使用 imagepolygon()函数在画布中绘制多边形。语法格式如下：

```
imagepolygon ($image,$points,$num_points,$color );
```

说明：在 $image 中绘制一个 $color 颜色的多边形。$points 是一个 PHP 数组，包含了多边形的各个顶点坐标，即 points[0]=x0，points[1]=y0，points[2]=x1，points[3]=y1，以此类推。$num_points 是顶点的总数。

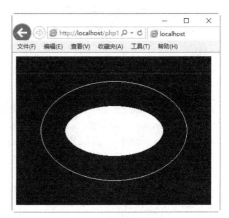

图 12-8　绘制椭圆

提示：还可以使用 imagefilledpolygon()函数绘制填充的多边形，语法与 imagepolygon ()函数的语法基本一致。

【例 12-9】（实例文件：ch12\Chap12.9.php）绘制多边形。

```php
<?php
header ("Content-type:image/png");           //设置输出的图片类型
$img = imagecreatetruecolor(400,240);        //创建画布
$bg=imagecolorallocate ($img,25,75,112);     //设置颜色
imagefill($img,0,0,$bg);                      //使用$bg填充画布的颜色
$color=imagecolorallocate ($img,255,255,255); //设置颜色
$color1=imagecolorallocate ($img,0,255,0);    //设置颜色
//绘制五边形，绘制的颜色为$color
imagepolygon($img, array(
      200,50,
      200+100*0.846,100,
      200+100*0.846,200,
      200-100*0.846,200,
      200-100*0.846,100
   ),5,$color);
//绘制填充的五边形，绘制的颜色为$color1
imagefilledpolygon($img, array(
   200,100,
   200+50*0.846,125,
   200+50*0.846,175,
   200-50*0.846,175,
   200-50*0.846,125
),5,$color1);
imagepng ($img);            //输出图像
imagedestroy($img);         //结束图像，释放内存
?>
```

在 IE 浏览器中运行结果如图 12-9 所示。

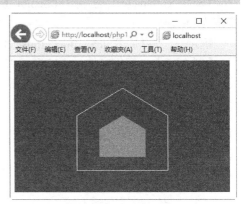

图 12-9　绘制多边形

6. 绘制椭圆弧并填充

在 PHP 中，使用 imagefilledarc()函数绘制填充椭圆弧。语法格式如下：

```
imagefilledarc ($image , $cx , $cy , $width , $height , $start , $end , $color , $style );
```

说明：以（$cx，$cy）为中心，在$image 所代表的图像中画一个椭圆弧。$width 和$height 分别指定椭圆的宽度和高度，起始点和结束点以 $start 和 $end 角度指定。0° 位于三点钟位置，以顺时针方向绘制。$style 参数表示绘制的方式，具体如表 12-2 所示。

表 12-2　$style 参数

填 充 方 式	说　　明
IMG_ARC_PIE	普通填充，产生圆形边界
IMG_ARC_CHORD	只是用直线连接了起始点和结束点，与 IMG_ARC_PIE 方式互斥
IMG_ARC_NOFILL	指明弧或弦只有轮廓，不填充
IMG_ARC_EDGED	指明用直线将起始点和结束点与中心点相连

【例 12-10】（实例文件：ch12\Chap12.10.php）绘制填充的椭圆弧。

```php
<?php
header("content-type: image/png");                              //设置输出的图片类型
$img=imagecreatetruecolor(400,300);                             //创建画布
$color1=imagecolorallocate($img,255,64,64);                     //设置颜色
$color2=imagecolorallocate($img,176,196,222);                   //设置颜色
$color3=imagecolorallocate($img,255,255,255);                   //设置颜色
imagefilledarc($img,200,150,250, 200,-30,60, $color1, IMG_ARC_PIE);   //绘制圆弧并填充
imagefilledarc($img,200,150,250, 200,60,200, $color2, IMG_ARC_PIE);   //绘制圆弧并填充
imagefilledarc($img,200,150,250, 200,200,330, $color3, IMG_ARC_PIE);  //绘制圆弧并填充
imagepng ($img);                                                //输出图像
imagedestroy($img);                                             //结束图像，释放内存
?>
```

在 IE 浏览器中运行结果如图 12-10 所示。

提示：如果只要求绘制圆弧，可以使用 imagearc()函数，相比较于 imagefilledarc()函数而言，只是少了$style 参数。imagearc()函数的语法格式如下：

```
imagearc
($image,$cx,$cy,$width,$height,$start,$end,$color);
```

12.1.5　在图像中绘制文字

有时为了说明图像的用意，还需要在图像中绘制文字。

在 PHP 中，使用 imagettftext()函数在图像中绘制文字。该函数的语法格式如下：

```
imagettftext
($image,$size,$angle,$x,$y,$color,$fontfile,$text );
```

imagettftext ()函数的参数说明如表 12-3 所示。

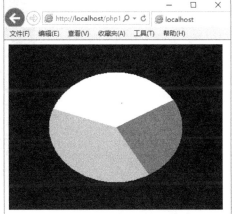

图 12-10　绘制填充的椭圆弧

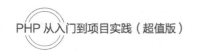

表 12-3　imagettftext()函数的参数说明

参　　数	说　　明
$image	要添加文字的图像
$size	字体的尺寸
$angle	角度制表示的角度，0°为从左向右读的文本，更高数值表示逆时针旋转，如 90°表示从下向上读的文本
$x，$y	（$x，$y）坐标定义第一个字符的基本点（大概是字符的左下角）
$color	字符颜色
$fontfile	想要使用的 TrueType 字体的路径
$text	UTF-8 编码的文本字符串

【例 12-11】（实例文件：ch12\Chap12.11.php）在图像中绘制文字。

```php
<?php
header("content-type:image/png");                              //设置输出的图片类型
$img=imagecreatetruecolor(400,400);                            //创建画布
$font="c:/windows/fonts/stcaiyun.ttf";                         //定义字体
$white=imagecolorallocate($img,255,255,255);                   //设置颜色
$str1 ="会当凌绝顶";                                            //定义要绘制的文字
$str2 ="一览众山小";                                            //定义要绘制的文字
imagettftext($img,20,-30,100,100,$white,$font,$str1);          //文字写入图中
imagettftext($img,20,30,200,300,$white,$font,$str2);           //文字写入图中
imagepng($img);                                                //输出图像
imagedestroy($img);                                            //结束图像，释放内存
?>
```

在 IE 浏览器中运行结果如图 12-11 所示。

图 12-11　在图像中绘制文字

12.2　PHP 图片处理

本节介绍一下使用 GD2 函数库处理图片的基本操作。

12.2.1　图片背景管理

从指定的图片文件或 URL 地址来新建一个图像。成功则返回一个图像标识符；失败则返回一个空字符串，并且输出错误信息。由于格式不同，需要分别使用对应的图片背景处理函数。

常用的图片背景处理函数有以下几种：

（1）imagecreatefromjpeg：从 PNG 文件或者 URL 新建图像。

（2）imagecreatefrompng：从 JPEG 文件或者 URL 新建图像。

（3）imagecreatefromgif：从 GIF 文件或者 URL 新建图像。

（4）imagecreatefromwbmp：从 WBMP 文件或者 URL 新建图像。

【**例 12-12**】（实例文件：ch12\Chap12.12.php）图片背景。

```php
<?php
$img   = imagecreatefromjpeg('image/psb.jpg');

//新建图像
imagejpeg($img);

//输出图像
?>
```

在 IE 浏览器中运行结果如图 12-12 所示。

图 12-12　图片背景

12.2.2　图片缩放

imagecopyresampled()和 imagecopyresized()函数都可以对图片进行缩放，但是 imagecopyresampled()函数改变图片大小后质量相对较高，所以推荐使用 imagecopyresampled()函数。

imagecopyresampled()函数的语法格式如下：

```
imagecopyresampled ($dst_image , $src_image , $dst_x , $dst_y , $src_x , $src_y , $dst_w , $dst_h ,
$src_w , $src_h )
```

imagecopyresampled()函数的参数说明如表 12-4 所示。

表 12-4　imagecopyresampled()函数的参数说明

参　　数	说　　明
$dst_image	目标图像
$src_image	源图像
$dst_x、$dst_y	目标图像的坐标点（x,y）
$src_x、$src_y	源图像的坐标点（x,y）
$dst_w 、$dst_h	目标图像的宽度和高度
$src_w 、$src_h	源图像的宽度和高度

【例 12-13】（实例文件：ch12\Chap12.13.php）图片缩放。

```php
<?php
$img = imagecreatefromjpeg('image/01.jpg');              //打开图片源文件，如图 12-13 所示
$fx = imagesx($img);                                     //获取图片的宽度
$fy = imagesy($img);                                     //获取图片的高度
$sx = $fx/2;                                             //设置图片的新宽度
$sy = $fy/2;                                             //设置图片的新高度
$small = imagecreatetruecolor($sx,$sy);                  //生成目标图像资源
imagecopyresampled($small,$img,0,0,0,0,$sx,$sy,$fx,$fy); //进行缩放
imagejpeg($img);                                         //输出图像
imagedestroy($img);                                      //释放资源
imagedestroy($small);                                    //释放资源
?>
```

在 IE 浏览器中运行结果如图 12-14 所示。

图 12-13　源图像

图 12-14　图片缩放结果

提示：本章后面小节中，如果没有特殊说明，01.jpg 也是指图 12-13 所示的图片。

12.2.3　图片裁剪

imagecopyresampled()函数不仅可以对图像进行缩放，还可以对图片进行裁剪。语法格式参考 12.3.2 节。

【例 12-14】（实例文件：ch12\Chap12.1.php）图像裁剪。

```php
<?php
$image = imagecreatefromjpeg("image/01.jpg");            //新建图像（源图像）
$img=imagecreatetruecolor(400,400);                      //创建画布（目标图像）
//目标图像开始截取的坐标点
$dst_x=50;
$dst_y=50;
//源图像开始截取的坐标点
$src_x=100;
$src_y=100;
//目标图像截取的宽度和高度
$dst_width=300;
$dst_height=300;
//源图像截取的宽度和高度
$src_width=400;
$src_height=400;
```

```
//裁剪图片
imagecopyresampled($img, $image, $dst_x, $dst_y, $src_x,
$src_y, $dst_width, $dst_height,$src_width, $src_height);
imagejpeg($img);              //输出图像
imagedestroy($image);         //结束图像，释放资源
imagedestroy($img);           //结束图像，释放资源
?>
```

在 IE 浏览器中运行结果如图 12-15 所示。

12.2.4 添加图片水印

imagecopymerge()函数用于复制并合并图像的一部分，成功返回 true，否则返回 false。图片的水印可以通过该函数来实现，语法格式如下：

```
imagecopymerge($dst_im,$src_im,$dst_x,$dst_y,$src_x,
$src_y ,$src_w,$src_h,$pct );
```

imagecopymerge()函数的参数说明如表 12-5 所示。

图 12-15 图像裁剪

表 12-5 imagecopymerge()函数的参数说明

参 数	说 明
$dst_im	目标图像
$src_im	被拷贝的源图像
$dst_x、$dst_y	目标图像开始的 x、y 坐标，同为 0 时，从左上角开始
$src_x、$src_y	拷贝图像开始的 x、y 坐标，同为 0 时，从左上角开始
$src_w	拷贝的宽度
$src_h	拷贝的高度
$pct	决定合并程度，其值范围为 0~100，当$pct=0 时，实际上什么也没做，反之完全合并

【例 12-15】（实例文件：ch12\Chap12.15.php）添加图片水印。

```php
<?php
$obj_path = 'psb.jpg';                          //目标图片
$src_path = 'image/01.png';                     //水印图片
$obj = imagecreatefromjpeg($obj_path);          //新建图像
$src = imagecreatefrompng($src_path);           //新建图像
list($src_w, $src_h) = getimagesize($src_path); //获取水印图片的宽度和高度
imagecopymerge($obj,$src,200,300,0,0,$src_w,$src_h,80);
list($dst_w, $obj_h, $obj_type) = getimagesize($obj_path);
switch ($obj_type) {
    case 1://GIF 格式的图片
        header('Content-Type: image/gif');
        imagegif($obj);
        break;
    case 2://JPG 格式的图片
        header('Content-Type: image/jpeg');
```

```
        imagejpeg($obj);
        break;
    case 3://PNG 格式的图片
        header('Content-Type: image/png');
        imagepng($obj);
        break;
    default:
        break;
}
imagedestroy($obj);          //结束图像，释放资源
imagedestroy($src);          //结束图像，释放资源
?>
```

在 IE 浏览器中运行结果如图 12-16 所示。

图 12-16　添加图片水印

12.2.5　图片旋转和翻转

图片的旋转和翻转也是 Web 项目中比较常见的功能，但这是两个不同的概念，图片的旋转是按特定的角度来转动，图片的翻转则是将图片的内容按特定的方向对调。图片翻转需要自己编写函数来实现，而图片旋转则可以直接借助 GD 库中提供的 imagerotate() 函数来完成。

1. 图片旋转

语法格式如下：

```
imagerotate ($image,$angle,$bgd_color,$ignore_transparent);
```

imagerotate() 函数的参数说明如表 12-6 所示。

表 12-6　imagerotate()函数的参数说明

参　　数	说　　明
$image	图像资源
$angle	旋转角度，为图像逆时针旋转的角度
$bgd_color	指定旋转后未覆盖区域的颜色
$ignore_transparent	如果被设为非零值，则透明色会被忽略，否则会被保存

【例 12-16】（实例文件：ch12\Chap12.16.php）图片旋转。

```
<?php
    header('Content-type: image/jpeg');             //设置输出的图片类型
    $img=imagecreatefromjpeg("image/01.jpg");       //新建图像
    $degrees=30;                                    //旋转 30°
    $red=imagecolorallocate($img,0,0,255);          //设置未覆盖区域的颜色
    $rotate=imagerotate ($img,$degrees,$red,0);     //旋转图片
    imagejpeg ($rotate);                            //输出图片
    imagedestroy($img);                             //结束图像，释放内存
?>
```

在 IE 浏览器中运行结果如图 12-17 所示。

2. 图片翻转

图片翻转并不能随意指定角度，只能设置两个方向：沿 Y 轴水平翻转或沿 X 轴垂直翻转。如果是沿 Y 轴翻转，就是将原图从右向左（或从左向右）按一个像素宽度，以图片自身高度循环复制到画布中，保存后的新图片就是沿 Y 轴翻转的图片；如果是沿 X 轴翻转，就是将原图从上向下（或从下向上）翻转。

在 PHP 中使用 imagecopy() 函数来实现翻转，其语法格式如下：

```
imagecopy ($dst_im , resource $src_im , $dst_x ,
$dst_y , $src_x , $src_y , $src_w , $src_h );
```

图 12-17　图片旋转

说明：将 src_im 图像中坐标从 src_x、src_y 开始，宽度为 src_w、高度为 src_h 的一部分拷贝到 dst_im 图像中坐标为 dst_x 和 dst_y 的位置上。

下面就以 JPEG 格式图片为例，来实现图片的翻转。

【例 12-17】（实例文件：ch12\Chap12.17.php）图片翻转。

沿 Y 轴翻转：

```php
<?php
    $img=imagecreatefromjpeg("image/01.jpg");        //新建要翻转的图片
    $width = imagesx($img);                          //获取宽度
    $height = imagesy($img);                         //获取高度
    $new=imagecreatetruecolor($width, $height);      //创建画布，用来保存沿 Y 轴翻转后的图片
    for($x=0 ;$x<$width; $x++){
        //逐条复制图片本身高度，1 个像素宽度的图片到画布中
        imagecopy($new, $img, $width-$x, 0, $x, 0, 1, $height);
    }
    imagejpeg($new);                                 //输出翻转后的图片
    imagedestroy($img);                              //结束图像，释放资源
    imagedestroy($new);                              //结束图像，释放资源
?>
```

沿 X 轴翻转：

```php
<?php
$img=imagecreatefromjpeg("image/01.jpg");        //新建要翻转的图片
$width = imagesx($img);                          //获取宽度
$height = imagesy($img);                         //获取高度
$new=imagecreatetruecolor($width, $height);      //创建画布，用来保存沿 X 轴翻转后的图片
for($y=0 ;$y<$height; $y++){
    //逐条复制图片本身高度，1 个像素宽度的图片到画布中
    imagecopy($new, $img,0, $height-$y, 0, $y, $width,1);
}
imagejpeg($new);                                 //输出翻转后的图片
imagedestroy($img);                              //结束图像，释放资源
imagedestroy($new);                              //结束图像，释放资源
?>
```

在 IE 浏览器中运行，沿 Y 轴翻转的结果如图 12-18 所示，沿 X 轴翻转的结果如图 12-19 所示。

图 12-18　沿 Y 轴翻转

图 12-19　沿 X 轴翻转

12.3　使用图像处理技术生成验证码

验证码的实现方法有很多，本节介绍一种使用图片处理技术生成的验证码。

【例 12-18】（实例文件：ch12\Chap12.18.php）验证码实例。

具体的步骤如下：

（1）创建 index.php 文件，在该文件中使用 GD2 函数库创建一个 4 位的验证码，并且将生成的验证码保存到 Session 变量中，代码如下：

```php
<?php
header("Content-type:text/html;charset=utf-8");      //设置响应头信息
$img=imagecreatetruecolor(200,50);                   //创建一个画布资源
$color=imagecolorallocate($img,mt_rand(50,100),mt_rand(50,100),mt_rand(50,100));
                                                     //创建画布背景句柄
imagefill($img,0,0,$color);                          //填充背景颜色
$arr=array_merge(range('A','Z'),range('a','z'),range(0,20));
shuffle($arr);                                        //将数组的所有元素随机排序
$rand_key=array_rand($arr,4);                        //利用 array_rand()函数随机获取若干个该数组的键名
foreach($rand_key as $value){
    $str.=$arr[$value];
}
session_start();                                     //初始化 Session
$_SESSION['S_code']=$str;
//循环遍历将文字写在画布上
for($i=1;$i<=4;$i++){
    $strcolor=imagecolorallocate($img,mt_rand(120,200),mt_rand(120,200),mt_rand(120,200));
    imagestring($img,5,$i*40,20,$str[$i-1],$strcolor);
}
header("Content-type:image/png");                    //设置画布的响应头
ob_clean();                                          //清空缓存的内容
imagepng($img);                                      //输出画布
?>
```

这样就设计好了一个验证码的文件。

（2）创建 Chap12.18.php 文件，并添加输入验证码的表单。调用 index.php 文件，在 Chap12.18.php 文件中输出验证码的内容。代码如下：

```
<!DOCTYPE html>
<html>
<head>
    <meta charset="UTF-8">
    <title>Title</title>
</head>
<body>
<img src="index1.php" alt="">
<form action="Chap12.12.php" method="post">
    <input type="text" name="P_code">
    <input type="submit" value="请输入验证码">
</form>
</body>
</html>
```

（3）创建 index1.php 文件，用来接收 Chap12.18.php 文件提交的表单信息，然后使用 if 条件语句判断输入的验证码是否正确。如果用户填写的验证码与保存在 Session 中随机产生的验证码相等，则提示"验证成功"。代码如下：

```
<?php
    //如果表单中没有输入验证码
    if($_POST["P_code"]==""){
        echo "<h1>验证码不能为空</h1>";
    }
    else{
        session_start();
        //判断表单提交的验证码和 Session 中保存的验证码是否一致
        if(strtolower($_POST['P_code'])==strtolower($_SESSION['S_code'])){
            echo "<h1>验证成功</h1>";
        }else{
            echo "<h1>验证码不正确</h1>";
        }
        exit();
    }
?>
```

相关的代码实例文件请参考 Chap12.18.php、index.php 和 index1.php，在 IE 浏览器中运行 Chap12.18.php 文件，结果如图 12-20 所示；输入验证码信息，然后单击"请输入验证码"按钮，跳转到 index1.php 文件进行判断，结果如图 12-21 所示。

图 12-20　输入验证码界面　　　　　　　图 12-21　判断结果

提示：对于 PHP 生成的图片，如果要直接在普通网页中显示，可以通过以下的方式调用。

```
<img src="Chap12.15.php" alt="">
```

203

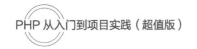

12.4　JpGraph 组件的应用

　　JpGraph 是一个强大的绘图组件，能根据用户的需要绘制任意图形。只需要提供数据，就能自动调用绘图函数的过程，把处理的数据输入并自动绘制。JpGraph 组件提供了多种方法创建各种统计图，包括折线图、柱形图和饼形图等。

12.4.1　JpGraph 组件的安装

　　从官方网站 http://jpgraph.net/ 下载 JpGraph 组件安装包。官方网站首页界面如图 12-22 所示。

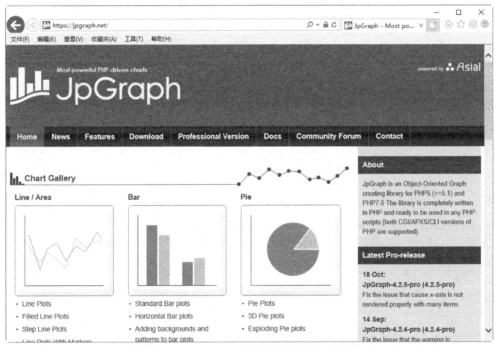

图 12-22　JpGraph 组件官方网站首页界面

　　文件下载完成后，按以下步骤安装：

　　（1）将压缩包下的全部文件解压到一个文件夹中，如 C:\WampServer\www\ jpgraph。

　　（2）打开 PHP 的安装目录，找到并打开 php.ini 文件，设置其中的 include_path 参数，即 include_path=".;C:\WampServer\www\jpgraph"。

　　（3）重启 Apache 服务器即可生效。如果用户只希望 JpGraph 组件仅对当前项目有效，只需将 JpGraph 组件的解压包放到项目目录，然后引用就可以了。在后面的章节中都是使用这种方式。

　　注意：JpGraph 组件需要 GD 库的支持。

12.4.2　使用柱形图统计数据

　　柱形图能比较清晰、直观的显示数据，主要用于数据的对比。

　　本节使用 JpGraph 组件中的柱形图对象来创建一个柱形图。该柱状图用来统计小明上半年每个月的零花钱。具体的实现步骤如下：

（1）使用 include 语句引用 jpgraph.php 文件。

（2）使用 include 语句引用柱形图对象所在的 jpgraph_bar.php 文件。

（3）定义一个 6 个元素的数组，分别表示 6 个月的零花钱。

（4）创建 Graph 对象，生成一个 600×400 像素的画布，设置柱形图在画布中的位置。

（5）创建一个矩形对象 BarPlot，设置其柱形图的颜色和粗细，在柱形图的上方显示零花钱的多少。

（6）将绘制的柱形图添加到画布中。

（7）添加柱形图的标题和 X、Y 轴的标题。

（8）输出图像。

【例 12-19】（实例文件：ch12\Chap12.19.php）使用柱形图统计数据。

```php
<?php
include("jpgraph/src/jpgraph.php");                    //引入 JpGraph 组件
include("jpgraph/src/jpgraph_bar.php");                //引入柱形图对象所在的文件
$datay=array(800,600,500,550,700,1000);               //定义数组
$graph = new Graph(600,400);                          //设置画布的大小
$graph->SetScale("textlin");
$graph->yaxis->scale->SetGrace(20);                   //设置 Y 轴刻度值分辨率
$graph->img->SetMargin(50,30,20,40);                  //设置柱形图的边距
$b1plot = new BarPlot($datay);                        //创建柱状图
$graph->Add($b1plot);                                 //将柱状图添加到画布
$b1plot->value->SetFormat('%d');                      //在柱状图上显示格式化的零花钱数量
$b1plot->value->Show();                               //设置显示数字
$b1plot->SetAbsWidth(40);                             //设置柱状图粗细
$b1plot->SetFillColor("lightblue");                   //设置柱状图的填充颜色
//设置标题文字
$graph->title->Set(iconv("UTF-8","GB2312//IGNORE","小明上半年每月零花钱的统计表"));
$graph->xaxis->title->Set(iconv("UTF-8","GB2312//IGNORE","月份(月)"));
$graph->yaxis->title->Set(iconv("UTF-8","GB2312//IGNORE","零花钱(元)"));
$graph->title->SetFont(FF_SIMSUN,FS_BOLD);
$graph->yaxis->title->SetFont(FF_SIMSUN,FS_BOLD);
$graph->xaxis->title->SetFont(FF_SIMSUN,FS_BOLD);
$graph->Stroke();                                     //输出图像
?>
```

在 IE 浏览器中运行结果如图 12-23 所示。

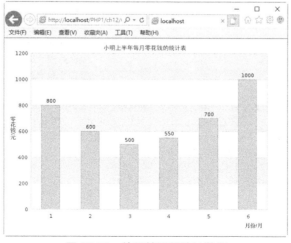

图 12-23　使用柱形图统计数据

注意：在使用 JpGraph 图标库的时候，会碰到中文乱码，图表的标题文字只显示一些小方块。原因是 JpGraph 组件中文默认为 GB 2312 编码格式，程序要转换后才能显示。如果文件编码是 GB 2312 时，将 SetFont() 函数的第一个参数设为 FF_SIMSUN 即可；如果文件编码是 UTF-8，需要在 SetFont() 函数之前先用 iconv() 函数把中文汉字编码转换为 GB 2312，然后再进行设置。

12.4.3 使用折线图统计数据

折线图侧重于描述变化的趋势，如股市的涨跌、商品的价格走势等。

本节使用 JpGraph 组件中的折线图对象来创建一个折线图。该折线图也是用来统计小明上半年每个月的零花钱。具体的实现步骤如下：

（1）使用 include 语句引用 jpgraph.php 文件。

（2）使用 include 语句引用折线图对象所在的 jpgraph_line.php 文件。

（3）定义一个 6 个元素的数组，分别表示 6 个月的零花钱。

（4）创建 Graph 对象，生成一个 600×300 像素的画布，设置折线图在画布中的位置。

（5）创建一个折线图对象 LinePlot，设置折线颜色和关键点的大小，在折线图的上方显示零花钱的多少。

（6）将绘制的折线图添加到画布中。

（7）添加折线图的标题和 X、Y 轴的标题。

（8）输出图像。

【例 12-20】（实例文件：ch12\Chap12.20.php）使用折线图统计数据。

```php
<?php
include("jpgraph/src/jpgraph.php");                  //引入 JpGraph 组件
include("jpgraph/src/jpgraph_line.php");             //引入折线图对象所在的文件
$datay=array(650,700,800,750,700,800);              //定义数组
$graph = new Graph(600,300);                        //设置画布
$graph->SetScale("textlin");
$graph->yaxis->scale->SetGrace(20);                 //设置 Y 轴刻度值分辨率
$graph->img->SetMargin(50,30,20,40);                //设置柱形图的边距
$graph->img->SetAntiAliasing();
$linepot = new LinePlot($datay);                    //创建折线图
$graph->Add($linepot);                              //将折线图添加到画布
$linepot->mark->SetType(MARK_FILLEDCIRCLE);         //设置关键点的圆形样式
$linepot->mark->SetSize(3);                         //设置关键点的大小
$linepot->SetColor("blue");                         //设置折线的颜色为红色
$linepot->value->SetFormat('%d');                   //在折线图上显示格式化的图书销量
$linepot->value->Show();                            //设置显示数字
$linepot->SetCenter();                              //在 X 轴的各坐标点中心位置绘制折线
//设置标题文字
$graph->title->Set(iconv("UTF-8","GB2312//IGNORE","小明上半年每月零花钱的统计表"));
$graph->xaxis->title->Set(iconv("UTF-8","GB2312//IGNORE","月份(月)"));
$graph->yaxis->title->Set(iconv("UTF-8","GB2312//IGNORE","零花钱（元）"));
$graph->title->SetFont(FF_SIMSUN,FS_BOLD);
$graph->yaxis->title->SetFont(FF_SIMSUN,FS_BOLD);
$graph->xaxis->title->SetFont(FF_SIMSUN,FS_BOLD);
$graph->Stroke();                                   //输出图像
?>
```

在 IE 浏览器中运行结果如图 12-24 所示。

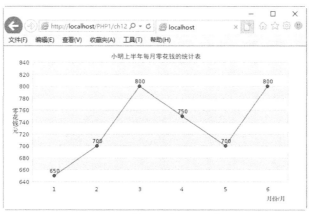

图 12-24　使用折线图统计数据

12.4.4　使用 3D 饼形图统计数据

饼形图侧重于描述每个个体所占整个系统的比率，可以清晰地表达出每个个体之间的关系。

本节使用 JpGraph 组件来创建一个 3D 饼形图。该饼形图用来统计各种图书销售量的比率。具体的实现步骤如下：

（1）使用 include 语句引用 jpgraph.php 文件。

（2）使用 include 语句引用饼形图对象所在的 jpgraph_pie.php 文件。

（3）使用 include 语句引用 3D 饼形图对象所在的 jpgraph_pie3d.php 文件。

（4）定义一个 5 个元素的数组，分别表示 6 种不同的书。

（5）创建 Graph 对象，生成一个 500×300 像素的画布。

（6）创建一个饼形图对象 PiePlot3D，设置文字框对应的内容以及图例文字框的位置。

（7）将绘制的折线图添加到画布中。

（8）输出图像。

【例 12-21】（实例文件：ch12\Chap12.21.php）使用 3D 饼形图统计数据。

```php
<?php
include("jpgraph/src/jpgraph.php");
include("jpgraph/src/jpgraph_pie.php");
include("jpgraph/src/jpgraph_pie3d.php");                    //引入 3D 饼图对象所在的文件
$data = array(236444, 346454, 81115, 284524, 354217);       //定义数组
$graph = new PieGraph(500, 300);                            //创建画布
$graph->title->Set(iconv('utf-8', 'GB2312//IGNORE', '2020 年图书销售量'));
$graph->title->SetFont(FF_SIMSUN, FS_BOLD);
$pieplot = new PiePlot3D($data);                           //创建 3D 饼图对象
$pieplot->SetLegends(array('PHP', 'java','.NET', 'C++',"Python"));   //设置文字框对应的内容
$graph->legend->Pos(0.5, 0.99, 'center', 'bottom');       //图例文字框的位置
$graph->Add($pieplot);                                     //将 3D 饼图添加到统计图对象中
$graph->Stroke();                                          //输出图像
?>
```

在 IE 浏览器中运行结果如图 12-25 所示。

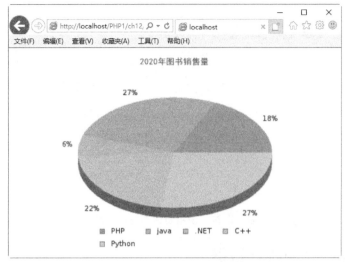

图 12-25　使用 3D 饼形图统计数据

12.5　就业面试技巧与解析

12.5.1　面试技巧与解析（一）

面试官：GD2 函数库中创建画布有哪两种方法，有什么区别？

应聘者：有 imagecreate()和 imagecreatetruecolor()两个方法。

Imagecreate()新建一个空白图像资源，用 imagecolorAllocate()添加背景色。Imagecreatetruecolor()建立的是一幅黑色图像（默认为黑色），如想改变背景颜色，则需要使用填充颜色函数 imagefill()来实现。

12.5.2　面试技巧与解析（二）

面试官：GD2 函数库的功能是什么？

应聘者：GD2 函数库提供了一系列用来处理图片的 API，使用 GD 函数库可以处理图片，或者生成图片。在网站上，GD2 函数库通常用来生成缩略图，或者对图片加水印，或者对网站数据生成报表。

第 13 章

PHP 函数应用

PHP 提供了大量的内建函数，可以说 PHP 的强大是来源于它的函数。在本章中，将为读者讲解如何创建自己的函数以及一些常用函数。

- 掌握函数的定义与调用。
- 掌握函数的引用。
- 熟悉 PHP 的常用函数。

13.1　函数的定义与调用

将语句集合成函数的好处是方便代码重用。所谓 "重用"，是指有一些代码的功能是相同的，操作是一样的，只不过针对的数据不一样，这时就可以将这种功能写成一个函数模块，以后用到这个功能时只需要调用这个函数模块就可以了，不需要再重复地编写同样的代码。这样可以解决大量同类型的问题，避免重复性操作。

本节就来介绍一下 PHP 中如何定义函数以及如何调用函数。

13.1.1　函数的定义

函数是指可被重复利用的一个代码块，根据需要去调用。

定义函数的格式如下：

```
关键字（function）+ 函数名 +（参数）+ ｛函数体｝；
```

从格式可以发现，首先使用关键字 function，然后是函数名，紧接着是一个括号，里面是任意参数，最后是两个花括号，花括号内是函数体，是实现函数功能的代码。例如：

```
function say(){
    echo "Hello World";
}
```

函数名是标识符之一，只能包含字母、数字和下画线，并且开头不能是数字。函数名的命名有以下三种方法：

（1）小驼峰命名：第一个单词的首字母小写，后面单词的首字母大写，如 sayHello、getDate、getName 等。

（2）大驼峰命名：每个单词的首字母都大写，如 SayHello、GetDate、GetName 等。

（3）"_"：使用下画线连接每个单词来命名，如 my_function、get_name、set_date 等。

注意： 函数名不能与 PHP 的内置函数名相同。

提示： 函数名不区分大小写，但是在编写程序时推荐保持一致，对后期程序的维护大有益处。

13.1.2 函数的调用

函数定义完成后，如果不调用，是不会执行的。只有在需要的地方调用才有效果。

例如：

```
function say(){
    echo "Hello World";
}
```

如果不调用该函数，不会有任何输出。

调用函数其实很简单，具体格式如下：

```
函数名+（参数）；
```

例如：

调用上面定义的函数：

```
say();
```

在 IE 浏览器中运行结果如图 13-1 所示。

图 13-1　调用函数

13.1.3 函数的参数

通过参数可以传递信息到函数，即以逗号作为分隔符的表达式列表。参数是从左向右求值的。默认情况下，函数参数通过值传递（因而即使在函数内部改变参数的值，并不会改变函数外部的值）。如果希望函数修改它的参数值，必须通过引用传递参数。引用传递参数其实就是在函数定义时，在该参数的前面加上符号&。

在定义函数时，函数名后面括号中的参数列表是用户在调用函数时用来将数据传递到函数内部的接口。

注意： 通常，函数调用时使用的实参，应该跟定义时的形参"一一对应"。

函数间参数传递有三种方式，分别是按值传递、按引用传递和默认参数。

1. 按值传递

将实参的值赋值到对应的形参中，在函数内部的操作针对形参进行，操作的结果不会影响到实参，即函数返回后，实参的值不会改变。值传递过程中，被调函数的形式参数作为被调函数的局部变量处理，即在堆栈中开辟了内存空间以存放由主调函数放进来的实参的值，从而成了实参的一个副本。值传递的特点是被调函数对形式参数的任何操作都是作为局部变量进行，不会影响主调函数实参变量的值。

首先定义一个函数 value()，功能是将传入的参数值做一些运算后再输出；接着在函数外部定义一个变量$m，也就是实参；最后调用函数 value($m)，分别在函数体内和体外输出形参$m 和实参$m 的值。

【例 13-1】（实例文件：ch13\Chap13.1.php）按值传递参数。

```php
<?php
    $m = 10;
    function value($m){
        $m = $m + 10;
        echo "在函数内部：m = ".$m ."<br>";       //输出形参的值
    }
    value($m);                                    //将实参$m 的值传递给形参$m
    echo "在函数外部：m = ".$m;                    //实参的值没有变化，$m=10
?>
```

在 IE 浏览器中运行结果如图 13-2 所示。

2. 按引用传递

按引用传递就是将实参的内存地址传递给形参。这时，在函数内部所有对形参的操作都会影响到实参的值。函数返回后，实参的值会发生变化。引用传递方式就是函数定义时在形参前面加上 "&" 符号。引用传递过程中，被调函数的形式参数虽然也作为局部变量在堆栈中开辟了内存空间，但是这时存放的是由主调函数放进来的实参变量的地址。被调函数对形参的任何操作都被处理成间接寻址，即通过堆栈中存放的地址访问主调函数中的实参变量。正因为如此，被调函数对形参的任何操作都影响主调函数中的实参变量。

【例 13-2】（实例文件：ch13\Chap13.2.php）按引用传递参数。

```php
<?php
function value(&$m){                            //定义一个函数，同时传递参数$m 的地址
    $m = $m + 10;
    echo "在函数内部：m = ".$m ."<br>";         //输出形参的值
}
$m = 10;
value ($m);                                     //将实参$m 的地址传递给形参$m
echo "在函数外部：m = ".$m;                      //实参的值发生了变化，$m = 20
?>
```

在 IE 浏览器中运行结果如图 13-3 所示。

图 13-2　按值传递参数

图 13-3　按引用传递参数

3. 默认参数

还有一种设置参数的方式，即可选参数。可以指定某个参数为可选参数，将可选参数放在参数列表末尾，并且指定其默认值为空。

通过一个例子，使用可选参数实现一个简单的价格计算功能。设置自定义函数 value 的参数$size 为可选参数，其默认值为空。第一次调用该函数，并且给参数$size 赋值，输出价格；第二次调用该函数，不给参数赋值，输出价格。

【例 13-3】（实例文件：ch13\Chap13.3.php）默认参数。

```php
<?php
    function value($size=1){          //定义一个函数，参数的默认值为1
        $sum= $size+10;
        echo "两个数的和: $sum<br>";   //输出总和
    }
    value();                          //不传参数，使用默认值1
    value(10);                        //传入参数10
?>
```

在 IE 浏览器中运行结果如图 13-4 所示。

13.1.4　函数的返回值

两个数的和: 11
两个数的和: 20

图 13-4　默认参数

函数的返回值是将函数执行后的结果返回给调用者。如果函数没有返回值，就只能算一个执行过程。

只依靠函数还不够，有时更需要在脚本程序中使用函数执行后的结果。由于变量的作用域的差异，调用函数的脚本程序不能直接使用函数体里面的信息。通常，函数将返回值传递给调用者的方式是使用关键字 return。

【例 13-4】（实例文件：ch13\Chap13.4.php）函数的返回值。

```php
<?php
function sum($x,$y)
{
    $total=$x+$y;
    return $total;
}
echo "10 + 100 = " . sum(10,100);
?>
```

在 IE 浏览器中运行结果如图 13-5 所示。

$10 + 100 = 110$

图 13-5　函数的返回值

13.2　函数的引用

13.1 节介绍了如何调用函数，本节介绍如何引用函数。

13.2.1　引用的定义

PHP 中的引用就是在变量或者函数、对象等前面加上 "&" 符号。

首先来看一下没有使用引用的效果。先定义一个变量$a，然后变量$a 的值赋给$b，最后输出$a。

```php
<?php
$a="100";          //定义一个变量，下面赋值给$b
$b= $a;            //引用变量$a
$b=10;
echo "$a";         //输出$a 的值
?>
```

在上面的代码中，输出的结果为 100。在给$b 赋值时，没有在$a 前面添加 "&" 符号，实际上只是将变量$a 拷贝一份，也就是内存中重新申请一个地址存储变量$b。当改变$b 的值，$a 的值不会变化。

下面来看一下使用引用后的效果。

```php
<?php
$a="100";          //定义一个变量,下面赋值给$b
$b= &$a;           //引用变量$a
$b=10;
echo "$a";         //输出$a 的值
?>
```

在上面的代码中,输出的结果为 10。在给$b 赋值时,在$a 前面添加 "&" 符号,其实就是将指针指向了$a 在内存中的地址,$b 就是保存了这个指针。所以使用引用的时候,$b 的值改变,$a 也会跟着改变。

13.2.2　函数的引用

函数的引用和变量的引用类似。下面通过一个实例进行介绍。

【例 13-5】（实例文件:ch13\Chap13.5.php）函数的引用。

```php
<?php
function &example(){
    static $b=0;            //定义静态变量$b
    $b=$b+1;
    echo $b;
    return $b;
}
$a=example();              //输出$b 的值为 1
echo "<br/>";
$a=10; $a=example();       //输出$b 的值为 2
echo "<hr/>";
$a=&example();             //输出$b 的值为 3
echo "<br/>";
$a=10; $a=example();       //输出$b 的值为 11
?>
```

图 13-6　函数的引用

在 IE 浏览器中运行结果如图 13-6 所示。

在上面的代码中,$a=example()方式调用函数,只是将函数的值赋给 $a 而已,而 $a 做任何改变,都不会影响到函数中的$b;通过 $a=&example()方式调用函数,是将 return $b 中的 $b 变量的内存地址与$a 变量的内存地址指向了同一个地方,相当于$a=&b;的效果。所以改变$a 的值也同时改变了$b 的值,在执行了 $a=&test();$a=5;后,$b 的值变为了 10,再调用一次,函数$b 的值变为 11。

13.2.3　引用的释放

通常使用 unset()方法来释放引用的变量（其实也就是删除变量）。

【例 13-6】（实例文件:ch13\Chap13.6.php）引用的释放。

```php
<?php
$a = 1;
$b = & $a;
$b = 10;                    //因为$b引用了$a,所以把$b 的值改变,$a 的值也跟着改为 10
var_dump($a,$b);
```

```
unset($b);              //调用 unset()方法删除$b 变量，$a 变量不会删除
var_dump($a,$b);        //输出 10 和 null
?>
```

在 IE 浏览器中运行结果如图 13-7 所示。

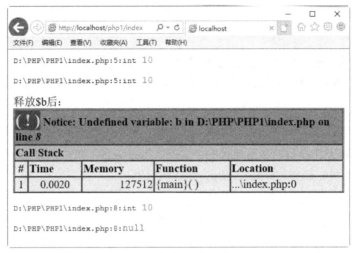

图 13-7　引用的释放

13.3　PHP 常用函数

PHP 中常用的一些函数有日期和时间函数、数学函数、递归函数和回调函数，其中日期和时间函数在第 8 章中介绍过，本节介绍一下其他三个函数。

13.3.1　数学函数

PHP 提供了许多预定义的数学函数，如表 13-1 所示。数学函数是 PHP 核心的组成部分，但无须安装即可使用这些函数。

表 13-1　数学函数

函　　数	说　　明	PHP 最早支持的版本
abs()	绝对值	3
acos()	反余弦	3
acosh()	反双曲余弦	4
asin()	反正弦	3
asinh()	反双曲正弦	4
atan()	反正切	3
atan2()	两个参数的反正切	3
atanh()	反双曲正切	4
base_convert()	在任意进制之间转换数字	3

续表

函　　数	说　　明	PHP 最早支持的版本
bindec()	把二进制转换为十进制	3
ceil()	向上舍入为最接近的整数	3
cos()	余弦	3
cosh()	双曲余弦	4
decbin()	把十进制转换为二进制	3
dechex()	把十进制转换为十六进制	3
decoct()	把十进制转换为八进制	3
deg2rad()	将角度转换为弧度	3
exp()	返回 e^x 的值	3
expm1()	返回 e^x-1 的值	4
floor()	向下舍入为最接近的整数	3
fmod()	返回除法的浮点数余数	4
getrandmax()	显示随机数最大的可能值	3
hexdec()	把十六进制转换为十进制	3
hypot()	计算直角三角形的斜边长度	4
is_finite()	判断是否为有限值	4
is_infinite()	判断是否为无限值	4
is_nan()	判断是否为合法数值	4
lcg_value()	返回范围为(0,1)的一个伪随机数	4
log()	自然对数	3
log10()	以 10 为底的对数	3
log1p()	返回 log(1+number)	4
max()	返回最大值	3
min()	返回最小值	3
mt_getrandmax()	显示随机数的最大可能值	3
mt_rand()	使用 MersenneTwister 算法返回随机整数	3
mt_srand()	播种 MersenneTwister 随机数生成器	3
octdec()	把八进制转换为十进制	3
pi()	返回圆周率的值	3
pow()	返回 x 的 y 次方	3
rad2deg()	把弧度数转换为角度数	3
rand()	返回随机整数	3
round()	对浮点数进行四舍五入	3
sin()	正弦	3

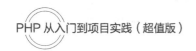

续表

函　数	说　明	PHP 最早支持的版本
sinh()	双曲正弦	4
sqrt()	平方根	3
srand()	播下随机数发生器种子	3
tan()	正切	3
tanh()	双曲正切	4

【例 13-7】（实例文件：ch13\Chap13.7.php）数学函数的应用。

```php
<?php
echo abs (-3.14)."<br/>";        //绝对值
echo ceil(3.14)."<br/>";         //向上取整
echo sqrt(9)."<br/>";            //求平方根
echo max(1,2,3,4,5)."<br/>";     //求最大值
echo  rand ( 1, 10 );            //1～10 之间的随机数
?>
```

在 IE 浏览器中运行结果如图 13-8 所示。

图 13-8　数学函数的应用

13.3.2　递归函数

递归函数即自调用函数，在函数体内部直接或者间接的自己调用自己，即函数的嵌套调用是函数本身。通常在此类型的函数体中会附加一个条件判断叙述，以判断是否需要执行递归调用，并且在特定的条件下终止函数的递归调用动作，把目前流程的主控权交回到上一层函数来执行。因此，当某个执行递归调用的函数没有附加条件判断叙述时，可能会造成无限循环的错误情形。

【例 13-8】（实例文件：ch13\Chap13.8.php）递归函数的应用。

```php
<?php
//声明一个函数，用于测试递归
function test($n){
    echo $n." ";            //在函数开始输出参数的值
    if($n<10){                   //判断参数是否大于 10
        test($n+1);              //如果参数大于 10，则调用自己，并将参数加 1 后再次传入
    }else{                       //判断参数是否大于 0
        echo "<==>";
    }
    echo $n." ";
}
test(1);                         //调用 test 函数，将整数 10 传给参数
?>
```

在 IE 浏览器中运行结果如图 13-9 所示。

在例 13-8 中声明了一个 test()函数，该函数需要一个整型参数。在函数外通过传递整数 1 作为参数调用 test()函数。在 test()函数体中，第一条代码输出参数的值和一个空格；然后判断条件是否成立，成立则调用自己，并将参数加 1 再次传入。开始调用时，它是外层调内层，内层再调更内一层，直到最内层由

图 13-9　递归函数的应用

于条件不允许必须结束。最内存结束了，输出<==>作为分界符，执行调用之后的代码输出参数的值和空格，它就会回到稍外一层继续执行。稍外一层结束时，退回到再稍外一层继续执行，层层推出，直到最外层结束。执行完成以后的结果就是图 13-9 所示的结果。

13.3.3　回调函数

回调函数就是一个通过函数指针调用的函数。如果把函数的指针（地址）作为参数传递给另一个函数，当这个指针被用来调用其所指向的函数时，就说这是回调函数。回调函数不是由该函数的实现方直接调用，而是在特定的事件或条件发生时由另外的一方调用的，用于对该事件或条件进行响应。

通俗来说，回调函数是一个自定义的函数，但不是直接来调用，而是通过另一个函数来调用，这个函数通过接收回调函数的名字和参数来实现对它的调用。

PHP 提供了两个内置函数 call_user_func()和 call_user_func_array()，提供对回调函数的支持。这两个函数的区别是　call_user_func_array()是以数组的形式接收回调函数的参数的，它只有两个参数。而 call_user_func($callback，参数 1，参数 2，…)的参数个数根据回调函数的参数来确定的。下面分别来介绍一下这两个内置函数。

1. call_user_func()

语法格式如下：

```
call_user_func($callback,$parameter)
```

其中，$callback 参数是被调用的回调函数，$parameter 参数是回调函数的参数。

【例 13-9】（实例文件：ch13\Chap13.9.php）call_user_func()的实例。

```php
<?php
function test($a,$b){
    echo $a+$b;
}
call_user_func('test', "10","10");
echo "<br/>";
call_user_func('test', "20","20");
?>
```

输出的结果为 20 和 40。

注意：传入 call_user_func()的参数不能为引用传递。

2. call_user_func_array()

语法格式如下：

```
call_user_func_array($callback,$parameter)
```

其中，$callback 参数是被调用的回调函数，把参数数组（$parameter）作为回调函数的参数传入。

【例 13-10】（实例文件：ch13\Chap13.10.php）call_user_func_array()实例。

```php
<?php
function test($a, $b){
    echo $a+$b;
}
call_user_func_array('test', array("10", "20"));
?>
```

输出的结果为 30。

13.4 就业面试技巧与解析

13.4.1 面试技巧与解析（一）

面试官：定义一个实现字符串翻转的函数。

应聘者：

```php
<?php
function rever($str){
$len=strlen($str);
$newstr = '';
for($i=$len;$i>=0;$i--) {
    @$newstr .= $str{$i};
}
return $newstr;
}
echo rever("abc")
?>
```

输出结果为 cba。

13.4.2 面试技巧与解析（二）

面试官：写一个冒泡排序的函数。

应聘者：

```php
<?php
$array=array(4,8,5,9,3);
function bubing($arr){
    $count=count($arr);
    for($i=0;$i<$count-1;$i++){//外层循环控制排序的次数
        for($j=0;$j<$count-$i-1;$j++){//内层循环控制比较的次数
            if($arr[$j]>$arr[$j+1]){//如果前一个的值大于后一个的值就交换
                $temp=$arr[$j];
                $arr[$j]=$arr[$j+1];
                $arr[$j+1]=$temp;
            }
        }
    }
    return $arr;
}
$a=bubing($array);
print_r($a);
?>
```

输出的结果为 Array([0]=>3[1]=>4[2]=>5[3]=>8[4]=>9)。

第 4 篇

高级应用

本篇将结合案例程序详细介绍 PHP 软件开发中的高级应用技术，主要包括 phpMyAdmin 图形化管理、PHP 操作 MySQL 数据库、PDO 数据库抽象层等，学好本篇可以极大扩展读者 PHP 编程的应用领域。

- 第 14 章　phpMyAdmin 图形化管理工具
- 第 15 章　PHP 操作 MySQL 数据库
- 第 16 章　PDO 数据库抽象层

第 14 章
phpMyAdmin 图形化管理工具

 学习指引

phpMyAdmin 是 PHP 官方开发的一个类似于 SQL Server 的可视化图形管理工具。安装 MySQL 数据库后，用户即可在命令提示符下进行创建数据库和数据表等各种操作，但这种方法比较麻烦，而且需要有专业的 SQL 语言知识。而通过 phpMyAdmin 完全可以对数据库进行各种操作，如建立、复制和删除数据等。phpMyAdmin 为初学者提供了图形的操作界面，对 MySQL 数据库的操作就不必在命令提示符下通过命令实现，从而大大提高了程序开发的效率。

 重点导读

- 了解 phpMyAdmin。
- 掌握 phpMyAdmin 操作数据库。
- 掌握 phpMyAdmin 操作数据表。
- 熟悉使用 SQL 语句操作数据表。
- 掌握管理数据记录。
- 熟悉生成和执行 MySQL 数据库脚本。

14.1　phpMyAdmin 介绍

phpMyAdmin 图形化管理工具的使用，使得 MySQL 数据库的管理变得相当简单了。

phpMyAdmin 是众多 MySQL 图形化管理工具中使用最为广泛的一种，是一款使用 PHP 开发的基于 B/S 模式的 MySQL 客户端软件，该工具是基于 Web 跨平台的管理程序，并且支持简体中文，用户可以在官网上下载最新的版本。phpMyAdmin 为 Web 开发人员提供了类似 SQL Server 的图形化数据库操作界面，通过该管理工具可以对 MySQL 进行各种操作，如创建数据库、数据表和生成 MySQL 数据库脚本文件等。

提示：如果使用集成化安装包来配置 PHP 的开发环境，就无须单独下载 phpMyAdmin 图形化管理工具，因为集成化的安装包中基本上都包含了图形化管理工具。

14.2　phpMyAdmin 的使用

本节使用 phpMyAdmin 图形化管理工具来操作数据库及数据表。

14.2.1　操作数据库

在 IE 浏览器地址栏中输入 http://localhost/phpmyadmin/，进入 phpMyAdmin 主界面，接下来即可进行 MySQL 数据库的操作，下面将分别介绍如何创建、修改和删除数据。

1. 创建数据表

在 phpMyAdmin 的主界面中，在"语言-languange"下拉框中选择"中文-Chinese simplified"选项，在用户名文本框中填写默认的 root，密码默认为空，如图 14-1 所示，单击"执行"按钮，进入到 phpMyAdmin 操作界面。

图 14-1　phpMyAdmin 主界面

接下来，便可以创建数据库了。单击左侧的"新建"选项，然后在右侧输入数据库的名字 my_database，并选择编码类型为 utf8_general_ci，如图 14-2 所示。单击"创建"按钮，完成数据库的创建。在左侧数据库中可以看到新建的数据库 my_database，如图 14-3 所示。

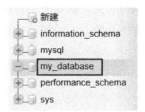

图 14-2　新建数据库　　　　　　　　　　　　　　　　　　　　　　**图 14-3　新建数据库**

2. 修改数据库

在数据库管理界面，单击"操作"链接进入修改操作数据库页面，如图 14-4 所示。

在修改页面左上方可以对当前数据库执行创建数据表操作，在创建数据表提示信息下的两个文本框中分别输入要创建的数据表名字和字段数，单击"执行"按钮，进入创建数据表结构页面，这个在 14.2.2 节中会有详细介绍。

在修改页面的右上方可以对数据库重命名，这里修改为 user_database，如图 14-4 所示，单击"执行"按钮，可成功修改数据库名称；在左侧数据库中可以看到修改后的数据库 user_database，如图 14-5 所示。

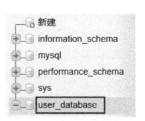

图 14-4　修改数据库的名字　　　　　　　　　　　　　　　　　　　　**图 14-5　修改后的数据库**

3. 删除数据库

同样是单击"操作"按钮进入修改页面，在"新建数据表"的正下面就是删除数据库的操作，如图 14-6 所示；单击"删除数据库"按钮，弹出"确定"对话框，单击"确定"按钮就可以删除数据库了，如图 14-7 所示。

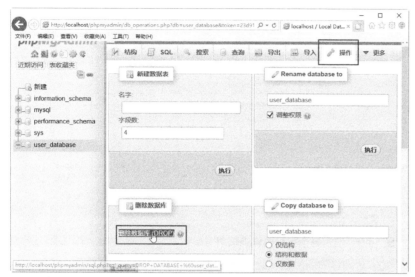

图 14-6　删除数据库

图 14-7　"确定"对话框

注意：数据库在日常开发中是非常重的，里面有很多数据，如果要删除一定要谨慎，一旦删除就不可恢复，建议在删除之前先备份数据库。

14.2.2　操作数据表

操作数据表是以选择指定的数据库为前提，然后在该数据库中创建并管理数据表。下面详细介绍如何创建、修改以及删除数据表。

1. 创建数据表

下面以人员管理为例，详细介绍数据表的创建方法。

在 phpMyAdmin 界面中，单击 user_database 数据库，在"新建数据表"文本框中输入数据表的名字以及字段数，如图 14-8 所示，然后单击"执行"按钮，就可以创建数据表。

图 14-8　新建数据表

在成功创建数据表之后，将显示数据表结构的界面，在该界面的表单中输入各个字段的详细信息，包括字段名、数据类型、长度/值、编码格式、是否为空和主键等，完成表结构的详细设置，如图 14-9 所示。当所有的信息都填写完成之后，单击"保存"按钮，就可以创建数据表结构，如图 14-10 所示。

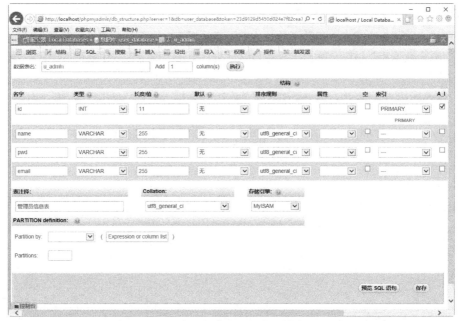

图 14-9　输入各个字段的详细信息

图 14-10　数据表结构

2. 修改数据表

数据表创建成功后，进入到数据表结构页面中，在这里可以通过改变数据表的结构来修改数据表，如图 14-11 所示。可以执行添加列、删除列、索引列、修改列的数据类型或者字段的长度/值等操作。

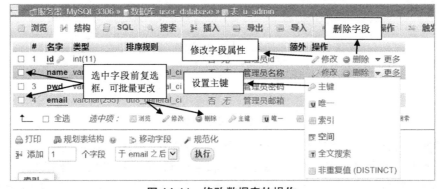

图 14-11　修改数据表的操作

3. 删除数据表

删除数据表与删除数据库类似，单击数据表进入数据表结构页面，单击"操作"按钮进入操作页面，在该页面可以修改数据表的排序规则、将表移至其他数据库中、修改表选项、复制数据表到其他的数据库、表维护以及删除数据表。单击"删除数据或数据表"选项，即可完成删除数据表的操作，如图 14-12 所示。

图 14-12　删除数据表

14.2.3　使用 SQL 语句操作数据表

打开 phpMyAdmin 主界面，选择 u_admin 数据表，单击 SQL 链接，打开 SQL 语句编辑区，输入 SQL 语句实现数据的查询、添加、修改和删除操作。

1. 使用 SQL 语句插入数据

在 SQL 语句编辑区内，使用 INSERT 语句向数据表 u_admin 中插入数据，单击"执行"按钮，向数据表中插入一条数据，如图 14-13 所示。如果提交的 SQL 语句有错误，系统会给出提示；如果提交的 SQL 语句正确，则插入成功，如图 14-14 所示。

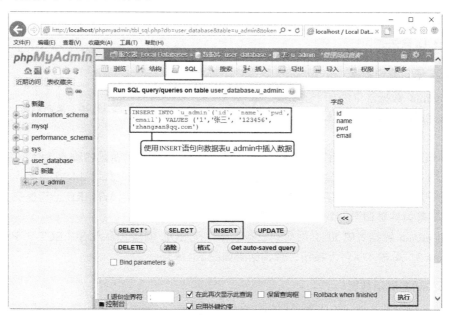

图 14-13　使用 SQL 语句插入数据

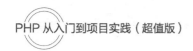

图 14-14　插入数据成功

2. 使用 SQL 语句修改数据

在 SQL 编辑区内，使用 UPDATE 语句修改 u_admin 数据表中的信息。例如，将 id=1 的管理员的名称修改为"李四"，密码修改为 456，邮箱修改为 lisi@qq.con，SQL 语句如图 14-15 所示。

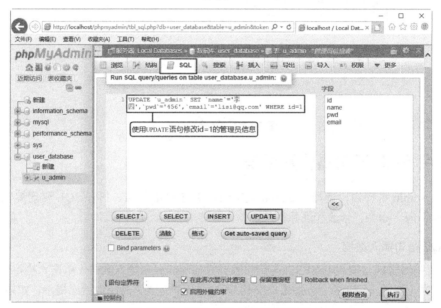

图 14-15　使用 SQL 语句修改数据

单击"执行"按钮，数据表中 id=1 的数据会进行更新，如图 14-16 所示。

3. 使用 SQL 语句查询数据

首先向 u_admin 数据表中添加一些数据，使用 INSERT 语句来完成。这里就不具体介绍添加数据的过程了。

图 14-16　更新数据

然后使用 SELECT 语句查询指定条件的数据信息。在 SQL 语句编辑区内输入 SELECT * FROM 'u_admin'语句，单击"执行"按钮，会查询出 u_admin 数据表的所有数据，如图 14-17 所示。

除了对整个表的简单查询外，还可以进行一些复杂的条件查询（使用 WHERE 子句提交 LIKE、ORDER BY、GROUP BY 等条件查询语句）以及多表查询。

例如，取 u_admin 数据表中 id=1 后面的三条数据，在 SQL 编辑区输入 SELECT * FROM 'u_admin' WHERE id>1 limit 3，单击"执行"按钮，查询结果如图 14-18 所示。

4. 使用 SQL 语句删除数据

使用 DELETE 语句删除指定的或者全部的数据信息。例如，删除 u_admin 数据表中名称为"王五"的信息，在 SQL 编辑区输入 DELETE FROM 'u_admin' WHERE name='王五'，单击"执行"按钮，弹出"确认删除”对话框，单击“确认”按钮，即可删除对应条件的数据。u_admin 数据表删除前如图 14-19 所示，删除后如图 14-20 所示。

	id 管理员ID	name 管理员名称	pwd 管理员密码	email 管理员邮箱
编辑 复制 删除	1	李四	456	lisi@qq.com
编辑 复制 删除	2	王五	123	wangwu@qq.com
编辑 复制 删除	3	张三	234	zhangsan@qq.com
编辑 复制 删除	4	马六	345	maliu@qq.com
编辑 复制 删除	5	龙九	567	longjiu@qq.com
编辑 复制 删除	6	朱八	678	zhuba@qq.com

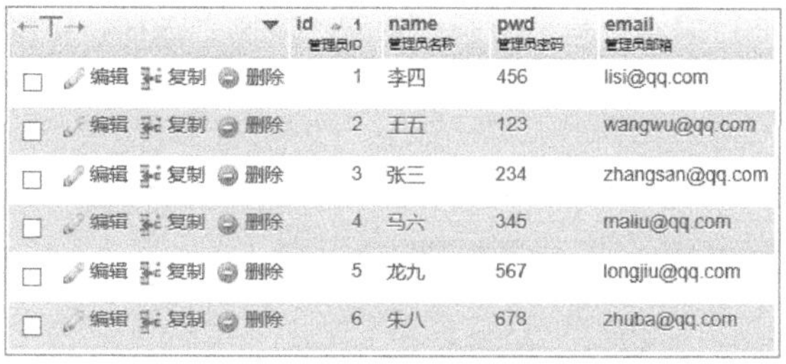

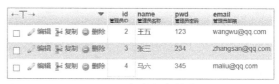

图 14-17 使用 SQL 语句查询数据

	id 管理员ID	name 管理员名称	pwd 管理员密码	email 管理员邮箱
编辑 复制 删除	2	王五	123	wangwu@qq.com
编辑 复制 删除	3	张三	234	zhangsan@qq.com
编辑 复制 删除	4	马六	345	maliu@qq.com

图 14-18 复杂的条件查询

	id 管理员ID	name 管理员名称	pwd 管理员密码	email 管理员邮箱
编辑 复制 删除	1	李四	456	lisi@qq.com
编辑 复制 删除	2	王五	123	wangwu@qq.com
编辑 复制 删除	3	张三	234	zhangsan@qq.com
编辑 复制 删除	4	马六	345	maliu@qq.com
编辑 复制 删除	5	龙九	567	longjiu@qq.com
编辑 复制 删除	6	朱八	678	zhuba@qq.com

图 14-19 删除前

	id 管理员ID	name 管理员名称	pwd 管理员密码	email 管理员邮箱
编辑 复制 删除	1	李四	456	lisi@qq.com
编辑 复制 删除	3	张三	234	zhangsan@qq.com
编辑 复制 删除	4	马六	345	maliu@qq.com
编辑 复制 删除	5	龙九	567	longjiu@qq.com
编辑 复制 删除	6	朱八	678	zhuba@qq.com

图 14-20 删除后

注意：如果 DELETE 语句后面没有 WHERE 条件语句，那么就会删除指定数据表中的全部数据。

14.2.4 管理数据记录

数据库以及数据表创建完成后，可以通过操作数据表来管理数据记录。本节将分别介绍插入数据、浏览数据、搜索数据的方法。

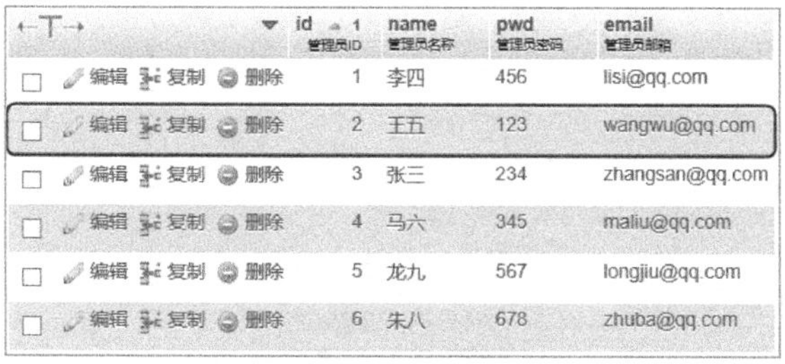

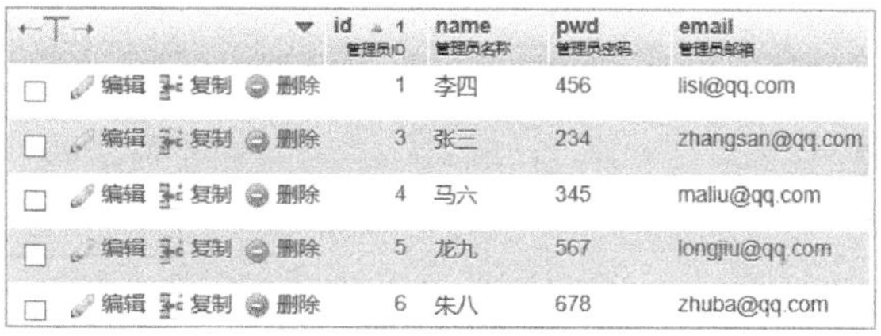

1. 插入数据

打开 phpMyAdmin 主界面，选择 u_admin 数据表，单击“插入”链接，进入插入数据界面，如图 14-21 所示。在界面中输入各字段值，单击“执行”按钮即可插入记录。默认情况下，一次可以插入两条记录。

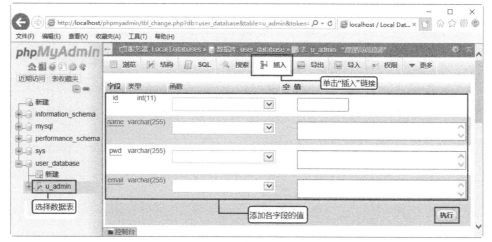

图 14-21 插入数据

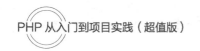

2. 浏览数据

打开 **phpMyAdmin** 主界面，选择 **u_admin** 数据表，单击"浏览"链接，进入浏览数据界面，如图 14-22 所示。单击每条记录中的"编辑"按钮，可以对该记录进行编辑；单击每条记录的"复制"按钮，可以对该记录进行复制；单击每条记录的"删除"按钮，可以删除记录。

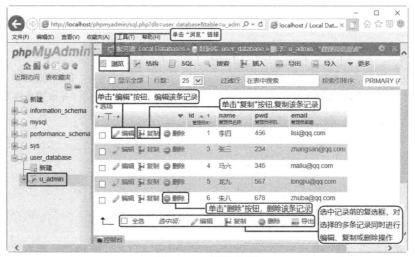

图 14-22　浏览数据

3. 搜索数据

选择某一个数据表之后，在导航栏单击"搜索"链接，进入搜索页面。

在界面中有两种查询方式：

第一种：使用依例查询，选择查询的条件，并在文本框中输入要查询的值，单击"执行"按钮即可，如图 14-23 所示。

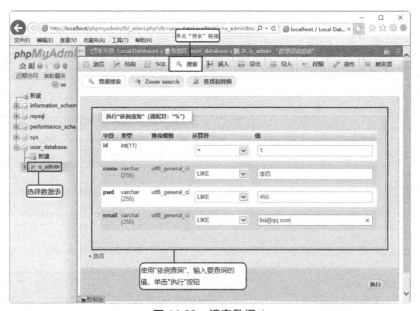

图 14-23　搜索数据 1

第二种：选择构建 WHERE 语句查询，直接在"添加搜索条件"文本框中输入查询语句，然后单击"执行"按钮，如图 14-24 所示。

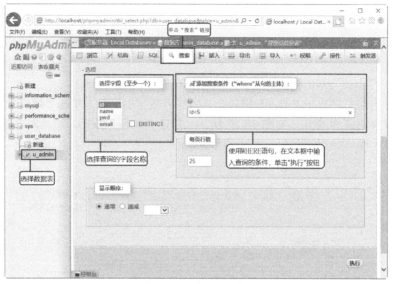

图 14-24　搜索数据 2

14.2.5　生成和执行 MySQL 数据库脚本

导入和导出数据是两个互逆的操作，导入数据是通过扩展名为.sql 的文件导入到数据库中，导出数据是将数据表结构、表记录储存为.sql 的文件，可以通过导入导出实现数据库的备份和还原操作。下面分别介绍导入导出的方法。

1. 导出数据表

选择导出的数据表或者数据库，这里就以导出数据表为例，选择好数据表之后，在导航栏中单击"导出"链接，进入导出数据的页面，选择"快速"或"自定义"导出方式，如图 14-25 所示。

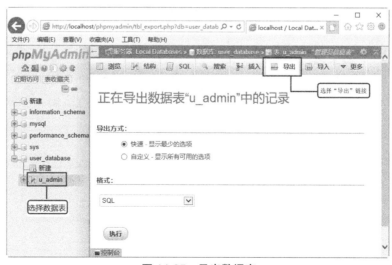

图 14-25　导出数据表

一般都是直接选择"快速"导出方式，格式为 SQL，最后单击"执行"按钮，选择保存文件存放的位置，如图 14-26 所示。

图 14-26　选择保存的位置

2. 导入数据表

选择数据库，在导航栏中单击"导入"链接，进入导入数据的页面，单击"选择文件"按钮，找到.sql 文件的位置，导入文件格式为 SQL，如图 14-27 所示。单击"执行"按钮，就可以将数据表导入到数据库中，如图 14-28 所示。

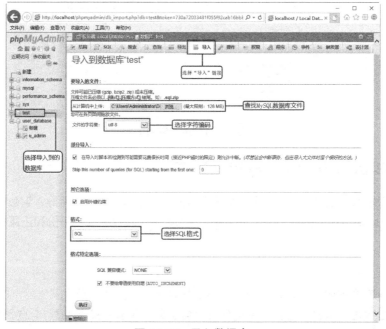

图 14-27　导入数据表

图 14-28　导入成功界面

注意：在导入文件前，首先确保数据库中存在与导入数据库同名的数据库，如果没有同名的，则要在数据库中创建一个同名的数据库，然后再导入数据。另外，当前数据库中，不能有与重名的数据表存在，如果有重名的表存在，导入文件会失败，并且提示错误信息。

14.3 就业面试技巧与解析

14.3.1 面试技巧与解析（一）

面试官：使用 phpMyAdmin 是什么？

应聘者：phpMyAdmin 是一个用 PHP 编写的软件工具，可以通过 Web 方式控制和操作 MySQL 数据库。

14.3.2 面试技巧与解析（二）

面试官：使用 phpMyAdmin 有什么好处？

应聘者：通过 phpMyAdmin 可以对数据库进行操作，如建立、复制和删除数据等。使用 phpMyAdmin 图形化管理工具，MySQL 数据库的管理就会变得相当简单。

第 15 章

PHP 操作 MySQL 数据库

 学习指引

Web 开发是离不开数据库操作的，当然不止 Web 开发会用到数据库，任何一种编程语言都需要对数据库进行操作，PHP 也不例外。现在流行的数据库有很多，如 Oracle、SQL Server、MySQL 等。由于 MySQL 是开元的、跨平台的，使用方便，从而获得了广泛应用。本章就来介绍一下 PHP 如何操作 MySQL 数据库。

 重点导读

- 熟悉 PHP 访问 MySQL 数据库的一般步骤。
- 掌握 PHP 操作 MySQL 数据库的方法。
- 掌握 PHP 操作 MySQL 数据库。

15.1 PHP 访问 MySQL 数据库的一般步骤

MySQL 是一个开源的，市场的占有率比较高，所以一直以来都被认为是 PHP 的最佳搭档。同时 PHP 也具有很强大的数据库支持能力，本节主要介绍 PHP 访问 MySQL 数据库的一般步骤。

PHP 访问 MySQL 数据库的一般步骤如图 15-1 所示。

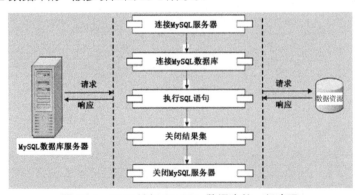

图 15-1 PHP 访问 MySQL 数据库的一般步骤

1. 连接 MySQL 数据库

使用 mysqli_connect()函数与 MySQL 服务器的建立连接。有关 mysqli_connect()函数的使用请参考 15.2.1 节。

2. 选择 MySQL 数据库

使用 mysqli_select_db()函数选择 MySQL 数据库服务器的数据库，并与数据库建立连接，有关 mysqli_select_db()函数的使用请参考 15.2.2 节。

3. 执行 SQL 语句

在选择数据库中使用 mysqli_query()函数执行 SQL 语句，对数据的操作方式主要包括 5 种方式，下面分别进行介绍。

（1）查询数据：使用 select 语句实现数据的查询功能。

（2）显示数据：使用 select 语句显示数据的查询结果。

（3）插入数据：使用 insert into 语句向数据库中插入数据。

（4）更新数据：使用 update 语句更新数据库中的记录。

（5）删除数据：使用 delete 语句删除数据库中的记录。

mysqli_query()函数的具体使用请参考 15.2.3 节。

4. 关闭结果集

数据库操作完成后，需要关闭结果集，以释放系统资源，语法格式如下：

```
mysqli_free_result($result);
```

5. 关闭 MySQL 服务器

每使用一次 mysqli_connect()或者 mysqli_query()函数，都会消耗系统资源，少量用户访问 Web 网站时问题还不大，但如果用户连接超过一定数量时，就会造成系统性能下降，甚至是死机。为了避免这种现象的发生，在完成数据库的操作后，应该使用 mysql_close()函数关闭与 MySQL 服务器的连接，以节省系统资源。

语法格式如下：

```
mysqli_close($con);
```

15.2　PHP 操作 MySQL 数据库的方法

PHP 提供了大量的 MySQL 数据库函数，方便对 MySQL 数据库进行操作，使 Web 程序的开发更加方便灵活。

15.2.1　使用 mysqli_connect()函数连接 MySQL 服务器

要操作 MySQL 数据库，首先要先与 MySQL 数据库建立连接，连接使用 mysqli_connect()函数来完成。该函数语法格式如下：

```
mysqli_connect(host,username,password);
```

mysqli_connect()函数的参数说明如表 15-1 所示。

表 15-1 mysqli_connect()函数的参数说明

参 数	说 明
host	MySQL 服务器的主机名或 IP 地址
username	登录 MySQL 数据库服务器的用户名
password	MySQL 服务器的用户密码

【例 15-1】（实例文件：ch15\Chap15.1.php）连接 MySQL 服务器。

```php
<?php
$connect=mysqli_connect("localhost","root","123456");
//判断连接是否成功
    if($connect){
        echo "服务器连接成功";
    }else{
        echo "服务器连接失败";
    }
?>
```

在 IE 浏览器中运行结果如图 15-2 所示。

图 15-2　连接 MySQL 服务器

15.2.2　使用 mysqli_select_db()函数选择数据库

在连接到 MySQL 数据库之后，可以使用 mysqli_select_db()函数选择数据库。该函数的语法格式如下：

```
mysqli_select_db(connection,dbname);
```

mysqli_select_db()函数的参数说明如表 15-2 所示。

表 15-2　mysqli_select_db()函数的参数说明

参 数	说 明
connection	必须参数，规定要使用的 MySQL 连接
dbname	必须参数，规定要使用的数据库

【例 15-2】（实例文件：ch15\Chap15.2.php）选择数据库。

```php
<?php
    $connect=mysqli_connect("localhost","root","123456");     //连接服务器
    $connect1=mysqli_select_db($connect,"user_database");     //选择 user_database 数据库
    //判断 user_database 数据库是否连接成功
    if($connect1){
        echo "数据库连接成功";
    }else{
        echo "数据库连接失败";
    }
?>
```

在 IE 浏览器中运行结果如图 15-3 所示。

图 15-3　选择数据库

15.2.3　使用 mysqli_query()函数执行 SQL 语句

要对数据库中的表进行操作，通常使用 mysqli_query()函数执行 SQL 语句。该函数语法格式如下：

```
mysqli_query(connection,query,resultmode);
```

mysqli_query()函数的参数说明如表 15-3 所示。

表 15-3　mysqli_query()函数的参数说明

参　　数	说　　明
connection	必须参数，规定要使用的 MySQL 连接
query	必须参数，规定查询字符串
resultmode	可选参数，一个常量。可以是下列值中的任意一个： MYSQLI_USE_RESULT：需要检索大量数据时使用 MYSQLI_STORE_RESULT：默认

例如，下面以管理员信息表 u_admin 为例，举例说明常见的 SQL 语句用法。

```
mysqli_query($connect,"update u_admin set name='李四',pwd='456' where id=1");   //修改数据库记录
mysqli_query($connect,"delete from u_admin where name='朱八'");                  //删除数据库记录
SELECT * FROM 'u_admin' WHERE id<5;                                             //查询数据库记录
    mysqli_query($connect,"insert into u_admin(name, pwd, email) value('三毛','789','sanmao@qq.
com')");                                                                        //添加记录
```

15.2.4　使用 mysqli_fetch_array()函数从数组结果集中获取信息

在 15.2.3 节中，介绍了使用 mysqli_query()函数执行 SQL 语句，接下来使用 mysqli_fetch_array()函数从结果集中获取信息。该函数的语法格式如下：

```
mysqli_fetch_array(result,resulttype);
```

mysqli_fetch_array()函数的参数说明如表 15-4 所示。

表 15-4　mysqli_fetch_array()函数的参数说明

参　　数	说　　明
result	必须参数，规定由 mysqli_query()、mysqli_store_result()或 mysqli_use_result()返回的结果集标识符
resulttype	可选参数，规定应该产生哪种类型的数组。可以是以下值中的一个： • MYSQLI_ASSOC：关联数组； • MYSQLI_NUM：数字数组； • MYSQLI_BOTH：默认值，同时产生关联和数字数组

【例 15-3】（实例文件：ch15\Chap15.3.php）mysqli_fetch_array()函数。

```php
<?php
$connect=mysqli_connect("localhost","root","123456","user_database");
if(!$connect) {
    die('连接失败: ' . mysqli_error($connect));
}
//设置编码，防止中文乱码
mysqli_set_charset($connect,"utf8");
$sql="SELECT * FROM u_admin";
$data= mysqli_query( $connect, $sql );
if(!$data){
    die('无法读取数据:'. mysqli_error($connect));
```

```
}
echo '<h2>管理人员信息表<h2>';
echo '<table border="1"><tr><td>ID</td><td>姓名</td><td>
密码</td><td>邮箱</td></tr>';
//使用 while 循环语句以表格的形式输出数组结果集$output 中的数据
while($output=mysqli_fetch_array($data, MYSQLI_ASSOC)){
    echo "<tr>
            <td> {$output['id']}</td>".
            "<td>{$output['name']}</td>".
            "<td>{$output['pwd']}</td>".
            "<td>{$output['email']}</td>".
        "</tr>";
}
echo '</table>';
mysqli_close($connect);                    //关闭数据库连接
?>
```

在 IE 浏览器中运行结果如图 15-4 所示。

15.2.5 使用 mysqli_fetch_object()函数从结果集中获取一行作为对象

使用 mysqli_fetch_object()函数同样可以获取查询结果中的数据。该函数的语法格式如下：

```
mysqli_fetch_object(result,classname,params);
```

mysqli_fetch_object()函数的参数说明如表 15-5 所示。

表 15-5　mysqli_fetch_object()函数的参数说明

参　　数	说　　明
result	必须参数。规定由 mysqli_query()返回的结果集标识符
classname	可选参数。规定要实例化的类名称，设置属性并返回
params	可选参数。规定一个传给 classname 对象构造器的参数数组

【例 15-4】（实例文件：ch15\Chap15.4.php）mysqli_fetch_object()函数。

```
<?php
$connect=mysqli_connect("localhost","root","123456","user_database");
if(!$connect) {
    die('连接失败: ' . mysqli_error($connect));
}
//设置编码，防止中文乱码
mysqli_set_charset($connect,"utf8");
$sql="SELECT * FROM u_admin";
$data= mysqli_query( $connect, $sql );
if(!$data){
    die('无法读取数据:'. mysqli_error($connect));
}
echo '<h2>管理人员信息表<h2>';
echo '<table border="1"><tr><td>ID</td><td>姓名</td><td>密码</td><td>邮箱</td></tr>';
//使用 while 循环语句以 "结果集->列名" 的方式输出结果集$output 中的管理人员信息
while($output=mysqli_fetch_object($data)){
    echo "<tr>
            <td> {$output->id}</td>".
            "<td>{$output->name}</td>".
            "<td>{$output->pwd}</td>".
```

```
            "<td>{$output->email}</td>".
        "</tr>";
    }
echo '</table>';
mysqli_close($connect);              //关闭数据库连接
?>
```

在 IE 浏览器中运行结果如图 15-5 所示。

15.2.6 使用 mysqli_fetch_row()函数逐行获取结果集中的每条记录

除了前面介绍的 mysqli_fetch_array()函数和 mysqli_fetch_object() 函数可以从结果集中获取数据外，还可以使用 mysqli_fetch_row()函数 来获取数据。使用 mysqli_fetch_row()函数逐行获取结果集中的每条记 录。mysqli_fetch_row()函数的语法格式如下：

图 15-5 mysqli_fetch_object()函数

```
mysqli_fetch_row($result);
```

其中，$result 是必须参数，规定由 mysqli_query()、mysqli_store_result()或 mysqli_use_result()返回的结果集 标识符。

【例 15-5】（实例文件：ch15\Chap15.5.php）mysqli_fetch_arow()函数。

```
<?php
$connect=mysqli_connect("localhost","root","123456","user_database");
if(!$connect) {
    die('连接失败:'. mysqli_error($connect));
}
mysqli_set_charset($connect,"utf8");
$sql="SELECT * FROM u_admin";
$data= mysqli_query( $connect, $sql );
if(!$data){
    die('无法读取数据:'. mysqli_error($connect));
}
echo '<h2>管理人员信息表<h2>';
echo '<table border="1"><tr><td>ID</td><td>姓名</td><td>密码</td><td>邮箱</td></tr>';
//使用 while 循环语句以"结果集->列名"的方式输出结果集$output 中的管理人员信息
while($output=mysqli_fetch_row($data)){
    echo "<tr>
        <td> {$output[0]}</td>".
        "<td>{$output[1]}</td>".
        "<td>{$output[2]}</td>".
        "<td>{$output[3]}</td>".
    "</tr>";
}
echo '</table>';
mysqli_close($connect);              //关闭数据库连接
?>
```

在 IE 浏览器中运行结果如图 15-6 所示。

图 15-6 mysqli_fetch_arow()函数

237

15.2.7 使用 mysqli_num_rows()函数获取查询结果集中的记录数

有时候需要获取 select 语句查询到的结果集中的数目，使用 mysqli_num_rows()函数来完成。该函数的语法格式如下：

```
mysqli_num_rows($result);
```

其中，$result 是必须参数，规定由 mysqli_query()、mysqli_store_result()或 mysqli_use_result()返回的结果集标识符。

【例 15-6】（实例文件：ch15\Chap15.6.php）mysqli_num_rows()函数。

```php
<?php
$connect=mysqli_connect("localhost","root","123456","user_database");
if(!$connect) {
    die('连接失败: ' . mysqli_error($connect));
}
//设置编码，防止中文乱码
mysqli_set_charset($connect,"utf8");
$sql="SELECT * FROM u_admin";
echo "<h2>数据表共有记录: $num"."条</h2>";          //输出结果集中行的数目
if(!$data){
    die('无法读取数据:'. mysqli_error($connect));
}
echo '<h2>管理人员信息表<h2>';
echo '<table border="1"><tr><td>ID</td><td>姓名</td><td>密码
</td><td>邮箱</td></tr>';
//使用 while 循环语句以表格的形式输出数组结果集$output 中的数据
while($output=mysqli_fetch_array($data, MYSQLI_ASSOC)){
    echo "<tr>
            <td> {$output['id']}</td>".
            "<td>{$output['name']}</td>".
            "<td>{$output['pwd']}</td>".
            "<td>{$output['email']}</td>".
        "</tr>";
}
echo '</table>';
$data= mysqli_query( $connect, $sql );
$num=mysqli_num_rows($data);
mysqli_close($connect);                    //关闭数据库连接
?>
```

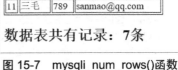

图 15-7 mysqli_num_rows()函数

在 IE 浏览器中运行结果如图 15-7 所示。

15.3 PHP 操作 MySQL 数据库

PHP 数据库操作技术是 Web 开发过程中的核心技术。本节通过 PHP 和 MySQL 数据库实现学生成绩的简单管理系统，主要实现动态添加、查询、修改和删除学生的成绩。

15.3.1 使用 insert 语句动态添加学生成绩信息

在实现动态添加学生成绩前，首先需要创建数据库以及数据表，具体代码如下：

```php
<?php
```

```
$connect=mysqli_connect('localhost','root','123456');        //连接服务器
if (!$connect) {                                              //检测是否连接成功
    die("连接服务器失败");                                     //连接服务器失败退出程序
}
mysqli_query($connect,"utf8");                               //设置编码类型
//创建数据库命名为 student
$sql_database = "CREATE DATABASE student";
if (mysqli_query($connect,$sql_database)){                    //检测数据库是否创建成功
    echo "数据库 student 创建成功</br>";
} else {
    echo "数据库 student 创建失败 " ."</br>";
}
//连接数据库 student
$sele=mysqli_select_db($connect,"student");
if(!$sele){                                                  //检测数据库是否连接成功
    die("连接数据库失败");                                     //连接数据库失败退出程序
}
//创建数据表命名为 score，主键为 id(不为空整型)，变量名为 name(255 位不为空字符串)，变量名为 chinese(4 位不
为空整型)，变量名为 english(4 位不为空整型)，变量名为 math(4 位不为空整型)
$sql_table = "CREATE TABLE score( ".
    "id INT NOT NULL AUTO_INCREMENT, ".
    "name CHAR(255) NOT NULL, ".
    "chinese INT (4) NOT NULL, ".
    "english INT (4) NOT NULL, ".
    "math INT (4) NOT NULL, ".
    "PRIMARY KEY ( id )); ";
$table = mysqli_query($connect,$sql_table);
if($table){
    echo '数据表 score 创建成功</br>';
}else{
    echo "数据表 score 创建失败</br>";
}
mysqli_close($connect);     //关闭数据库连接
?>
```

图 15-8　创建数据库

在 IE 浏览器中运行结果如图 15-8 所示，说明数据库以及数据表已经创建完成。在 phpMyAdmin 图像化管理工具中可以看到已经创建的数据库，如图 15-9 所示。

图 15-9　查看数据库

下面就来具体实现动态添加学生成绩信息。

【例 15-7】（实例文件：ch15\Chap15.7.php）使用 insert 语句动态添加学生成绩信息。

创建 left.php 的文件，作为左侧的功能导航。代码如下：

```html
<!DOCTYPE html>
<html>
<head>
    <meta charset="UTF-8">
    <title>Title</title>
</head>
<body style="border: 1px solid rgba(6,4,5,0.67);overflow: hidden;width: 600px;">
<div>
    <h2 style="width: 600px;text-align: center;">欢迎来到学生成绩管理系统</h2>
    <div style="float:left;width: 150px;border: 2px solid #76eec6">
        <h4>管理功能</h4>
        <ul >
            <li><a href="index.html" target="iframe_a">添加学生成绩</a></li>
            <li><a href="Chap15.11.php" target="iframe_a">查询学生成绩</a></li>
            <li><a href="Chap15.12.php" target="iframe_a">修改学生成绩</a></li>
            <li><a href="Chap15.13.php" target="iframe_a">删除学生成绩</a></li>
        </ul>
    </div>
    <div style="float:left;">
        <iframe  src="index.html"  name="iframe_a"  frameborder="1"  width="400"  height="400"
style="*=auto;"></iframe>
    </div>
</div>
</body>
</html>
```

创建 add.php 文件，用来添加学生成绩的页面。在添加页面中，对添加的信息进行一些判断，当添加的学生成绩满足要求时，才会通过 POST 提交数据信息。当一切都满足时，提交数据到 Chap15.7.php 页面。

```html
<!DOCTYPE html>
<html>
<head>
    <meta charset="UTF-8">
    <title>Title</title>
    <script>
        var reg=/[0-9]/;                    //定义正则，用于判断学生成绩是否符合规范
        function check(){
            //获取页面中 text1, text2, text3, text4 元素
            var name1=document.getElementById('text1').value;
            var name2=document.getElementById('text2').value;
            var name3=document.getElementById('text3').value;
            var name4=document.getElementById('text4').value;
            //定义添加信息的规则
            if(name1==''){
                alert("姓名不能为空");
                return false;
            } else if(!reg.test(name2)||!reg.test(name3)||!reg.test(name4)){
                alert("输入格式不对");
                return false;
            } else if(name2==''){
                alert("语文成绩不能为空");
                return false;
```

```
            }else if(name3==''){
                alert("英语成绩不能为空");
                return false;
            }else if(name4==''){
                alert("数学成绩不能为空");
                return false;
            }else if(name2<0||name2>100){
                alert("语文成绩不合规范");
                return false;
            }else if(name3<0||name3>100){
                alert("英语成绩不合规范");
                return false;
            }else if(name4<0||name4>100){
                alert("数学成绩不合规范");
                return false;
            }else{
                return true;
            }
        }
    </script>
    <style>
        div{width: 200px;height: 200px;margin: 100px auto;}      <!--定义div的宽度、高度、外边距-->
    </style>
</head>
<body>
<div>
    <form action="Chap15.7.php" method="post" onsubmit="check()" id="form1" >
        <table>
            <h3>添加学生成绩界面</h3>
            <tr><td ><input type="text" name="text1" id="text1" placeholder="姓名"></td></tr>
            <tr><td><input type="text" name="text2" id="text2" placeholder="语文成绩"></td></tr>
            <tr><td><input type="text" name="text3" id="text3" placeholder="英语成绩"></td></tr>
            <tr><td><input type="text" name="text4" id="text4" placeholder="数学成绩"></td></tr>
            <tr><td><input type="submit" name="submit" value="添加"></td></tr>
        </table>
    </form>
</div>
</body>
</html>
```

在 Chap15.7.php 页面中通过$_POST 获取提交的信息，获取到信息后，执行 insert 语句把数据添加到数据库中。具体代码如下：

```php
<?php
$connect=mysqli_connect("localhost","root","123456","student");
if(!$connect){
    echo "数据库连接失败";
}
mysqli_query($connect,"set names utf8");        //设置编码格式
//获取表单POST方法传递的数据
$username=$_POST["text1"];
$score1=$_POST["text2"];
$score2=$_POST["text3"];
$score3=$_POST["text4"];
//向数据库添加数据
$sql="INSERT INTO 'score' ('name', 'chinese', 'english', 'math') VALUES ('$username','$score1','$score2','$score3')";
```

```
$result=mysqli_query($connect,$sql);
if($result){  //判断是否添加成功，成功后跳转到 index.html 页面
    echo "<script>alert('添加成绩成功');this.location.href='index.html'</script>";
} else{
    echo "<script>alert('添加成绩失败');this.location.href='index.html'</script>";
}
mysqli_close($connect);
?>
```

在 IE 浏览器中运行结果如图 15-10 所示。

图 15-10　学生成绩添加界面

15.3.2　使用 select 语句查询学生成绩信息

实现添加学生成绩后，即可对学生成绩表 score 进行查询操作了。下面使用 mysqli_query()函数执行 select 查询语句，使用 mysqli_fetch_object()函数获取查询结果集，通过 while 循环语句输出查询的结果。

【例 15-8】（实例文件：ch15\Chap15.8.php）使用 select 语句查询学生成绩信息。

```
<?php
$connect=mysqli_connect("localhost","root","123456","student");
if(!$connect){
    echo "连接数据库失败";
}
mysqli_query($connect,"set names utf8");                //设置编码格式
$sql="SELECT * FROM 'score'";
$data=mysqli_query($connect,"$sql");
echo '<table border="1"><caption>学生成绩界面</caption><tr><td>ID</td><td>name</td><td>chinese
</td><td>english</td><td>math</td></tr>';
//使用 while 循环语句以"结果集->列名"的方式输出结果集$output 中的学生成绩信息
while($output=mysqli_fetch_object($data)){
    echo "<tr>
        <td> {$output->id}</td>".
    "<td>{$output->name}</td>".
    "<td>{$output->chinese}</td>".
    "<td>{$output->english}</td>".
    "<td>{$output->math}</td>".
```

```
        "</tr>";
}
echo '</table>';
?>
<style>*{margin:15px auto;}</style>  //设置外边距
```

在 IE 浏览器中运行结果如图 15-11 所示。

图 15-11　使用 select 语句查询学生成绩信息

15.3.3　使用 update 语句修改学生成绩信息

学生的信息查询出来后，可以根据情况来进行修改。下面使用 update 语句动态编辑数据库中学生成绩。

首先创建 Chap15.9.php 文件，在该页面中把学生信息查询出来，然后在循环输出时添加 "修改" 列，单击某条记录的 "修改" 链接，会链接到 updata.php 文件，并把对应的 id 参数也一起传递过去。

【例 15-9】（实例文件：ch15\Chap15.9.php）用 update 语句修改学生成绩信息。

```php
<?php
$connect=mysqli_connect("localhost","root","123456","student");
if(!$connect){
    echo "连接数据库失败";
}
mysqli_query($connect,"set names utf8");    //设置编码格式
$sql="SELECT * FROM 'score'";
$data=mysqli_query($connect,"$sql");

echo '<table border="1"><caption>修改学生成绩界面</caption><tr><td>ID</td><td>name</td><td>chinese
</td><td>english</td><td>math</td><td>EDIT</td></tr>';
//使用 while 循环语句以 "结果集->列名" 的方式输出结果集$output 中的学生成绩信息
while($output=mysqli_fetch_object($data)){
    echo "<tr>
        <td>{$output->id}</td>".
    "<td>{$output->name}</td>".
    "<td>{$output->chinese}</td>".
    "<td>{$output->english}</td>".
    "<td>{$output->math}</td>".
```

```
            "<td><a href='update.php?id=$output->id'>修改</a></td>".
            "</tr>";
    }
    echo '</table>';
    ?>
    <style>*{margin:15px auto;}</style>
```

在 update.php 文件中通过$_GET 获取链接过来的 id 参数，通过该 id 查询数据库中对应的信息并显示出来，然后修改需要更正的内容。修改完成后，单击"修改"按钮，表单会把修改的内容发送到 update1.php 文件。

```
    <?php
    $connect=mysqli_connect("localhost","root","123456","student");
    if(!$connect){
        echo "数据库连接失败";
    }
    $id=$_GET["id"];
    mysqli_query($connect,"set names utf8");        //设置编码格式
    $sql="SELECT * FROM 'score' where id=$id";
    $data=mysqli_query($connect,"$sql");
    $output=mysqli_fetch_object($data);
    ?>
    <div>
        <h2>学生成绩的修改界面</h2>
        <form action="update1.php" method="post" name="form1">
        姓          名: <input type='text' name="txt1"
    value="<?php echo $output->name ?>"><br/>
        <input type='hidden' name='id' value="<?php echo $output->id ?>">
        语文成绩: <input type='text' name="txt2" value="<?php echo $output->chinese ?>"><br/>
        英语成绩: <input type='text' name="txt3" value="<?php echo $output->english ?>"><br/>
        数学成绩: <input type='text' name="txt4" value="<?php echo $output->math ?>"><br/>
        <input type="submit" value="修改">
        </form>
    </div>
    <style>
        div{width: 300px;height: 200px;margin: 100px auto;}    <!--定义 div 的宽度、高度、外边距-->
    </style>
```

在 update1.php 文件中对数据库中的信息进行更改操作，修改完成后会跳转到 Chap15.9.php 页面。具体代码如下：

```
    <?php
    $connect=mysqli_connect("localhost","root","123456","student");
    if(!$connect){
        echo "连接数据库失败";
    }
    mysqli_query($connect,"set names utf8");              //设置编码格式
    $name=$_POST['txt1'];
    $chinese=$_POST["txt2"];
    $english=$_POST["txt3"];
    $math=$_POST["txt4"];
    $id=$_POST["id"];
    $mysql="update score set name='$name',chinese='$chinese',english='$english',math='$math' where
    id=$id";
    $result=mysqli_query($connect,"$mysql");
    if($result){
        echo "<script>alert('成绩修改成功');this.location.href='Chap15.9.php'</script>";
    }
    ?>
```

在 IE 浏览器中运行，单击其中一个"修改"链接，页面将跳转到图 15-12 所示页面；更改信息，然后单击"修改"按钮，弹出"成绩修改成功"对话框，如图 15-13 所示；单击"确定"按钮，会跳转到 Chap15.9.php 页面，如图 15-14 所示。

图 15-12　修改界面

图 15-13　"成绩修改成功"对话框

图 15-14　修改完成

15.3.4　使用 delete 语句删除学生成绩信息

删除学生成绩与更新类似。首先创建 Chap15.10.php 文件，在该页面中把学生信息查询出来，然后在循环输出时添加"删除"列，单击某条记录的"删除"链接，会链接到 delete.php 文件，并把对应的 id 参数也一起传递过去。

【例 15-10】（实例文件：ch15\Chap15.10.php）使用 delete 语句删除学生成绩信息。

```php
<?php
```

```
$connect=mysqli_connect("localhost","root","123456","student");
if(!$connect){
    echo "连接数据库失败";
}
mysqli_query($connect,"set names utf8");
$sql="SELECT * FROM 'score'";
$data=mysqli_query($connect,"$sql");
echo '<table border="1"><caption> 删 除 学 生 成 绩 界 面 </caption><tr><td>ID</td><td>name
</td><td>chinese</td><td>english</td><td>math</td><td>DEL</td></tr>';
    //使用 while 循环语句以"结果集->列名"的方式输出结果集$output 中的学生成绩信息
    while($output=mysqli_fetch_object($data)){
        echo "<tr>
            <td>{$output->id}</td>".
        "<td>{$output->name}</td>".
        "<td>{$output->chinese}</td>".
        "<td>{$output->english}</td>".
        "<td>{$output->math}</td>".
        "<td><a href='delete.php?id=$output->id' onclick='click()'>删除</a></td>".
        "</tr>";
    }
echo '</table>';
?>
<style>*{margin:15px auto;}</style>
```

在 delete.php 文件中通过$_GET 获取链接过来的 id 参数，通过该 id 查询数据库中对应的信息并显示出来。单击"删除"按钮，表单会把内容发送到 delete1.php 文件。

```
<?php
$connect=mysqli_connect("localhost","root","123456","student");
if(!$connect){
    echo "数据库连接失败";
}
mysqli_query($connect,"set names utf8");        //设置编码格式
$id=$_GET["id"];
$sql="SELECT * FROM 'score' where id=$id";
$data=mysqli_query($connect,"$sql");
$output=mysqli_fetch_object($data);
?>
<div>
    <h2>学生成绩的删除界面</h2>
    <form action="delete1.php" method="post" name="form1">
        姓          名: <input type='text' name="txt1"
value="<?php echo $output->name ?>"><br/>
        <input type='hidden' name='id' value="<?php echo $output->id ?>">
        语文成绩: <input type='text' value="<?php echo $output->chinese ?>"><br/>
        英语成绩: <input type='text' value="<?php echo $output->english ?>"><br/>
        数学成绩: <input type='text' value="<?php echo $output->math ?>"><br/>
        <input type="submit" value="删除">
    </form>
</div>
<style>
    div{width: 300px;height: 200px;margin: 100px auto;}        <!--定义 div 的宽度、高度、外边距-->
</style>
```

在 delete1.php 文件中对数据库中的信息进行删除操作，删除完成后会跳转到 Chap15.10.php。具体代码如下：

```
<?php
$connect=mysqli_connect("localhost","root","123456","student");
if(!$connect){
```

```
        echo "数据库连接失败";
}
mysqli_query($connect,"set names utf8");          //设置编码格式
$id=$_POST["id"];                                 //获取表单 POST 传递过来的 id
$txt=$_POST["txt1"];                              //获取表单 POST 传递过来的姓名
$mysql="delete from score where id=$id";          //使用 delete 语句删除数据
$result=mysqli_query($connect,"$mysql");
if($result){
    echo "<script>alert('$txt.的成绩删除成功');this.location.href='Chap15.13.php'</script>";
}
?>
```

在 IE 浏览器中运行，单击其中一个"删除"时，页面将跳转到图 15-15 所示页面；单击"删除"按钮，会弹出成绩删除成功对话框，如图 15-16 所示；单击"确定"按钮会跳转到 Chap15.10.php 页面，如图 15-17 所示。

图 15-15　删除界面

图 15-16　删除成功对话框

图 15-17　删除完成页面

15.4 就业面试技巧与解析

15.4.1 面试技巧与解析（一）

面试官：MySQL 优化是怎么做的？

应聘者：MySQL 优化主要从以下几个方面来实现。

（1）设计角度：存储引擎的选择，字段类型的选择。

（2）功能角度：可以利用 MySQL 自身的特性，如索引、查询缓存、碎片整理、分区、分表等。

（3）SQL 语句优化方面：尽量简化查询语句，能查询字段少就尽量少查询字段，优化分页语句、分组语句等。

（4）从硬件上升级数据库服务器。

15.4.2 面试技巧与解析（二）

面试官：索引有几种？

应聘者：索引主要有以下几种。

（1）主键索引：数据库表经常有一列或列组合，其值唯一标识表中的每一行。该列称为表的主键。在数据库关系图中为表定义主键将自动创建主键索引，主键索引是唯一索引的特定类型。该索引要求主键中的每个值都唯一。当在查询中使用主键索引时，允许对数据的快速访问。

（2）普通索引：使用字段关键字建立的索引，主要是提高查询速度。

（3）唯一索引：唯一索引是不允许其中任何两行具有相同索引值的索引。当现有数据中存在重复的键值时，大多数数据库不允许将新创建的唯一索引与表一起保存。数据库还可防止在表中创建重复键值的新数据。

第 16 章

PDO 数据库抽象层

学习指引

在 PHP 中，有各种不同的数据库扩展，如 MySQL、SQL Server、Oracle 等，虽然它们都可以实现相同的功能，但是这些扩展却互不兼容，都有各自的操作函数，结果导致对 PHP 开发程序的维护非常困难，可移植性也非常差。为了解决这个问题，PHP 的开发人员编写了一种轻型、便利的 API 来统一各种数据库，从而达到 PHP 脚本最大程度的抽象性和兼容性，这就是数据库抽象层。本章主要介绍目前 PHP 抽象层中最为流行的一种——PDO 抽象层。

重点导读

- 了解什么是 PDO。
- 掌握 PDO 连接数据库。
- 掌握 PDO 中执行 SQL 语句。
- 掌握 PDO 中获取结果集。
- 掌握 PDO 中捕获 SQL 语句中的错误。
- 熟悉 PDO 中的错误处理。
- 熟悉 PDO 中的事务处理。

16.1 什么是 PDO

本节首先来了解一下什么是 PDO 以及 PDO 的安装。

16.1.1 PDO 概述

PDO 是 PHP Data Object（PHP 数据对象）的简称，它是与 PHP 5.1 版本一起发行的。目前支持的数据库包括 MySQL、MS SQL Server、ODBC、Oracle、Firebird、FreeTDS、Interbase、Postgre SQL、SQLite 和 Sybase。有了 PDO，只需要使用 PDO 接口中的方法就可以对数据库进行操作。在选择不同数据库时，只需

要修改 PDO 的 DSN（数据库源名称）即可。

　　PDO 是一个数据库访问抽象层,作用是统一各种数据库的访问接口,与 MySQL 和 MsSQL 函数库相比, PDO 让跨数据库的使用更具亲和力；与 ADODB 和 MDB2 相比，PDO 更高效。PDO 将通过一种轻型、清晰、方便的函数，统一各种不同 RDBMS 库的共有特性，在最大程度上实现 PHP 脚本的抽象性和兼容性。

　　PDO 吸收现有数据库扩展的经验与教训，可以轻松与各种数据库进行交互。PDO 扩展是模块化的，使用户能够在运行时为数据库后端加载驱动程序而不必重新编译或重新安装整个 PHP。例如，PDO_MySQL 会替代 PDO 扩展实现 MySQL 数据库 API。

16.1.2　安装 PDO

可以通过 PHP 中的 phpinfo()函数来查看是否安装了 PDO 扩展，代码如下：

```php
<?php
echo phpinfo();
?>
```

　　在 IE 浏览器中运行，如果找到 PDO，如图 16-1 所示，说明已经安装了 PDO。另外，还可以发现已经激活了 MySQL 和 SQLite 数据库。

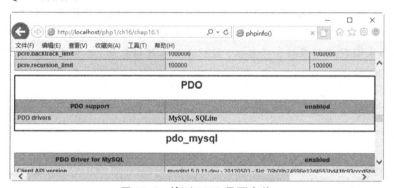

图 16-1　检测 PDO 是否安装

16.2　PDO 连接数据库

　　想要使用 PDO 操作数据库，首先需要连接数据库。本节介绍 PDO 连接数据库的构造函数。

16.2.1　PDO 构造函数

　　在 PDO 中，要建立与数据库的连接需要实例化 PDO 的构造函数。PDO 构造函数的语法如下：

```
PDO::__construct ( string $dsn,$username, $password , $driver_options)
```

　　PDO 构造函数的参数说明如表 16-1 所示。

表 16-1　PDO 构造函数的参数说明

参　　数	说　　明
$dsn	数据源名称，包括数据库驱动、主机名称和数据库

续表

参　　数	说　　明
$username	连接数据库的用户名
$password	连接数据库的密码
$driver_options	连接数据库的其他选项

下面通过一个实例介绍使用 PDO 连接 MySQL 数据库。

【例 16-1】（实例文件：ch16\Chap16.1.php）实例化 PDO 的构造函数。

```php
<?php
$dbms='mysql';                   //数据库类型(数据库驱动)
$host='localhost';               //数据库主机名
$dbName='student';               //使用的数据库
$user='root';                    //连接数据库的用户名
$pass='123456';                  //连接数据库的密码
$dsn="$dbms:host=$host;dbname=$dbName";
try {
    //PDO::MYSQL_ATTR_INIT_COMMAND=>'SET NAMES UTF8'用来设置编码格式
  $pdo= new PDO($dsn, $user, $pass,array(PDO::MYSQL_ATTR_INIT_COMMAND=>'SET NAMES UTF8'));
    //初始化一个 PDO 对象
    echo "连接 MySQL 成功<br/>";
    foreach ($pdo->query('SELECT * from score where id=1') as $row) { //查询数据库中 id=1 的记录
        print_r($row);                                               //输出记录
    }
} catch (PDOException $e) {
    echo "Error!:". $e->getMessage();
}
?>
```

在 IE 浏览器中运行结果如图 16-2 所示。

在例 16-1 中，使用 MySQL 数据库驱动，连接 student 数据库，并查找其中的 score 数据表，然后输出其中的一部分数据。

提示：PHP 中 try{}catch(){}是异常处理，将要执行的代码放入 try{}中，如果这些代码在执行过程中某一条语句发生异常，则程序直接跳转到 catch(){}中，由$e 收集错误信息和显示。

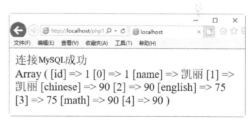

图 16-2　实例化 PDO 的构造函数

16.2.2　DSN 详解

DSN 是 Data Source Name（数据源名称）的缩写。DSN 提供连接数据库需要的信息。PDO 的 DSN 包括三部分：PDO 驱动名称（如 mysql 和 sqlite）、冒号和驱动特定的语法。每种数据库都有其特定的驱动语法。

实际中有一些数据库服务器可能与 Web 服务器不在同一台计算机上，则需要修改 DSN 中的主机名称。另外，由于一个数据库服务器中可能拥有多个数据库，所以在通过 DSN 连接数据库时，通常都包括数据库名称，这样可以确保连接的是用户想要的数据库，而不是其他数据库。

由于数据库服务器只在特定的端口上监听连接请求，故每种数据库服务器具有一个默认的端口号（如

MySQL 是 3306），但是数据库管理员可以对端口号进行修改，因此有可能 PHP 找不到数据库的端口号，此时就可以在 DSN 中包含端口号。

16.3 PDO 中执行 SQL 语句

在 PDO 中，可以使用三种方法来执行 SQL 语句，分别是 exec()方法、query()方法和预处理语句方法。

16.3.1 exec()方法

使用 exec()方法执行一条 SQL 语句，并返回受影响的行数。语法格式如下：

```
PDO::exec ( string $statement)
```

其中，参数$statement 是执行的 SQL 语句。使用 exec()方法返回 SQL 语句影响的行数：如果没有受影响的行，则 exec()返回 0。该方法通常用于 INSERT、UPDATE 和 DELETE 语句中。

【例 16-2】（实例文件：ch16\Chap16.2.php）exec()方法。

```php
<?php
$dbms='mysql';              //数据库类型(数据库驱动)
$host='localhost';          //数据库主机名
$dbName='student';          //使用的数据库
$user='root';               //连接数据库的用户名
$pass='123456';             //连接数据库的密码
$dsn="$dbms:host=$host;dbname=$dbName";
try{
    $pdo=new PDO($dsn,$user,$pass,array(PDO::MYSQL_ATTR_INIT_COMMAND=>"SET NAMES UTF8"));
    $result=$pdo->exec("UPDATE 'score' SET 'chinese'='97' WHERE id=4");
                            //更新 score 表中 id=4 的记录
    echo $result;           //输出影响的行数
}catch(PDOException $e){
    echo "error:".$e->getMessage();
}
?>
```

在例 16-2 中，更改了表中的一条数据，所以输出的结果为"1"。

16.3.2 query()方法

使用 query()方法执行 SQL 语句，以 PDOStatement 对象形式返回结果集。语法格式如下：

```
PDOStatement PDO::query ( string $statement)
```

其中，参数$statement 是执行的 SQL 语句。使用 query()方法会返回一个 PDOStament 对象。

【例 16-3】（实例文件：ch16\Chap16.3.php）query()方法。

```php
<?php
$dbms='mysql';              //数据库类型(数据库驱动)
$host='localhost';          //数据库主机名
$dbName='student';          //使用的数据库
$user='root';               //连接数据库的用户名
$pass='123456';             //连接数据库的密码
$dsn="$dbms:host=$host;dbname=$dbName";
```

```
try{
    $pdo=new PDO($dsn,$user,$pass,array(PDO::MYSQL_ATTR_INIT_COMMAND=>"SET NAMES UTF8"));
    //查找 score 表中的 3 条数据
    $result=$pdo->query("select name,chinese,english,math from score where id>5 limit 3");
}catch(PDOException $e){
    echo "error:".$e->getMessage();
}
?>
<table BORDER="1">
    <caption>学生成绩表</caption>
    <tr><td>name</td><td>chinese</td><td>english</td><td>math</td></tr>
    <?php foreach($result as $itemte){ ?>
    <tr><td><?php echo $itemte["name"] ?></td>
    <td><?php echo $itemte["chinese"] ?></td>
    <td><?php echo $itemte["english"] ?></td>
    <td><?php echo $itemte["math"] ?></td></tr>
    <?php } ?>
</table>
```

在 IE 浏览器中运行结果如图 16-3 所示。

图 16-3　query()方法

16.3.3　预处理语句——prepare()和 execute()方法

prepare()和 execute()是预处理语句的两种方法。prepare()方法准备执行的 SQL 语句，然后通过 execute()方法执行。语法格式如下：

```
PDOStatement  PDO::prepare ($statement , $driver_options)
PDOStatement::execute ($input_parameters )
```

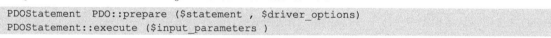

【例 16-4】（实例文件：ch16\Chap16.4.php）预处理语句。

```php
<?php
$dbms="mysql";
$dbname="student";
$user="root";
$pass="123456";
$host="localhost";
$dsn="$dbms:host=$host;dbname=$dbname";
try{
    $pdo=new PDO($dsn,$user,$pass,array(PDO::MYSQL_ATTR_INIT_COMMAND=>"SET NAMES UTF8"));
    //prepare 只是将 SQL 放到数据库管理系统上，并没有执行
    $result=$pdo->prepare("select * from score where id<5");
    //执行上面在数据库中准备的语句
    $result->execute();
}catch(PDOException $e){
    echo "error:".$e->getMessage();
}
?>
<table BORDER="1">
    <caption>学生成绩表</caption>
    <tr><td>name</td><td>chinese</td><td>english</td><td>math</td></tr>
    <?php foreach($result as $itemte){ ?>
    <tr><td><?php echo $itemte["name"] ?></td>
    <td><?php echo $itemte["chinese"] ?></td>
    <td><?php echo $itemte["english"] ?></td>
    <td><?php echo $itemte["math"] ?></td></tr>
    <?php } ?>
</table>
```

在 IE 浏览器中运行结果如图 16-4 所示。

图 16-4 预处理语句

16.4 PDO 中获取结果集

在 PDO 中获取结果集有三种方法，分别是 fetch()方法、fetchAll()方法和 fetchColumn()方法。

16.4.1 fetch()方法

fetch()方法可以从结果集中获取下一行数据，语法格式如下：

```
PDOStatement::fetch ($fetch_style , $cursor_orientation , $cursor_offset)
```

其中，fetch_style 参数控制结果集的返回方式，可选值如表 16-2 所示；$cursor_orientation 参数表示 PDOStatement 对象的一个可滚动游标，该值决定了哪一行将被返回；$cursor_offset 参数表示游标的偏移量。

表 16-2 fetch_style 参数的可选值

值	说 明
PDO::FETCH_BOTH	默认值，返回一个索引为结果集列名和以 0 开始的列号的数组
PDO::FETCH_ASSOC	返回一个索引为结果集列名的数组
PDO::FETCH_NUM	返回一个索引为以 0 开始的结果集列号的数组
PDO::FETCH_BOUND	返回 true，并分配结果集中的列值给 PDOStatement::bindColumn()方法绑定的 PHP 变量
PDO::FETCH_OBJ	返回一个属性名对应结果集列名的匿名对象
PDO::FETCH_LAZY	结合使用 PDO::FETCH_BOTH 和 PDO::FETCH_OBJ，创建用来访问的对象变量名
PDO::FETCH_CLASS	返回一个请求类的新实例，映射结果集中的列名到类中对应的属性名
PDO::FETCH_INTO	更新一个被请求类已存在的实例，映射结果集中的列到类中命名的属性

下面通过一个实例进行介绍。

首先，通过 PDO 连接 MySQL 数据库，然后定义 SELECT 查询语句，应用 prepare()和 execute()方法执行查询操作；接着，通过 fetch()方法返回结果集中的下一行数据，同时设置结果集以数字索引数组形式返回；最后通过 while 语句完成数据的循环输出。

【例 16-5】（实例文件：ch16\Chap16.5.php）fetch()方法。

```
<?php
```

```
$dbms='mysql';         //数据库类型(数据库驱动)
$host='localhost';     //数据库主机名
$dbName='student';     //使用的数据库
$user='root';          //连接数据库的用户名
$pass='123456';        //连接数据库的密码
$dsn="$dbms:host=$host;dbname=$dbName";
try {
    $pdo= new PDO($dsn, $user, $pass,array(PDO::MYSQL_ATTR_INIT_COMMAND=>'SET NAMES UTF8'));
                        //初始化一个 PDO 对象
    $sth = $pdo -> prepare ( "SELECT name, chinese,english,math FROM score where id<5" );
                        //准备查询语句
    $sth -> execute (); //执行查询语句，并返回结果集
} catch (PDOException $e) {
    echo "Error!:". $e->getMessage();
}
?>
<table border="1">
<!--循环输出查询的结果，返回一个索引为以 0 开始的结果集列号的数组-->
<?php while($result=$sth->fetch(PDO::FETCH_NUM)){ ?>
    <tr>
        <td><?php echo $result['0'] ?></td>
        <td><?php echo $result['1'] ?></td>
        <td><?php echo $result['2'] ?></td>
        <td><?php echo $result['3'] ?></td>
    </tr>
<?php } ?>
</table>
```

在 IE 浏览器中运行结果如图 16-5 所示。

图 16-5　fetch()方法

16.4.2　fetchAll()方法

fetchAll()方法获取结果集中的所有行，语法格式如下：

```
PDOStatement::fetchAll ($fetch_style, $fetch_argument,$ctor_args)
```

fetchAll()方法的参数说明如表 16-3 所示。

表 16-3　fetchAll()方法的参数说明

参　　数	说　　明
fetch_style	控制结果集中数据的返回方式
fetch_argument	根据 fetch_style 参数的值，此参数有不同的意义： • PDO::FETCH_COLUMN：返回指定以 0 开始索引的列。 • PDO::FETCH_CLASS：返回指定类的实例，映射每行的列到类中对应的属性名。 • PDO::FETCH_FUNC：将每行的列作为参数传递给指定的函数，并返回调用函数后的结果
ctor_args	当 fetch_style 参数为 PDO::FETCH_CLASS 时，自定义类的构造函数的参数

fetchAll()方法的返回值是一个包含结果集中所有数据的二维数组。

下面通过一个实例进行介绍。

首先，通过 PDO 连接 MySQL 数据库，然后定义 SELECT 查询语句，应用 prepare()和 execute()方法执行查询操作；接着，通过 fetchAll()方法返回结果集中的所有行；最后通过 for 语句完成结果集的所有数据

的循环输出。

【例 16-6】（实例文件：ch16\Chap16.6.php）fetchAll()方法。

```php
<?php
$dbms='mysql';              //数据库类型 (数据库驱动)
$host='localhost';          //数据库主机名
$dbName='student';          //使用的数据库
$user='root';               //连接数据库的用户名
$pass='123456';             //连接数据库的密码
$dsn="$dbms:host=$host;dbname=$dbName";
try {
    $pdo= new PDO($dsn, $user, $pass,array(PDO::MYSQL_ATTR_INIT_COMMAND=>'SET NAMES UTF8'));
                            //初始化一个 PDO 对象
$sth = $pdo -> prepare ( "SELECT name, chinese,english,math FROM score where id>4 limit 4 " );
                            //准备查询语句
    $sth -> execute ();                              //执行查询语句，并返回结果集
    $result=$sth->fetchAll(PDO::FETCH_ASSOC);        //获取结果集中的所有数据
} catch (PDOException $e) {
    echo "Error!:". $e->getMessage();
}
?>
<table border="1">
    <!--循环读取二维数组中的数据-->
    <?php for($i=0;$i<count($result);$i++){ ?>
        <tr>
            <td><?php echo $result[$i]['name'] ?></td>
            <td><?php echo $result[$i]['chinese'] ?></td>
            <td><?php echo $result[$i]['english'] ?></td>
            <td><?php echo $result[$i]['math'] ?></td>
        </tr>
    <?php } ?>
</table>
```

在 IE 浏览器中运行结果如图 16-6 所示。

16.4.3　fetchColumn()方法

图 16-6　fetchAll()方法

fetchColumn()方法获取结果集中下一行指定列的值。语法格式如下：

```
PDOStatement::fetchColumn ($column_number)
```

其中，$column_number 参数为可选参数，用来设置行中列的索引值，该值从 0 开始。如果省略该参数，则将从第 1 列开始取值。

下面通过一个实例进行介绍。

首先，通过 PDO 连接 MySQL 数据库，然后定义 SELECT 查询语句，应用 prepare()和 execute()方法执行查询操作；接着，通过 fetchColumn()方法输出结果集中的下一行某一列的值，该值根据$column_number 参数来确定。

【例 16-7】（实例文件：ch16\Chap16.7.php）fetchColumn()方法。

```php
<?php
$dbms='mysql';           //数据库类型 (数据库驱动)
$host='localhost';       //数据库主机名
$dbName='student';       //使用的数据库
$user='root';            //连接数据库的用户名
```

```
$pass='123456';           //连接数据库的密码
$dsn="$dbms:host=$host;dbname=$dbName";
try {
    //PDO::MYSQL_ATTR_INIT_COMMAND=>'SET NAMES UTF8'用来设置编码格式
    $pdo= new PDO($dsn, $user, $pass,array(PDO::MYSQL_ATTR_INIT_COMMAND=>'SET NAMES UTF8'));
                //初始化一个 PDO 对象
    $sth = $pdo -> prepare ( "SELECT name, math FROM score" );
    $sth -> execute ();
    print( "从结果集中的下一行获取第一列: " );
    $result1 = $sth -> fetchColumn ();
    print( "name = $result1"."<br/>" );
    print( "从结果集中的下一行获取第二列: \n" );
    $result2 = $sth -> fetchColumn ( 1 );
    print( "math = $result2"."<br/>" );
    print( "从结果集中的下一行获取第一列: \n" );
    $result3 = $sth -> fetchColumn (  );
    print( "name = $result3"."<br/>" );
} catch (PDOException $e) {
    echo "Error!:". $e->getMessage();
}
?>
```

在 IE 浏览器中运行结果如图 16-7 所示。

图 16-7   fetchColumn()方法

16.5   PDO 中捕获 SQL 语句中的错误

在 PDO 中捕获 SQL 语句中的错误有三种模式可以选择，分别是默认模式、警告模式和异常模式，可以根据开发的项目和实际情况选择适合的方案来捕获 SQL 语句的错误。

16.5.1   使用默认模式——PDO::ERRMODE_SILENT

在默认模式中设置 PDOStatement 对象的 errorCode 属性，但不进行其他任何操作。通过 prepare()和 execute()方法向数据库中添加数据，设置 PDOStatement 对象的 erroCode 属性，手动检测代码中的错误。

下面通过一个实例进行介绍。

首先添加表单，将表单元素的数据提交到本页面；然后通过 PDO 连接 MySQL 数据库，通过预处理语句的 prepare()和 execute()方法执行 INSERT 添加操作，向数据表中添加数据，并且通过设置 PDOStatement 对象的 errorCode 属性来检测代码中的错误。

注意：为了演示效果，在定义 INSERT 添加语句时，使用了错误的数据表名称 score1（正确名称应该是 score），导致输出结果错误。在警告模式和异常模式中也是如此。

【例 16-8】（实例文件：ch16\Chap16.8.php）使用默认模式。

```php
<form action="Chap16.5.php" name="form1" method="post">
    name: <input type="text" name="username">
    math:  <input type="password" name="math">
    <input type="submit" name="Submit" value="提交">
</form>
<?php
if($_POST['username']&&$_POST['math']!=""){
    $name = $_POST['username'];              //获取表单提交过来的姓名
    $math = $_POST['math'];                  //获取表单提交过来的数学成绩
    $dbms='mysql';                           //数据库类型(数据库驱动)
    $host='localhost';                       //数据库主机名
    $dbName='student';                       //使用的数据库
    $user='root';                            //连接数据库的用户名
    $pass='123456';                          //连接数据库的密码
    $dsn="$dbms:host=$host;dbname=$dbName";
    $pdo= new PDO($dsn, $user, $pass);       //初始化一个 PDO 对象
    $query="insert into 'student1'(name,math) VALUES ('$name','$math')";//需要执行的 SQL 语句
    $result=$pdo->prepare($query);           //准备查询语句
    $result->execute();                      //执行查询语句，并返回结果集
    $code =$result->errorCode();
    if(empty($code)){
        echo "数据添加成功";
    }else{
        echo "数据错误: <br>";
        echo 'SQL Query:'.$query;
        echo '<pre>';
        var_dump($result->errorInfo());
        echo '</pre>';
    }
}
?>
```

在 IE 浏览器中运行结果如图 16-8 所示。

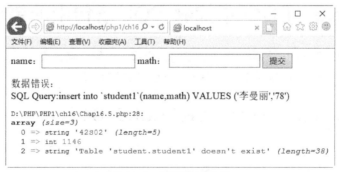

图 16-8　使用默认模式

16.5.2　使用警告模式——PDO::ERRMODE_WARNING

警告模式会产生一个 PHP 警告，并设置 errorCode 属性。如果设置的是警告模式，除非明确检查错误代码，否则程序将继续按照其方式运行。

下面通过一个实例进行介绍。

首先连接 MySQL 数据库，通过预处理语句的 prepare()和 execute()方法执行 SELECT 查询操作，并设置一个错误的数据表名称，然后通过 setAttribute()方法设置为警告模式，最后通过 while 语句和 fetch()方法完成数据的循环输出。

【例 16-9】（实例文件：ch16\Chap16.9.php）使用警告模式。

```php
<?php
$dbms='mysql';                  //数据库类型(数据库驱动)
$host='localhost';              //数据库主机名
$dbName='student';              //使用的数据库
$user='root';                   //连接数据库的用户名
$pass='123456';                 //连接数据库的密码
$dsn="$dbms:host=$host;dbname=$dbName";
try {
    $pdo = new PDO($dsn, $user, $pass,array(PDO::MYSQL_ATTR_INIT_COMMAND=>'SET NAMES UTF8'));
                                //初始化一个 PDO 对象
    $pdo->setAttribute(PDO::ATTR_ERRMODE, PDO::ERRMODE_WARNING);   //设置为警告模式
    $query="select * from score1";                                //需要执行的 SQL 语句
    $result=$pdo->prepare($query);                                //准备查询语句
    $result->execute();
    //while 循环输出查询结果集并设置结果集，以数字索引数组的形式返回
    while($res = $result->fetch(PDO::FETCH_NUM)) {
        echo $res['0'] . " " . $res['1'];
    }
}catch(PDOException $e){
    die("ERROR!:".$e->getMessage());
}
?>
```

在 IE 浏览器中运行结果如图 16-9 所示。

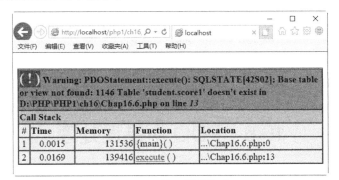

图 16-9　使用警告模式

16.5.3　使用异常模式——PDO::ERRMODE_EXCEPTION

使用异常模式会创建一个 PDOException 类，并设置 errorCode 属性，它可以将执行代码封装到一个 try{...}catch{...}语句中，未捕获的异常将会导致脚本中断，并显示堆栈跟踪，让用户了解是哪里出现的问题。

下面通过一个实例进行介绍。

首先连接数据库，通过预定处理语句的 prepare()和 execute()方法执行 SELECT 查询操作，通过 while 语句和 fetch()方法完成数据的循环输出。

【例 16-10】（实例文件：ch16\Chap16.10.php）使用异常模式。

```php
<?php
```

```
$dbms='mysql';                    //数据库类型(数据库驱动)
$host='localhost';                //数据库主机名
$dbName='student';                //使用的数据库
$user='root';                     //连接数据库的用户名
$pass='123456';                   //连接数据库的密码
$dsn="$dbms:host=$host;dbname=$dbName";
try {
    $pdo = new PDO($dsn, $user, $pass,array(PDO::MYSQL_ATTR_INIT_COMMAND=>'SET NAMES UTF8'));
                                  //初始化一个 PDO 对象
    $pdo->setAttribute(PDO::ATTR_ERRMODE, PDO::ERRMODE_EXCEPTION); //设置为异常模式
    $query="select * from score1";                       //需要执行的 SQL 语句
    $result=$pdo->prepare($query);                       //准备查询语句
    $result->execute();                                  //执行 SQL 语句
    //while 循环输出查询结果集并设置结果集，以数字索引数组的形式返回
    while($res = $result->fetch(PDO::FETCH_NUM)) {
        echo $res['0'] . " " . $res['1'];
    }
}catch(PDOException $e){
    echo "ERROR:".$e->getMessage()."<br/>";              //返回异常信息
    echo "FILE:".$e->getFile()."<br/>";                  //返回发生异常的文件名
    echo "LINE:".$e->getLine();                          //返回发生异常的代码行号
}
?>
```

在 IE 浏览器中运行结果如图 16-10 所示。

图 16-10　使用异常模式

16.6　PDO 中错误处理

PDO 中有两个程序错误的处理方法，分别为 errorCode()方法和 errorInfo()方法。

16.6.1　errorCode()方法

errorCode()方法用于获取在操作数据库句柄时所发生的错误代码，这些错误代码被称为 SQLSTATE 代码。errorCode()方法的语法格式如下：

```
PDOStatement::errorCode(void)
```

errorCode()方法的返回值为一个 SQLSTATE，是由 5 个数字和字母组成的代码。

下面通过一个实例来进行介绍。

首先通过 PDO 连接 MySQL 数据库，然后通过 query()方法执行查询语句，并通过 crrorCode()方法获取错误代码，最后通过 foreach 语句完成数据的循环输出。

注意：为了演示效果，在定义 SQL 语句时使用了错误的数据表 score1。在 errorInfo()方法中也是如此。

【例 16-11】（实例文件：ch16\Chap16.11.php）errorCode()方法。

```php
<?php
$dbms='mysql';                          //数据库类型(数据库驱动)
$host='localhost';                      //数据库主机名
$dbName='student';                      //使用的数据库
$user='root';                           //连接数据库的用户名
$pass='123456';                         //连接数据库的密码
$dsn="$dbms:host=$host;dbname=$dbName";
try{
$pdo=new PDO($dsn,$user,$pass);         //初始化一个 PDO 对象
$query="select * from score1";          //需要执行的 SQL 语句
$res=$pdo->query($query);               //执行的 SQL 语句
echo "errorCode 为: ".$pdo->errorCode()."<br>";
}catch(PDOException $e){
    echo "errorCode 为: ".$pdo->errorCode()."<br>";
    die("Error!:".$e->getMessage().'<br>');
  }
?>
<table border="1" width="300">
    <tr><td>id</td><td>name</td><td>math</td></tr>
<?php foreach ($res as $items){ ?>
    <tr>
        <td><?php echo $items["id"]; ?></td>
        <td><?php echo $items["name"]; ?></td>
        <td><?php echo $items["math"]; ?></td>
    </tr>
<?php } ?>
</table>
```

在 IE 浏览器中运行结果如图 16-11 所示。

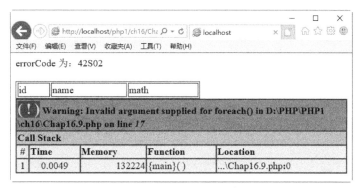

图 16-11　errorCode()方法

16.6.2　errorInfo()方法

errorInfo()方法用于获取操作数据库句柄时所发生的信息错误，该方法的语法格式如下：

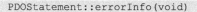
```
PDOStatement::errorInfo(void)
```

errorInfo()方法返回一个的数组。该数组包含了关于上一次语句句柄执行操作的错误信息，如表 16-4 所示。

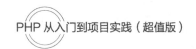

表 16-4　错误信息

返 回 信 息	说　　明
0	SQLSTATE 错误码（一个由 5 个字母或数字组成的，在 ANSI SQL 标准中定义的标识符）
1	具体驱动错误码
2	具体驱动错误信息

下面通过一个实例来进行介绍。

首先通过 PDO 连接 MySQL 数据库，然后通过 query()方法执行查询语句，并通过 errorInfo()方法获取错误信息，最后通过 foreach 语句完成数据的循环输出。

【例 16-12】（实例文件：ch16\Chap16.12.php）errorInfo()方法。

```php
<?php
$dbms='mysql';                                //数据库类型(数据库驱动)
$host='localhost';                            //数据库主机名
$dbName='student';                            //使用的数据库
$user='root';                                 //连接数据库的用户名
$pass='123456';                               //连接数据库的密码
$dsn="$dbms:host=$host;dbname=$dbName";
try{
$pdo=new PDO($dsn,$user,$pass);               //初始化一个 PDO 对象
$query="select * from score1";                //需要执行的 SQL 语句
$res=$pdo->query($query);                     //执行的 SQL 语句
print_r($pdo->errorInfo());                   //获取错误信息
}catch(PDOException $e){
    echo "errorCode 为: ".$pdo->errorCode()."<br>";
    die("Error!:".$e->getMessage().'<br>');
}
?>
<table border="1" width="300">
    <tr><td>id</td><td>name</td><td>math</td></tr>
    <?php foreach ($res as $items){ ?>
        <tr>
            <td><?php echo $items["id"]; ?></td>
            <td><?php echo $items["name"]; ?></td>
            <td><?php echo $items["math"]; ?></td>
        </tr>
    <?php } ?>
</table>
```

在 IE 浏览器中运行结果如图 16-12 所示。

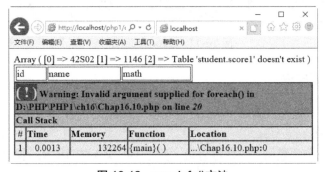

图 16-12　errorInfo()方法

16.7　PDO 中事务处理

在 PDO 中可以实现事务处理的功能。可以使用 beginTransaction()方法开始一个事务，使用 rollBack()方法回滚事务，使用 commit()方法提交事务。

在开始一个事务后，可以有若干个 SQL 查询或更新语句。所有的 SQL 语句递交执行后，还应该有判断是否正确执行的语句，以确定下一步是否回滚。若都正确执行，则最后提交事务；否则事务回滚，数据库保持开始事务前的状态。事务可被视为原子（一个不可分割的最小工作单元）操作，事务中的所有 SQL 语句，要么全部执行，要不一句都不执行。

下面通过一个实例来进行介绍。

具体的实现步骤：首先定义数据库连接的参数，创建 try{…}catch(){…}语句，在 try{}语句中实例化 PDO 构造函数，完成与数据库的连接，并且通过 beginTransaction()方法开启事务；然后，定义 UPDATE 修改语句，修改表 transaction 中小明和小红的钱数，小红和小明都有 100 元，现在让小明付给小红 50 元，小明应该还有 50 元，小红应该有 150 元；通过 commit()方法完成事务的提交；最后，在 catch(){}语句中返回错误信息，并且通过 rollBack()方法执行事务的回滚操作。

提示：在更新小红的钱数时，故意把数据表 transaction1 写错，也就是相当于，小明的钱扣掉了，而小红没收到钱。在正常情况下，小明支付的 50 元就不翼而飞了，因为小红没有收到这 50 元。使用了事务后，交易失败会执行事务回滚，回到初始状态，小明和小红的钱数会回到初始值，各有 100 元。

【例 16-13】（实例文件：ch16\Chap16.13.php）PDO 中的事务处理。

```php
<?php
    $dbms='mysql';                      //数据库类型(数据库驱动)
    $host='localhost';                  //数据库主机名
    $dbName='student';                  //使用的数据库
    $user='root';                       //连接数据库的用户名
    $pass='123456';                     //连接数据库的密码
    $dsn="$dbms:host=$host;dbname=$dbName";
    try{
        $pdo=new PDO($dsn,$user,$pass,array(PDO::MYSQL_ATTR_INIT_COMMAND=>"SET NAMES UTF8"));
                                        //初始化一个 PDO 对象
        $pdo -> beginTransaction();  //开始事务
        $price="50";
        $ming=$pdo->exec("UPDATE 'transaction' SET 'name'='小明','money'=money-{$price} WHERE
id=1");
        if($ming){
            echo "小明付款成功！";
        }else{
            throw new PDOException("小明付款失败！");        //抛出异常，跳转到 catch 语句
        }
        $hong=$pdo->exec("UPDATE 'transaction1' SET 'name'='小红','money'=money+{$price} WHERE
id=2");
        if($hong){
            echo "小红收款成功！";
        }else{
            throw new PDOException("小红收款失败！");       //抛出异常，跳转到 catch 语句
        }
        echo "<br/>交易成功！";
        $pdo->commit();                                 //执行事务的提交操作
    }catch (PDOException $e){
        echo "Error!:".$e->getMessage().'<br>';
```

```
        echo "交易失败！";
        $pdo->rollBack();                          //执行事务回滚，撤销所有操作
    }
?>
```

在 IE 浏览器中运行结果如图 16-13 所示。

图 16-13　PDO 中的事务处理

16.8　就业面试技巧与解析

16.8.1　面试技巧与解析（一）

面试官：用过预处理吗？

应聘者：使用过，PDO 类中，prepare()方法可以实现预处理，PDOStament 类中的 excute()方法可以执行预处理。

16.8.2　面试技巧与解析（二）

面试官：MySQL 事务的应用场景有哪些？

应聘者：事务处理在各种管理系统中都有着广泛的应用，如人员管理系统，很多同步数据库操作大都需要用到事务处理。例如，在人员管理系统中删除一个人员，既需要删除人员的基本资料，也要删除和该人员相关的信息，如信箱、文章等，这样，这些数据库操作语句就构成一个事务。例如，手机充值过程，支付宝金额减少，相应的手机话费增加，只要有一个操作不成功，则另外的操作也不会成功。

第 5 篇

项目实践

在本篇中，将通过运用前面所学的编程知识、技能以及开发技巧来开发实战项目，主要包括论坛系统、文章发布系统、企业网站管理系统以及图书管理系统等。通过本篇的学习，读者将对 PHP 在项目开发中的实际应用和开发流程拥有一个切身的体会，为日后进行软件项目管理及实战开发积累经验。

- 第 17 章　论坛系统
- 第 18 章　文章发布系统
- 第 19 章　企业网站管理系统
- 第 20 章　图书管理系统

第 17 章

论坛系统

 学习指引

论坛随着网络的发展，如雨后春笋般出现，并迅速发展壮大。论坛几乎涵盖了人们生活的各个方面，几乎每一个人都可以找到自己感兴趣或者需要了解的专题性论坛，而各类网站、综合性门户网站或者功能性专题网站也都青睐于开设自己的论坛，以促进网友之间的交流、增加互动性和丰富网站的内容。本章就来实现一个简单的论坛。

 重点导读

- 了解论坛。
- 熟悉论坛的登录注册。
- 熟悉添加论坛及处理。
- 熟悉发布新帖及处理。
- 熟悉回帖及处理。

17.1 论坛概述

17.1.1 开发环境

1. 服务器端

- 操作体统：Windows 10 教育版。
- 服务器：Apache 2.4.35。
- PHP 软件：PHP 7.2.10。
- 数据库：MySQL 5.7.23。
- MySQL 图像化管理工具：phpMyAdmin 4.8.3。
- 浏览器：IE 11 版本。

- 开发工具：PhpStorm-2018.2.3.exe。

2. 客户端

浏览器：IE 11 版本。

17.1.2 文件结构

文件结构目录如图 17-1 所示。

具体说明如下。

- database：存放创建数据库文件的文件夹。
- add_forum.php：添加论坛的文件。
- addnew.php：发布新帖的文件。
- addnew_post.php：处理发布新帖的文件。
- forums.php：论坛详情页。
- index.php：首页文件。
- login.php：登录页面文件。
- login_check.php：登录验证页面文件。
- reg.php：注册页面文件。
- reg_check.php：注册页面验证文件。
- reply.php：帖子回复文件。
- reply_post.php：处理帖子回复的文件。
- save_forum.php：处理添加论坛的文件。
- thread.php：帖子详情页文件。

图 17-1　文件结构目录

17.2　论坛教程简介

　　互联网上有各式各样的论坛，论坛的存在是为了方便人与人之间的交流，那么肯定是需要发布内容，但是发布内容也不是人人都能发布的，是需要登录的，否则是不允许发布的。有论坛了，里面肯定是要有帖子的，别人看到发布的帖子，是可以进行留言回复的，本节就来介绍论坛的这些功能。

17.2.1　论坛数据库搭建

创建一个名为 **mybbs** 的数据库。代码如下：

```php
<?php
header("Content-type:text/html;charset=utf-8");          //设置编码
$servername = "localhost";
$username = "root";
$password = "";
//创建连接
$conn = mysqli_connect($servername, $username, $password);
mysqli_query($conn,'set names utf8');                     //设定字符集
//检测连接
if (!$conn) {
```

```php
    die("连接失败: " . mysqli_connect_error());
}
//创建数据库
$sql = "CREATE DATABASE mybbs";
if (mysqli_query($conn, $sql)) {
    echo "数据库创建成功";
} else {
    echo "数据库创建失败: " . mysqli_error($conn);
}
mysqli_close($conn);
?>
```

建立论坛的版块表 forums，这个表中存放的是发布论坛。代码如下：

```php
<?php
header("Content-type:text/html;charset=utf-8");         //设置编码
$servername = "localhost";
$username = "root";
$password = "";
$dbname = "mybbs";
//创建连接
$conn = mysqli_connect($servername, $username, $password, $dbname);
mysqli_query($conn,'set names utf8');                   //设定字符集
//检测连接
if (!$conn) {
    die("连接失败: " . mysqli_connect_error());
}
//使用 SQL 创建数据表
$sql = "CREATE TABLE forums (
 id INT(6) UNSIGNED AUTO_INCREMENT PRIMARY KEY,
 'forum_name' varchar(50) NOT NULL,
  'forum_description' varchar(200) NOT NULL,
  'subject' varchar(50) NOT NULL,
  'last_post_time' datetime NOT NULL
 );";
if (mysqli_query($conn, $sql)) {
    echo "数据表 forums 创建成功";
} else {
    echo "创建数据表错误: " . mysqli_error($conn);
}
mysqli_close($conn);
?>
```

创建用户表 member，表中存放用户，没有的话是不允许发布和回复帖子的。

```php
<?php
header("Content-type:text/html;charset=utf-8");         //设置编码
$servername = "localhost";
$username = "root";
$password = "";
$dbname = "mybbs";
//创建连接
$conn = mysqli_connect($servername, $username, $password, $dbname);
mysqli_query($conn,'set names utf8');                   //设定字符集
//检测连接
if (!$conn) {
    die("连接失败: " . mysqli_connect_error());
}
```

```
//使用 SQL 创建数据表
$sql = "CREATE TABLE member (
 id INT(11) UNSIGNED AUTO_INCREMENT PRIMARY KEY,
 'username' varchar(50) NOT NULL,
  'password' varchar(50) NOT NULL,
  'email' varchar(50) NOT NULL,
  'log_time' datetime NOT NULL
);";
if (mysqli_query($conn, $sql)) {
    echo "数据表 member 创建成功";
} else {
    echo "创建数据表错误: " . mysqli_error($conn);
}
mysqli_close($conn);
?>
```

下面建立帖子表 tiopic，tiopic 存放的字段如下：

author	发布帖子的作者
title	帖子的标题
content	帖子的内容
last_post_time	帖子发布的时间
reply_author	帖子的回复人
reply	帖子的回复内容
reply_time	回复帖子的时间

实现代码如下：

```
<?php
header("Content-type:text/html;charset=utf-8");          //设置编码
$servername = "localhost";
$username = "root";
$password = "";
$dbname = "mybbs";
//创建连接
$conn = mysqli_connect($servername, $username, $password, $dbname);
mysqli_query($conn,'set names utf8');                     //设定字符集
//检测连接
if (!$conn) {
    die("连接失败: " . mysqli_connect_error());
}
//使用 SQL 创建数据表
$sql = "CREATE TABLE tiopic (
 id INT(11) UNSIGNED AUTO_INCREMENT PRIMARY KEY,
 'author' varchar(50) NOT NULL,
  'title' varchar(100) NOT NULL,
  'content' text NOT NULL,
  'last_post_time' datetime NOT NULL,
  'reply_author' varchar(50) DEFAULT NULL,
  'reply' text,
  'reply_time' datetime DEFAULT NULL
);";
if (mysqli_query($conn, $sql)) {
    echo "数据表 tiopic 创建成功";
} else {
    echo "创建数据表错误: " . mysqli_error($conn);
}
mysqli_close($conn);
?>
```

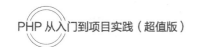

提示：本教程只是演示简单的论坛原理，所以将发布帖子的内容与回复帖子的内容放在了一起，真正完整的论坛回复需要用到 PHP 的递归，本教程没有用递归，所以回复帖子的时候，新内容会覆盖之前的内容。

17.2.2　论坛的版块

从首页开始读取数据库中的信息。首页主要是循环显示 forums 表中的所有论坛版块。

```php
<?php
header("Content-type:text/html;charset=utf-8");        //设置编码
$servername = "localhost";
$username = "root";
$password = "root";
$dbname = "mybbs";
//创建连接
$conn = mysqli_connect($servername, $username, $password, $dbname);
mysqli_set_charset($conn,'utf8');                       //设定字符集
$sql="select * from forums";
$que=mysqli_query($conn,$sql);
while($row=mysqli_fetch_array($que)){
    echo "论坛 :".$row['forum_name'];
}
?>
```

这样运行，页面没有任何输出，因为刚建立的数据库中没有任何数据。为让论坛更加人性化，假如没有论坛版块，应该输出"对不起，论坛尚在建设中"的字样，可以用 **mysqli_num_rows()** 得到结果数目，代码如下：

```php
<?php
header("Content-type:text/html;charset=utf-8");        //设置编码
$servername = "localhost";
$username = "root";
$password = "root";
$dbname = "mybbs";
//创建连接
$conn = mysqli_connect($servername, $username, $password, $dbname);
mysqli_set_charset($conn,'utf8');                       //设定字符集
$sql="select * from forums";
$que=mysqli_query($conn,$sql);
$sum=mysqli_num_rows($que);
if($sum){
    while($row=mysqli_fetch_array($que)){
        echo "论坛 :".$row['forum_name'];
    }
}else{
    echo "对不起，论坛正在建设中，感谢你的关注......";
}
?>
```

现在用 **CSS** 的样式和布局让页面看起来更美观一些，代码如下：

```html
<!DOCTYPE html>
<html lang="en">
<head>
    <meta charset="UTF-8">
    <title>论坛</title>
    <style>
```

```
        table{
            width: 55%;
            margin-top: 10px;
        }
        .title{
            background-color: #B10707;
            font-size: 17px;
            color: white;
        }
        .right{
            margin-left: 120px;
        }
    </style>
</head>
<body>
<table border="1px" cellspacing="0" cellpadding="8"align="center">
    <tr class="title">
        <td COLSPAN="3">
            论坛列表<span class="right">[<a style="color: white" href="add_forum.php">添加</a> ]</span>
        </td>
    </tr>
    <tr>
        <td width="10%"><strong>主题</strong></td>
        <td width="40"><strong>论坛</strong></td>
        <td width="15"><strong>最后更新</strong></td>
    </tr>
    <?php
$sql="select * from forums";
$que=mysqli_query($conn,$sql);
$sum=mysqli_num_rows($que);
if($sum>0) {
while ($row = mysqli_fetch_array($que)) {
?>
<tr>
            <td><?php echo $row['subject'] ?></td>
            <td><?php echo "<div class=\"bold\"><a class=\"forum\" href=\"forums.php?F=" .
$row['id'] . "\">" . $row["forum_name"] . "</a></div>"
 . $row["forum_description"] ?></td>
            <td>
                <div><?php echo $row["last_post_time"]?></div>
            </td>
        </tr>
        <?php
}
    }else{
echo "<tr><td colspan='3'>对不起，论坛正在建设中，感谢你的关注......</td></tr>";
    }
?>
</table>
</body>
</html>
```

现在数据库中还没有数据，所以运行首页只显示"对不起，论坛尚在建设中，感谢你的关注……"。

17.2.3 添加论坛

本页面使用 table 表格进行布局，代码如下：

```
<!DOCTYPE html>
<html lang="en">
<head>
    <meta charset="UTF-8">
    <title>论坛</title>
    <style>
        table,td,tr{
            border: 1px solid #B10707;
        }
        .btn{
            background-color: #B10707;
            width: 90px;
            height: 40px;
            font-size: 15px;
            color: white;
            border: none;
        }
        #title{
            color: White;
        }
        .input{
            border: 1px solid red;
            width: 200px;
            height: 20px;
        }
        a{
            color: White;
        }
        .right{
            margin-left: 10px;
        }
    </style>
</head>
<body>
<form action="save_forum.php" method="post">
    <table width="450px" cellspacing="0" cellpadding="8" align="center">
        <tr  id="title">
            <td colspan="2" style="background-color: #B10707">
                    论坛管理 <span class="right">[<a href="index.php">返回首页</a> ]</span>
            </td>
        </tr>
        <tr>
            <td width="23%"><strong>论坛名称</strong></td>
            <td width="77%"><input name="forum_name" type="text" class="input"></td>
        </tr>
        <tr>
            <td width="23%"><strong>论坛主题</strong></td>
            <td width="77%"><input name="Subject" type="text"  class="input"></td>
        </tr>
        <tr>
            <td><strong>论坛简介</strong></td>
            <td><textarea name="forum_description" cols="30" rows="5"></textarea></td>
        </tr>
        <tr>
        </tr>
        <tr>
            <td></td>
            <td>
```

```
            <input type="submit" name="submit" class="btn" value="添加">
            <input type="reset" name="submit2" class="btn" value="重置">
         </td>
      </tr>
   </table>
</form>
</body>
</html>
```

提示：现在的添加页面还没有加入判断用户是否登录，正常情况下，如果用户没有登录是不允许添加论坛的。

下一步就是要把表单填写的数据提交到 save_forum.php 页面处理，并将数据保存到数据库中。

17.2.4 处理添加的论坛页面

本页面是处理从添加页面表单提交过来的数据。

```
<?php
header("content-type:text/html;charset=utf8");
$forum_name=$_POST["forum_name"];
$forum_description=$_POST["forum_description"];
$Subject=$_POST['Subject'];
$time=date("Y-m-d H:i:s");
$conn=mysqli_connect("localhost","root","root","mybbs");
mysqli_set_charset($conn,"utf8");
$sql="insert into forums (forum_name,forum_description,subject,last_post_time) VALUES ('$forum_name','$forum_description','$Subject','$time')";
$que=mysqli_query($conn,$sql);
if($que){
    echo "<script>alert('添加成功');location.href='index.php';</script>";
}else{
    echo "<script>alert('添加失败，请稍后再试');location.href='add_forum.php';</script>";
}
?>
```

现在可以添加论坛了，可以试着添加一个论坛，再到首页去看一下效果。

前面说过，用户如果在没有登录的情况下，是不允许发布添加论坛的。所以，下面设计登录页面。

17.2.5 登录页面

登录页面使用 table 表格进行布局，加上一些简单的 CSS 样式。给登录页面进行简单的 JS 判断，如果用户名和密码没有填写登录，会给出相关的提示信息。

具体代码如下：

```
<!DOCTYPE html>
<html lang="en">
<head>
    <meta charset="UTF-8">
    <title>用户登录</title>
</head>
<body>
<!DOCTYPE html>
<html lang="en">
<head>
    <meta charset="UTF-8">
```

```
    <title>登录界面</title>
    <script type="text/javascript">
        function foo(){
            if(myform.username.value=="")
            {
                alert("请输入用户名");
                myform.username.focus();
                return false;
            }
            if (myform.password.value=="")
            {
                alert("请输入密码");
                myform.password.focus();
                return false;
            }
        }
    </script>
    <style type="text/css">
        table{
            height: 300px;
        }
        input{
            width: 190px;
            height: 25px;
        }
        .title{
            background-color:#B10707 ;
            color: white;
            border: none;
        }
        .but{
            width: 140px;
            height: 43px;
        }
        .spa{
            margin-left: 10px;
        }
    </style>
</head>
<body>
<form action="login.php" method="post" onsubmit="return foo();" name="myform" >
    <table width="400px" border="1" cellpadding="12" cellspacing="1" align="center">
        <tr>
            <td colspan="2" class="title">会员登录<span class="spa">[<a style="color: white" href="index.php">返回首页]</a></span></td>
        </tr>
        <tr>
            <td width="110px">会员 ID</td>
            <td><input type="text" name="username"></td>
        </tr>
        <tr>
            <td width="110px">会员密码</td>
            <td><input type="password" name="password"></td>
        </tr>
        <tr>
            <td colspan="2" align="center">
                <button class="but" style="text-align: center">立即登录</button>
            </td>
```

```
        </tr>
      </table
</form>
</body>
</html>
</body>
</html>
```

将在页面填写的信息提交到 login_check.php 页面处理。

17.2.6 登录验证页面

本页面就是将登录页面传过来的数据跟数据库里的数据进行比对，不正确的话不允许用户登录。代码如下：

```php
<?php
session_start();
$link = mysqli_connect('localhost','root','','mybbs');        //链接数据库
mysqli_query($link,'set names utf8');                          //设定字符集
$username=$_POST['username'];
$password=$_POST['password'];
if($username==''){
    echo "<script>console.log('请输入用户名');location='" . $_SERVER['HTTP_REFERER'] . "'</script>";
    exit;
}
if($password==''){

    echo  "<script>console.log(' 请 输 入 密 码 ');location='"  .  $_SERVER['HTTP_REFERER']  .
"'</script>";
    exit;
}
$sql="select username,password from member where username='$username'"; //从数据库查询信息
$que=mysqli_query($link,$sql);
$row=mysqli_fetch_array($que);
if($row){
    if($password!=($row['password']) || $username !=$row['username']){
        echo "<script>alert('密码错误，请重新输入');location='login.php'</script>";
        exit;
    }
    else{
        $_SESSION['username']=$row['username'];
        @$_SESSION['id']=$row['id'];
        echo "<script>alert('登录成功');location='index.php'</script>";
    }

}else{
    echo "<script>alert('您输入的用户名不存在');location='login.php'</script>";
    exit;
};
?>
```

因为现在还没有注册，所以不能登录，下面设计注册页面。

17.2.7 注册页面

注册页面使用 table 表格进行布局。

代码如下：

```html
<!DOCTYPE html>
<html lang="en">
<head>
    <meta charset="UTF-8">
    <title>用户注册</title>
    <style type="text/css">
        table{
            height: 300px;
        }
        input{
            width: 190px;
            height: 25px;
        }
        .title{
            background-color:#B10707 ;
            color: white;
            border: none;
        }
        .but{
            width: 140px;
            height: 43px;
        }
        .spa{
            margin-left: 10px;
        }
    </style>
    <script type="text/javascript">
        function checkinput()
        {
            if(myform.username.value=="")
            {
                alert("请输入你的账号");
                myform.username.focus();
                return false;
            }
            if (myform.password.value=="")
            {
                alert("请输入密码");
                myform.password.focus();
                return false;
            }
            if(myform.password.value != myform.password1.value){
                alert("你输入的两次密码不一致，请重新输入! ");
                myform.password.focus();
                return false;
            }
        }
    </script>
</head>
<body>
<form method="post" action="reg.php"  onsubmit=" return checkinput();" name="myform">
    <table width="400px" border="1" cellpadding="12" cellspacing="1" align="center">
        <tr>
            <td colspan="2" class="title">用户注册<span class="spa">[<a style="color: white" href="index.php">返回首页]</a></span></td>
        </tr>
```

```
        <tr>
            <td width="110px">会  员   ID</td>
            <td><input type="text" name="username" autocomplete="off"></td>
        </tr>
        <tr>
            <td width="110px">密      码</td>
            <td><input type="password" name="password" autocomplete="off"></td>
        </tr>
        <tr>
            <td width="110px">确认密码</td>
            <td><input type="password" name="password1"></td>
        </tr>
        <tr>
            <td width="110px">邮      箱</td>
            <td><input type="email" name="email"></td>
        </tr>
        <tr>
            <td colspan="2" align="center">
                <button class="but" style="text-align: center">立即注册</button>
            </td>
        </tr>
    </table>
</form>
</body>
</html>
```

下一步将注册填写的信息提交到 reg_check.php 页面处理。

17.2.8 注册验证页面

本页面是把从注册页面传过来的数据存放到数据库里。

```php
<?php
$servername = "localhost";
$username = "root";
$password = "";
$dbname = "mybbs";
//创建连接
$conn = mysqli_connect($servername, $username, $password, $dbname);
mysqli_query($conn,'set names utf8'); //设定字符集
$username=$_POST['username'];
$password=$_POST['password'];
$email=trim($_POST['email']);
$log_time=date("Y-m-d H:i:s");
$sql1="select * from menber where username='$username'";
$que=mysqli_query($conn,$sql1);
if(@$num){
    echo"<script>alert('用户名已经被注册');location.href='reg.php';</script>";
}else{
    $sql="insert into member(username,password,email,log_time)VALUES
    ('$username','$password','$email','$log_time')";
    $que=mysqli_query($conn,$sql);
    $_SESSION['username']=$username;
    echo "<script>alert('注册成功');location.href='index.php';</script>";
}
?>
```

现在登录注册页面都完成了，就可以进行注册登录了。

17.2.9　论坛详情页

从首页进入一个论坛，可以看到这个论坛里面所有发布的帖子。

本页面主要是从 tiopic 表中调数据，然后再做分页，代码如下：

```php
<?php
session_start();
header("Content-type:text/html;charset=utf-8");          //设置编码
$page=isset($_GET['page']) ?$_GET['page'] :1 ;            //接收页码
$page=!empty($page) ? $page :1;
$F=$_GET['F'];
//创建连接
$conn = mysqli_connect("localhost", "root", "root", "mybbs");
mysqli_set_charset($conn,'utf8');                         //设定字符集
$table_name="tiopic";                                    //查取表名设置
$perpage=5;                                               //每页显示的数据个数
//最大页数和总记录数
$total_sql="select count(*) from $table_name";
$total_result =mysqli_query($conn,$total_sql);
$total_row=mysqli_fetch_row($total_result);
$total = $total_row[0];                                   //获取最大页码数
$total_page = ceil($total/$perpage);                     //向上整数
//临界点
$page=$page>$total_page ? $total_page:$page;              //当下一页数大于最大页数时的情况
//分页设置初始化
$start=($page-1)*$perpage;
$sql="select * from tiopic order by id desc limit $start ,$perpage";
$que=mysqli_query($conn,$sql);
$sum=mysqli_num_rows($que);
?>
<!DOCTYPE html>
<html lang="en">
<head>
    <meta charset="UTF-8">
    <title>帖子</title>
    <style>
        .cen{
            border: none;
            width: 600px;
            margin: 0 auto;
            height: 40px;
            background-color: rgba(34, 35, 62, 0.08);
        }
        .left{
            width: 535px;
            float: left;
        }
        .right{
            width: 65px;
            height: 30px;
            background-color:#B10707 ;
            float: left;
            margin-top: 8px;
```

```
        }
        .title{
            background-color: #B10707;
            color: white;
        }
        .list{
            margin-left: 12px;
        }
    </style>
</head>
<body>
<div class="cen">
<div class="left">
  <?php
 $sql1="select forum_name from forums where id='$F'";
 $squ1=mysqli_query($conn,$sql1);
 $row=mysqli_fetch_array($squ1);
 $forum_name=$row['forum_name'];
 echo "当前论坛为: <a href=\"index.php\">$gb_name</a>-->>$forum_name";
 ?>
</div>
<div class="right"><a style="color: white" href="addnew.php">发布新帖</a> </div>
</div>
<table width="600px" border="1" cellpadding="8" cellspacing="0" align="center">
    <tr class="title">
        <td colspan="3">帖子列表 <span class="list">[<a style="color: white" href="index.php">
返回</a> ]</span></td>
    </tr>
    <tr>
        <td width="280px">主题列表</td>
        <td width="160px" >作者</td>
        <td width="160px">最后更新</td>
    </tr>
    <?php
    if($sum>0) {
  while($row=mysqli_fetch_array($que)) {
  ?>
  <tr>
        <td width="280px"><div><a href="thread.php?id=<?php echo $row['id']?>"></a><?php echo
$row['title']?></div> </td>
        <td width="160px"><?php echo $row['author'] ?></td>
        <td width="160px"><?php echo $row['last_post_time']?></td>
    </tr>
        <tr>
            <td colspan="3">
                <?php }
                }
    else{
  echo "<tr><td colspan='5'>本版块没有帖子......</td></tr>";
                } ?>
  </td>
        </tr>
    <tr>
        <td colspan="5">
            <div id="baner" style="margin-top: 20px">
                <a href="<?php
                echo "$_SERVER[PHP_SELF]?page=1"
```

```
?>">首页</a>
              <a href="<?php
            echo "$_SERVER[PHP_SELF]?page=".($page-1)
?>">上一页</a>
            <!--       显示 123456 等页码按钮-->
<?php
            for($i=1;$i<=$total_page;$i++){
if($i==$page){//当前页为显示页时加背景颜色
echo "<a  style='padding: 5px 5px;background: #000;color: #FFF' href='$_SERVER[PHP_SELF]?page=$i'>
$i</a>";
                }else{
echo "<a  style='padding: 5px 5px' href='$_SERVER[PHP_SELF]?page=$i'>$i</a>";
                }
            }
?>
  <a href="<?php
            echo "$_SERVER[PHP_SELF]?page=".($page+1)
?>">下一页</a>
              <a href="<?php
            echo "$_SERVER[PHP_SELF]?page={$total_page}"
?>">末页</a>
              <span>共<?php echo $total?>条</span>
        </div>
    </td>
   </tr>
</table>
</body>
</html>
```

现在 tiopic 表中没有数据，所以会显示"本版块没有帖子……"。做了发布新帖的链接，下面设计添加帖子的页面。

17.2.10　发布新帖

代码如下：

```
<!DOCTYPE html>
<html lang="en">
<head>
    <meta charset="UTF-8">
    <title>添加新帖</title>
    <style>
        .title{
            background-color: #B10707;
            color: white;
        }
        .sub{
            text-align: center;
        }
        .but{
            background-color: #B10707;
            width: 90px;
            height: 40px;
            font-size: 15px;
            color: white;
            border: none;
        }
```

```
            input{
                width: 250px;
                height: 25px;
            }
            .right{
                margin-left: 10px;
            }
        </style>
    </head>
    <body>
    <form method="post" action="addnew_post.php">
        <table width="500px" border="1" cellpadding="8" cellspacing="0" align="center">
            <tr class="title">
                <td colspan="2">
                    编辑帖子<span class="right">[<a style="color: white" href="forums.php">返回
</a> ]</span>
                </td>
            </tr>
            <tr>
                <td width="100px">作者</td>
                <td><input type="text" name="author"></td>
            </tr>
            <tr>
                <td width="100px">标题</td>
                <td><input type="text" name="title"></td>
            </tr>
            <tr>
                <td width="100px">内容</td>
                <td><textarea cols="43" rows="15" name="content">
                </textarea></td>
            </tr>
            <tr class="sub">
                <td colspan="2">
                    <input type="submit" value="发布" class="but">
                    <input type="reset" value="重置" class="but">
                </td>
            </tr>
        </table>
    </form>
    </body>
    </html>
```

提示：这里暂时也没有判断用户是否登录，稍后会总结完整的代码。下一步就是将数据传递到 addnew_post.php 页面处理。

17.2.11　处理新发帖的页面

本页面主要是处理从发布页面 addnew.php 传过来的数据，然后进行数据库存入。

```php
<?php
header("Content-type:text/html;charset=utf-8");        //设置编码
$author=$_POST['author'];
$title=$_POST['title'];
$content=$_POST['content'];
$last_post_time=date("Y-m-d H:i:s");
$servername = "localhost";
$username = "root";
```

281

```
$password = "root";
$dbname = "mybbs";
//创建连接
$conn = mysqli_connect($servername, $username, $password, $dbname);
mysqli_set_charset($conn,'utf8');                    //设定字符集
$sql="insert into tiopic(author,title,content,last_post_time) values('$author','$title',
'$content','$last_post_time')";
$que=mysqli_query($conn,$sql);
if($que){
    echo "<script>alert('发布成功');location.href='forums.php';</script>";
}else{
    echo "<script>alert('好像有点小问题......');location.href='addnew.php';</script>";
}
?>
```

现在已经可以发布帖子了。

17.2.12　帖子回复

回复页面也是采用了 table 表格布局。代码如下：

```
<!DOCTYPE html>
<html lang="en">
        <head>
        <meta charset="UTF-8">
        <title>回复</title>
        <style>
.title{
    background-color: #B10707;
    color: white;
}
.sub{
    text-align: center;
}
.but{
    background-color: #B10707;
    width: 90px;
    height: 40px;
    font-size: 15px;
    color: white;
    border: none;
}
input{
    width: 250px;
    height: 25px;
}
.right{
    margin-left: 10px;
}
</style>
            <script type="text/javascript">
                function checkinput()
                {
                    if(myform.reply_author.value=="")
                    {
                        alert("请输入你的昵称");
                        myform.reply_author.focus();
                        return false;
```

```
            }
            if (myform.reply.value=="")
            {
                alert("请输入你想回复的内容");
                myform.reply.focus();
                return false;
            }
        }
    </script>
</head>
<body>
<form method="post" action="reply_post.php?id=<?php echo $_GET['id']; ?>" onsubmit=" return
checkinput();" name="myform">
        <table width="500px" border="1" cellpadding="8" cellspacing="0" align="center">
        <tr class="title">
        <td colspan="2">
        回复帖子<span class="right">[<a style="color: white" href="forums.php">返回</a> ]</span>
</td>
</tr>
<tr>
<td width="100px">回复人</td>
        <td><input type="text" name="reply_author"></td>
        </tr>
        <tr>
        <tr>
        <td width="100px">回复内容</td>
        <td><textarea cols="43" rows="10" name="reply">
        </textarea></td>
        </tr>
        <tr class="sub">
        <td colspan="2">
        <input type="submit" value="快速回复" class="but">
        <input type="reset" value="重置" class="but">
        </td>
        </tr>
        </table>
        </form>
        </body>
        </html>
```

下一步将回复的内容提交到 reply_post.php 页面进行数据处理。

17.2.13 查看帖子详情

已经成功发布了帖子，但是在论坛详情页看到的内容有限，如果想看到更多的信息，需要进一步详情操作。

```php
<?php
header("Content-type:text/html;charset=utf-8");        //设置编码
//创建连接
$conn = mysqli_connect("localhost", "root", "root", "mybbs");
mysqli_set_charset($conn,'utf8');                      //设定字符集
$id=$_GET['id'];
$sql="select * from tiopic where id='$id'";
$que=mysqli_query($conn,$sql);
$row=mysqli_fetch_array($que);
?>
```

```
<!DOCTYPE html>
<html lang="en">
<head>
    <meta charset="UTF-8">
    <title>详情</title>
    <style>
        .left{
            width: 170px;
        }
        .bg{
            background-color: #B10707;
            color: white;
        }
        .fh{
            margin-left: 18px;
        }
        .spa{
            margin-left: 25px;
        }
        .ind{
            text-indent:2em;
        }
    </style>
</head>
<body>
<table width="600px" border="1" cellpadding="12" cellspacing="0" align="center">
    <tr>
        <td colspan="2" class="bg"><?php echo $row['title'] ?>
 <span class="fh"><a style="color: white" href="forums.php">[返回]</a></span>
        </td>
    </tr>
    <tr>
        <td rowspan="2" class="left">
            发帖人:
<?php
                echo $row['author']
?>
</td>
        <td>
            发帖时间: <?php echo $row['last_post_time']?>
<span class="spa"><a href="reply.php?id=<?php echo$row['id']?>">回复</a></span>
        </td>
    </tr>
    <tr class="ind">
        <td><?php echo $row['content']?></td>
    </tr>
    <?php
    if($row['reply']==""){
echo "<tr>
            <td colspan='2'>暂时还没有回复哦！！！</td>
        </tr>";
    }else{
echo "<tr>
            <td>回复人:".$row['reply_author'].". ".$row['reply_time']."</td>
            <td>".$row['reply']."</td>
        </tr>";
    }
?>
```

```
</table>
</body>
</html>
```

在代码中有一个回复链接，是可以对帖子进行回复的（只能回复一次）。

17.2.14　处理回复帖子的页面

本页面是将回复页面传过来的数据存放到数据库。

```php
<?php
header("Content-type:text/html;charset=utf-8");          //设置编码
$id=$_GET['id'];
$reply_author=$_POST['reply_author'];
$reply=$_POST['reply'];
$reply_time=date("Y-m-d H:i:s");
//创建连接
$conn = mysqli_connect("localhost", "root", "root", "mybbs");
mysqli_set_charset($conn,'utf8');                        //设定字符集

$sql="update tiopic set reply_author='$reply_author',reply='$reply',reply_time='$reply_time'
WHERE id='$id'";
$que=mysqli_query($conn,$sql);
if($que){
    echo "<script>alert('回复成功');location.href='thread.php?id=1';</script>";
}else{
    echo "<script>alert('你的回复好像有点小问题......');location.href='thread.php';</script>";
}
?>
```

现在，回复成功的话，在帖子详情页面就会有回复的信息了。

17.3　论坛完整代码

完成了论坛的基本功能，下面将代码组合整理一下，完整展示出来。

17.3.1　首页完整代码

创建首页 index.php 文件。本页面加入了登录、注册、退出功能，并使用 Session 判断用户是否登录。

```php
<?php
  if($_SESSION['username']){
?>
<a href="?act=loginout">退出</a>
  <?php }
else{
?>
<a href="login.html">登录</a>|<a href="reg.html">注册</a>
  <?php
}
?>
```

销毁 Session：

```php
<?php
```

```
session_start();
if($_GET['act']=="loginout"){
$_SESSION['username']='';
?>
<script>
    location.href="?";
</script>
<?
exit;
}
```

index.php 文件完整代码：

```
<?php
session_start();
if(@$_GET['act']=="loginout"){
    $_SESSION['username']='';
    ?>
    <script>
        location.href="?";
    </script>
    <?php
    exit;
}
$servername = "localhost";
$username = "root";
$password = "";
$dbname = "mybbs";
//创建连接
$conn = mysqli_connect($servername, $username, $password, $dbname);
mysqli_query($conn,'set names utf8'); //设定字符集
?>
<!DOCTYPE html>
<html>
<head>
    <meta charset="UTF-8">
    <title>论坛</title>
    <style>
        .cen{
            width: 55%;
            margin: 0 auto;
            text-align: right;
            margin-top: 30px;
        }
        table{
            width: 55%;
            margin-top: 10px;
        }
        .title{
            background-color: #B10707;
            font-size: 17px;
            color: white;
        }
        .right{
            margin-left: 120px;
        }
    </style>
</head>
<body>
```

```
<div class="cen">
    <?php
    if(@$_SESSION['username']){
        ?>
        <a href="?act=loginout">退出</a>
    <?php }
    else{
        ?>
        <a href="login.php">登录</a>|<a href="reg.php">注册</a>
        <?php
    }
    ?>
</div>
<table border="1px" cellspacing="0" cellpadding="8"align="center">
    <tr class="title">
        <td COLSPAN="3">
            论坛列表<span class="right">[<a style="color: white" href="add_forum.php">添加</a> ]
</span>
        </td>
    </tr>
    <tr>
        <td width="10%"><strong>主题</strong></td>
        <td width="40"><strong>论坛</strong></td>
        <td width="15"><strong>最后更新</strong></td>
    </tr>
    <?php
    $sql="select * from forums";
    $que=mysqli_query($conn,$sql);
    $sum=mysqli_num_rows($que);
    if($sum>0) {
        while ($row = mysqli_fetch_array($que)) {
            ?>
            <tr>
                <td><?php echo $row['subject'] ?></td>
                <td><?php echo "<div class=\"bold\"><a class=\"forum\" href=\"forums.php?F=" .
$row['id'] . "\">" . $row["forum_name"] . "</a></div>"
                        . $row["forum_description"] ?></td>
                <td>
                    <div><?php echo $row["last_post_time"]?></div>
                </td>
            </tr>
            <?php
        }
    }else{
        echo "<tr><td colspan='3'>对不起，论坛正在建设中，感谢你的关注......</td></tr>";
    }
    ?>
</table>
</body>
</html>
```

17.3.2　登录完整代码

创建 login.php 文件。登录页面使用 table 表格进行布局，加上一些简单的 CSS 样式。另外，登录页面做了简单的 JS 判断，如果没有填写用户名和密码，会给出相关的提示信息。

login.php 完整代码如下：

```
<!DOCTYPE html>
<html lang="en">
<head>
    <meta charset="UTF-8">
    <title>用户登录</title>
</head>
<body>
<!DOCTYPE html>
<html lang="en">
<head>
    <meta charset="UTF-8">
    <title>登录界面</title>
    <script type="text/javascript">
        function foo(){
            if(myform.username.value=="")
            {
                alert("请输入用户名");
                myform.username.focus();
                return false;
            }
            if (myform.password.value=="")
            {
                alert("请输入密码");
                myform.password.focus();
                return false;
            }
        }
    </script>
    <style type="text/css">
        table{
            height: 300px;
        }
        input{
            width: 190px;
            height: 25px;
        }
        .title{
            background-color:#B10707 ;
            color: white;
            border: none;
        }
        .but{
            width: 140px;
            height: 43px;
        }
        .spa{
            margin-left: 10px;
        }
    </style>
</head>
<body>
<form action="login_check.php" method="post" onsubmit="return foo();" name="myform" >
    <table width="400px" border="1" cellpadding="12" cellspacing="1" align="center">
        <tr>
            <td colspan="2" class="title">会员登录<span class="spa">[<a style="color: white"
href="index.php">返回首页]</a></span></td>
```

```
                </tr>
                <tr>
                    <td width="110px">会员 ID</td>
                    <td><input type="text" name="username"></td>
                </tr>
                <tr>
                    <td width="110px">会员密码</td>
                    <td><input type="password" name="password"></td>
                </tr>
                <tr>
                    <td colspan="2" align="center">
                        <button class="but" style="text-align: center">立即登录</button>
                    </td>
                </tr>
            </table>
        </form>
    </body>
</html>
```

将填写的信息提交到 login_check.php 页面处理。

17.3.3　登录验证页面

创建 login_check.php 文件。本页面就是将登录页面传过来的数据跟数据库里的数据进行比对，如不正确是不允许用户登录的。

```php
<?php
session_start();
$link = mysqli_connect('localhost','root','','mybbs');     //链接数据库
mysqli_query($link,'set names utf8');                      //设定字符集
$username=$_POST['username'];
$password=$_POST['password'];
if($username==''){
    echo "<script>console.log('请输入用户名');location='" . $_SERVER['HTTP_REFERER'] . "'</script>";
    exit;
}
if($password==''){

    echo "<script>console.log('请输入密码');location='" . $_SERVER['HTTP_REFERER'] . "'</script>";
    exit;
}
$sql="select username,password from member where username='$username'"; //从数据库查询信息
$que=mysqli_query($link,$sql);
$row=mysqli_fetch_array($que);
if($row){
    if($password!=($row['password']) || $username !=$row['username']){
        echo "<script>alert('密码错误，请重新输入');location='login.php'</script>";
        exit;
    }
    else{
        $_SESSION['username']=$row['username'];
        @$_SESSION['id']=$row['id'];
        echo "<script>alert('登录成功');location='index.php'</script>";
    }

}else{
```

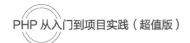
```
        echo "<script>alert('您输入的用户名不存在');location='login.php'</script>";
        exit;
    };
?>
```

17.3.4 注册页面

创建 **reg.php** 文件。注册页面使用 **table** 表格进行布局。代码如下：

```
<!DOCTYPE html>
<html lang="en">
<head>
    <meta charset="UTF-8">
    <title>用户注册</title>
    <style type="text/css">
        table{
            height: 300px;
        }
        input{
            width: 190px;
            height: 25px;
        }
        .title{
            background-color:#B10707 ;
            color: white;
            border: none;
        }
        .but{
            width: 140px;
            height: 43px;
        }
        .spa{
            margin-left: 10px;
        }
    </style>
    <script>
    function checkinput()
    {
        if(myform.username.value=="")
        {
            alert("请输入你的账号");
            myform.username.focus();
            return false;
        }
        if (myform.password.value=="")
        {
            alert("请输入密码");
            myform.password.focus();
            return false;
        }
        if(myform.password.value != myform.password1.value){
            alert("你输入的两次密码不一致，请重新输入！");
            myform.password.focus();
            return false;
        }
    }
    </script>
</head>
<body>
<form method="post" action="reg_check.php"  onsubmit=" return checkinput();" name="myform">
    <table width="400px" border="1" cellpadding="12" cellspacing="1" align="center">
```

```
        <tr>
            <td colspan="2" class="title">用户注册<span class="spa">[<a style="color: white"
href="index.php">返回首页]</a></span></td>
        </tr>
        <tr>
            <td width="110px">会 员 ID</td>
            <td><input type="text" name="username" autocomplete="off"></td>
        </tr>
        <tr>
            <td width="110px">密    码</td>
            <td><input type="password" name="password" autocomplete="off"></td>
        </tr>
        <tr>
            <td width="110px">确认密码</td>
            <td><input type="password" name="password1"></td>
        </tr>
        <tr>
            <td width="110px">邮    箱</td>
            <td><input type="email" name="email"></td>
        </tr>
        <tr>
            <td colspan="2" align="center">
                <button class="but" style="text-align: center">立即注册</button>
            </td>
        </tr>
    </table>
</form>
</body>
</html>
```

下一步将注册填写的信息提交到 reg_check.php 页面处理。

17.3.5　处理注册页面

创建 reg_check.php 文件。本页面是把从注册页面传过来的数据存放到数据库里。

```php
<?php
$servername = "localhost";
$username = "root";
$password = "";
$dbname = "mybbs";
//创建连接
$conn = mysqli_connect($servername, $username, $password, $dbname);
mysqli_query($conn,'set names utf8'); //设定字符集
$username=$_POST['username'];
$password=$_POST['password'];
$email=trim($_POST['email']);
$log_time=date("Y-m-d H:i:s");
$sql1="select * from menber where username='$username'";
$que=mysqli_query($conn,$sql1);
if(@$num){
    echo"<script>alert('用户名已经被注册');location.href='reg.php';</script>";
}else{
    $sql="insert into member(username,password,email,log_time)VALUES
    ('$username','$password','$email','$log_time')";
    $que=mysqli_query($conn,$sql);
    $_SESSION['username']=$username;
    echo "<script>alert('注册成功');location.href='index.php';</script>";
}
```

```
?>
```

17.3.6　添加论坛

创建 add_forum.php 文件。本页面使用 table 表格进行布局。

注意：本页面用 Session 判断用户是否登录，没有登录要提示用户进行登录。

代码如下：

```php
<?php
session_start();
header("content-type:text/html;charset=utf8");
if(empty($_SESSION['username']))
{
    echo "<script>alert('请先登录');location.href='login.php';</script>";
}
?>
<!DOCTYPE html>
<html lang="en">
<head>
    <meta charset="UTF-8">
    <title>论坛</title>
    <style>
        table,td,tr{
            border: 1px solid #B10707;
        }
        .btn{
            background-color: #B10707;
            width: 90px;
            height: 40px;
            font-size: 15px;
            color: white;
            border: none;
        }
        #title{
            color: White;
        }
        .input{
            border: 1px solid red;
            width: 200px;
            height: 20px;
        }
        a{
            color: White;
        }
        .right{
            margin-left: 10px;
        }
    </style>
</head>
<body>
<form action="save_forum.php" method="post">
    <table width="450px" cellspacing="0" cellpadding="8" align="center">
        <tr id="title">
            <td colspan="2" style="background-color: #B10707">
                论坛管理 <span class="right">[<a href="index.php">返回首页</a> ]</span>
            </td>
        </tr>
        <tr>
```

```
            <td width="23%"><strong>论坛名称</strong></td>
            <td width="77%"><input name="forum_name" type="text" class="input"></td>
        </tr>
        <tr>
            <td width="23%"><strong>论坛主题</strong></td>
            <td width="77%"><input name="Subject" type="text" class="input"></td>
        </tr>
        <tr>
            <td><strong>论坛简介</strong></td>
            <td><textarea name="forum_description" cols="30" rows="5"></textarea></td>
        </tr>
        <tr>
        </tr>
        <tr>
            <td></td>
            <td>
                <input type="submit" name="submit" class="btn" value="添加">
                <input type="reset" name="submit2" class="btn" value="重置">
            </td>
        </tr>
    </table>
</form>
</body>
</html>
```

17.3.7 处理添加的论坛页面

创建 save_forum.php 文件。本页面是处理从添加页面 add_forum.php 提交过来的数据。

```php
<?php
$forum_name=$_POST["forum_name"];
$forum_description=$_POST["forum_description"];
$Subject=$_POST['Subject'];
$time=date("Y-m-d H:i:s");
$conn=mysqli_connect("localhost","root","","mybbs");
mysqli_query($conn,'set names utf8'); //设定字符集
$sql="insert  into   forums  (forum_name,forum_description,subject,last_post_time)   VALUES
('$forum_name','$forum_description','$Subject','$time')";
$que=mysqli_query($conn,$sql);
if($que){
    echo "<script>alert('添加成功');location.href='index.php';</script>";
}else{
    echo "<script>alert('添加失败，请稍后再试');location.href='add_forum.php';</script>";
}
?>
```

17.3.8 论坛详情

创建 forums.php 文件。本页面主要是从 tiopic 表中调数据，考虑到如果数据很多的时候，页面展示不全，所以做了分页，并使用 table 表格布局。

```php
<?php
session_start();
$page=isset($_GET['page']) ?$_GET['page'] :1 ;   //接收页码
$page=!empty($page) ? $page :1;
@$F=$_GET['F'];
```

```php
//创建连接
$conn = mysqli_connect("localhost", "root", "", "mybbs");
mysqli_query($conn,'set names utf8');                    //设定字符集
$table_name="tiopic";                                    //查取表名设置
$perpage=5;                                               //每页显示的数据个数
//最大页数和总记录数
$total_sql="select count(*) from $table_name";
$total_result =mysqli_query($conn,$total_sql);
$total_row=mysqli_fetch_row($total_result);
$total = $total_row[0];                                   //获取最大页码数
$total_page = ceil($total/$perpage);                     //向上整数
//临界点
$page=$page>$total_page ? $total_page:$page;             //当下一页数大于最大页数时的情况
//分页设置初始化
$start=($page-1)*$perpage;
$sql="select * from tiopic order by id desc limit $start ,$perpage";
$que=mysqli_query($conn,$sql);
@$sum=mysqli_num_rows($que);
?>
<!DOCTYPE html>
<html lang="en">
<head>
    <meta charset="UTF-8">
    <title>帖子</title>
    <style>
        .cen{
            border: none;
            width: 600px;
            margin: 0 auto;
            height: 40px;
            background-color: rgba(34, 35, 62, 0.08);
        }
        .left{
            width: 535px;
            float: left;
        }
        .right{
            width: 65px;
            height: 30px;
            background-color:#B10707 ;
            float: left;
            margin-top: 8px;
        }
        .title{
            background-color: #B10707;
            color: white;
        }
        .list{
            margin-left: 12px;
        }
    </style>
</head>
<body>
<div class="cen">
    <div class="left">
        <?php
        $sql1="select forum_name from forums where id='$F'";
```

```
            $squ1=mysqli_query($conn,$sql1);
            $row=mysqli_fetch_array($squ1);
            $forum_name=$row['forum_name'];
            echo "当前论坛为: <a href=\"index.php\"></a>-->>$forum_name";
            ?>
        </div>
        <div class="right"><a style="color: white" href="addnew.php">发布新帖</a> </div>
    </div>
    <table width="600px" border="1" cellpadding="8" cellspacing="0" align="center">
        <tr class="title">
            <td colspan="3">帖子列表 <span class="list">[<a style="color: white" href="index.php">
返回</a> ]</span></td>
        </tr>
        <tr>
            <td width="280px">主题列表</td>
            <td width="160px" >作者</td>
            <td width="160px">最后更新</td>
        </tr>
        <?php
        if($sum>0) {
        while($row=mysqli_fetch_array($que)) {
        ?>
        <tr>
            <td width="280px"><div><a href="thread.php?id=<?php echo $row['id']?>"></a><?php echo
$row['title']?></div> </td>
            <td width="160px"><?php echo $row['author'] ?></td>
            <td width="160px"><?php echo $row['last_post_time']?></td>
        </tr>
        <tr>
            <td colspan="3">
                <?php }
                }
                else{
                    echo "<tr><td colspan='5'>本版块没有帖子......</td></tr>";
                } ?>
            </td>
        </tr>
        <tr>
            <td colspan="5">
                <div id="baner" style="margin-top: 20px">
                    <a href="<?php
                    echo "$_SERVER[PHP_SELF]?page=1"
                    ?>">首页</a>
                      <a href="<?php
                    echo "$_SERVER[PHP_SELF]?page=".($page-1)
                    ?>">上一页</a>
                    <!--        显示 123456 等页码按钮-->
                    <?php
                    for($i=1;$i<=$total_page;$i++){
                        if($i==$page){//当前页为显示页时加背景颜色
                            echo "<a  style='padding: 5px 5px;background: #000;color: #FFF' href='$_
SERVER[PHP_SELF]?page=$i'>$i</a>";
                        }else{
                            echo "<a  style='padding: 5px 5px' href='$_SERVER[PHP_SELF]?page=$i'>$i</a>";
                        }
                    }
                    ?>
```

```
          <a href="<?php
        echo "$_SERVER[PHP_SELF]?page=".($page+1)
        ?>">下一页</a>
          <a href="<?php
        echo "$_SERVER[PHP_SELF]?page={$total_page}"
        ?>">末页</a>
          <span>共<?php echo $total?>条</span>
                    </div>
                </td>
            </tr>
        </table>
        </body>
        </html>
```

17.3.9 发布新帖

创建 addnew.php 文件。本页面使用 table 进行页面布局。

```php
<?php
session_start();
header("content-type:text/html;charset=utf8");
if(empty($_SESSION['username']))
{
    echo "<script>alert('请先登录');location.href='login.html';</script>";
}
?>
<!DOCTYPE html>
<html lang="en">
<head>
    <meta charset="UTF-8">
    <title>添加新帖</title>
    <style>
        .title{
            background-color: #B10707;
            color: white;
        }
        .sub{
            text-align: center;
        }
        .but{
            background-color: #B10707;
            width: 90px;
            height: 40px;
            font-size: 15px;
            color: white;
            border: none;
        }
        input{
            width: 250px;
            height: 25px;
        }
        .right{
            margin-left: 10px;
        }
    </style>
</head>
<body>
<form method="post" action="addnew_post.php">
    <table width="500px" border="1" cellpadding="8" cellspacing="0" align="center">
        <tr class="title">
            <td colspan="2">
```

```
              编辑帖子<span class="right">[<a style="color: white" href="forums.php">返 回
</a> ]</span>
                </td>
            </tr>
            <tr>
                <td width="100px">作者</td>
                <td><input type="text" name="author"></td>
            </tr>
            <tr>
                <td width="100px">标题</td>
                <td><input type="text" name="title"></td>
            </tr>
            <tr>
                <td width="100px">内容</td>
                <td><textarea cols="43" rows="15" name="content">
                </textarea></td>
            </tr>
            <tr class="sub">
                <td colspan="2">
                    <input type="submit" value="发布" class="but">
                    <input type="reset" value="重置" class="but">
                </td>
            </tr>
        </table>
    </form>
    </body>
    </html>
```

17.3.10 处理发布的新帖页面

创建 addnew_post.php 文件。本页面主要是处理从发布页面 addnew.php 传过来的数据，然后再进行数据库存入。

```php
<?php
header("Content-type:text/html;charset=utf-8");          //设置编码
$servername = "localhost";
$username = "root";
$password = "";
$dbname = "mybbs";
//创建连接
$conn = mysqli_connect($servername, $username, $password, $dbname);
mysqli_query($conn,'set names utf8');                    //设定字符集
$author=$_POST['author'];
$title=$_POST['title'];
$content=$_POST['content'];
$last_post_time=date("Y-m-d H:i:s");
$sql="insert into tiopic(author,title,content,last_post_time) values('$author','$title',
'$content','$last_post_time')";
$que=mysqli_query($conn,$sql);
if($que){
    echo "<script>alert('发布成功');location.href='forums.php';</script>";
}else{
    echo "<script>alert('好像有点小问题......');location.href='addnew.php';</script>";
}
?>
```

17.3.11　查看帖子详情

创建 **thread.php** 文件。已经成功发布了帖子，但是在论坛详情页看到的内容有限，如果想看到更多的信息，需要进一步详情操作。

```php
<?php
header("Content-type:text/html;charset=utf-8");          //设置编码
//创建连接
$conn = mysqli_connect("localhost", "root", "", "mybbs");
mysqli_query($conn,'set names utf8');                    //设定字符集
@$id=$_GET['id'];
$sql="SELECT * from tiopic where id='$id'";
$que=mysqli_query($conn,$sql);
$row=mysqli_fetch_array($que);
?>
<!DOCTYPE html>
<html lang="en">
<head>
    <meta charset="UTF-8">
    <title>详情</title>
    <style>
        .left{
            width: 170px;
        }
        .bg{
            background-color: #B10707;
            color: white;
        }
        .fh{
            margin-left: 18px;
        }
        .spa{
            margin-left: 25px;
        }
        .ind{
            text-indent:2em;
        }
    </style>
</head>
<body>
<table width="400px" border="1" cellpadding="12" cellspacing="0" align="center">
    <tr>
        <td colspan="2" class="bg"><?php echo $row['title'] ?>
            <span class="fh"><a style="color: white" href="forums.php">[返回]</a></span>
        </td>
    </tr>
    <tr>
        <td rowspan="2" class="left">
            发帖人:
            <?php
            echo $row['author']
            ?>
        </td>
        <td>
            发帖时间: <?php echo $row['last_post_time']?>
            <span class="spa"><a href="reply.php?id=<?php echo$row['id']?>">回复</a></span>
        </td>
    </tr>
    <tr class="ind">
        <td><?php echo $row['content']?></td>
```

```
    </tr>
    <?php
    if($row['reply']==""){
        echo "<tr>
                <td colspan='2'>暂时还没有回复哦！！！</td>
            </tr>";
    }else{
        echo "<tr>
                <td>回复人:".$row['reply_author']. ".".$row['reply_time']."</td>
                <td>".$row['reply']."</td>
            </tr>";
    }
    ?>
</table>
</body>
</html>
```

在代码中有一个回复链接，是可以对帖子进行回复的。

17.3.12　帖子回复

创建 reply.php 文件。回复页面也采用 table 表格进行页面布局。代码如下：

```
<!DOCTYPE html>
<html lang="en">
<head>
    <meta charset="UTF-8">
    <title>回复</title>
    <style>
        .title{
            background-color: #B10707;
            color: white;
        }
        .sub{
            text-align: center;
        }
        .but{
            background-color: #B10707;
            width: 90px;
            height: 40px;
            font-size: 15px;
            color: white;
            border: none;
        }
        input{
            width: 250px;
            height: 25px;
        }
        .right{
            margin-left: 10px;
        }
    </style>
    <script type="text/javascript">
        function checkinput()
        {
            if(myform.reply_author.value=="")
            {
                alert("请输入你的昵称");
                myform.reply_author.focus();
                return false;
            }
            if (myform.reply.value=="")
```

299

```
                    {
                        alert("请输入你想回复的内容");
                        myform.reply.focus();
                        return false;
                    }
                }
            </script>
    </head>
    <body>
    <form method="post" action="reply_post.php?id=<?php echo $_GET['id']; ?>" onsubmit=" return
checkinput();" name="myform">
        <table width="500px" border="1" cellpadding="8" cellspacing="0" align="center">
            <tr class="title">
                <td colspan="2">
                    回复帖子<span class="right">[<a style="color: white" href="forums.php">返回
</a> ]</span>
                </td>
            </tr>
            <tr>
                <td width="100px">回复人</td>
                <td><input type="text" name="reply_author"></td>
            </tr>
            <tr>
            <tr>
                <td width="100px">回复内容</td>
                <td><textarea cols="43" rows="10" name="reply">
            </textarea></td>
            </tr>
            <tr class="sub">
                <td colspan="2">
                    <input type="submit" value="快速回复" class="but">
                    <input type="reset" value="重置" class="but">
                </td>
            </tr>
        </table>
    </form>
    </body>
    </html>
```

将回复的内容提交到 reply_post.php 页面进行数据处理。

17.3.13　处理帖子的页面

创建 reply_post.php 文件。本页面是将回复页面传过来的数据存放到数据库。

```
<?php
header("Content-type:text/html;charset=utf-8");          //设置编码
//创建连接
$conn = mysqli_connect("localhost", "root", "root", "mybbs");
mysqli_set_charset($conn,'utf8');                          //设定字符集
$id=$_GET['id'];
$reply_author=$_POST['reply_author'];
$reply=$_POST['reply'];
$reply_time=date("Y-m-d H:i:s");
$sql="update tiopic set reply_author='$reply_author',reply='$reply',reply_time='$reply_time'
WHERE id='$id'";
$que=mysqli_query($conn,$sql);
if($que){
    echo "<script>alert('回复成功');location.href='thread.php?id=1';</script>";
```

```
}else{
    echo "<script>alert('你的回复好像有点小问题......');location.href='thread.php';</script>";
}
?>
```

17.4 论坛展示

到这里整个论坛已经介绍完了，下面来展示一下效果。

（1）运行首页 index.php，页面效果如图 17-2 所示。

图 17-2 首页页面

（2）在首页中单击"注册"链接，输入会员 ID、密码和邮箱，如图 17-3 所示，然后单击"立即注册"按钮。

图 17-3 注册页面

（3）注册完成后自动跳转到首页，便可以登录了，在登录页面输入注册的信息，单击"立即登录"按钮，如图 17-4 所示。

图 17-4　登录页面

（4）登录成功后，页面如图 17-5 所示，显示"退出"链接。

图 17-5　登录后的页面

（5）在首页单击"添加"链接，进入添加论坛页面，如图 17-6 所示，输入相关内容，然后单击"添加"按钮，效果如图 17-7 所示。

图 17-6　添加论坛页面

（6）添加成功后，跳回到首页，如图 17-7 所示。

图 17-7　添加论坛成功后页面

（7）单击论坛名称"123"，会跳到该论坛的帖子页面，如图 17-8 所示。

图 17-8　帖子页面

（8）单击右上角的"发布新帖"链接，进入编辑帖子页面，如图 17-9 所示。

图 17-9　发布新帖页面

（9）输入帖子内容并单击"发布"按钮，将跳转到论坛帖子页面，如图 17-10 所示。

图 17-10　发帖成功

（10）单击主题列表 php，可以对 admin 的帖子进行回帖，如图 17-11 所示，然后单击"快速回复"按钮。

图 17-11　回复帖子

（11）回帖页面将显示回复的内容，如图 17-12 所示。

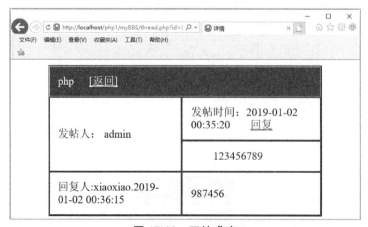

图 17-12　回帖成功

第 18 章

文章发布系统

学习指引

本章为大家介绍一个有关文章发布的系统，包括前台和后台的开发过程、后台管理数据、前台展示数据。

重点导读

- 了解系统。
- 熟悉后台对文章的增删改查。
- 掌握前台的登录和注册验证。
- 掌握退出系统功能。
- 掌握登录评论的功能。

18.1　系统概述

本项目主要是开发一个简易的文章发布系统，其主要功能如下：

（1）后台对文章的增删改查。

（2）前台的文章列表及文章详情。

（3）前台页面中用户的登录和注册。

（4）登录状态下的评论功能。

18.1.1　开发环境

1. 服务器端

- 操作体统：Windows 10 教育版。
- 服务器：Apache 2.4.23。

- PHP 软件：PHP 5.6.25。
- 数据库：MySQL 5.7.14。
- MySQL 图像化管理工具：phpMyAdmin 4.6.4。
- 浏览器：IE 11 版本。
- 开发工具：PhpStorm-1818.2.3.exe。

2. 客户端

浏览器：IE 11 版本。

18.1.2　文件结构

文件结构目录如图 18-1 所示。

项目的全部文件都放在 article 文件夹中，article 文件夹包含 admin 和 home 两个文件夹，文件如下：

- admin：后台管理文件夹。
  - admin_add.php：文章添加页面。
  - admin_add_handle.php：文章添加处理页面。
  - admin_del_handle.php：文章删除页面。
  - admin_manage.php：文章管理页面。
  - admin_modify.php：文章修改页面。
  - admin_modify_handle.php：文章修改处理页面。
- home：前台展示页面文件夹。
  - comment.php：评论页面。
  - comment_check.php：评论处理页面。
  - home_list.php：前台文章列表页面。
  - home_show.php：前台文章详情页面。
  - login.php：登录页面。
  - login_check.php：登录验证页面。
  - reg.php：注册页面。
  - reg_check.php：注册处理页面。
- config.php：数据库配置文件。
- connect.php：连接数据库文件。
- paging.php：分页处理页面。

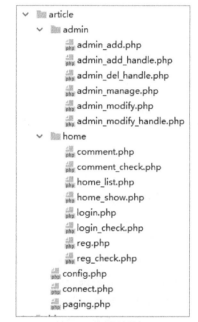

图 18-1　文件结构目录

18.1.3　创建数据库

1. 数据库创建

创建 articledb 数据库，如图 18-2 所示。

文章发布系统的数据库包含文章表（article）、前台页面登录人员表（member）和评论内容表（comment）。

（1）文章表（article）结构如图 18-3 所示。

图 18-2　创建数据库

1	id	int(11)			否 无	AUTO_INCREMENT	修改	删除	
2	title	varchar(30)	utf8_general_ci		否 无		修改	删除	
3	author	varchar(30)	utf8_general_ci		是 NULL		修改	删除	
4	description	text	utf8_general_ci		是 NULL		修改	删除	
5	content	text	utf8_general_ci		是 NULL		修改	删除	
6	dateline	int(11)			是 NULL		修改	删除	

图 18-3　article 结构

其中每个字段含义如下：

- title 是文章标题。
- author 是文章作者。
- description 是文章描述。
- content 是文章内容。
- dateline 是发布时间。

（2）前台页面登录人员表（member）结构如图 18-4 所示。

1	id	int(11)		UNSIGNED 否 无	AUTO_INCREMENT	修改	删除	主键
2	username	varchar(50)	utf8_general_ci	否 无		修改	删除	主键
3	password	varchar(50)	utf8_general_ci	否 无		修改	删除	主键

图 18-4　member 结构

其中每个字段含义如下：

- username 是注册的用户名。
- password 是注册的密码。

（3）评论内容表（comment）结构如图 18-5 所示。

1	id	int(11)		UNSIGNED 否 无	AUTO_INCREMENT	修改	删除	主键
2	username	varchar(50)	utf8_general_ci	否 无		修改	删除	主键
3	say	varchar(50)	utf8_general_ci	否 无		修改	删除	主键
4	time	varchar(255)	utf8_general_ci	否 无		修改	删除	主键
5	class	int(11)		否 无		修改	删除	主键

图 18-5　comment 结构

其中每个字段含义如下：

- username 是登录用户名。
- say 是评论的内容。
- time 是评论的时间。
- class 用来显示每个文章显示的评论内容。

2. 数据库配置信息（config.php 文件）

将数据库的登录信息以常量形式存储起来，方便调用和修改。代码如下：

```php
<?php
header("Content-type:text/html;charset=utf-8");
define('HOST','127.0.0.1');
define('USERNAME','root');
define('PASSWORD','123456');
?>
```

3. 连接数据库信息（connect.php 文件）

将连接数据库的语句独立出来，在后面连接数据库的时候，只要直接调用就可以了。代码如下：

```php
<?php
require_once('config.php');
$conn = mysqli_connect(HOST,USERNAME,PASSWORD);//数据库账号密码在安装数据库时设置
if(mysqli_errno($conn)){
    echo mysqli_errno($conn);
    exit;
}
mysqli_select_db($conn,"articledb");
mysqli_set_charset($conn,'utf8');
?>
```

18.2　后台的开发

本节主要介绍后台的管理。

18.2.1　添加页面

页面主要使用 DIV+CSS 的布局方式，添加页面的核心主要在 form 表单里，通过 POST 方式提交给文章添加处理页面（admin_add_handle.php）。

```html
<!DOCTYPE html>
<html>
<head>
    <meta name="viewport" content="width=device-width, initial-scale=1.0, minimum-scale=1.0,
maximum-scale=1.0, user-scalable=no">
    <meta name="format-detection" content="telephone=no" />
    <title>发布文章</title>
    <meta charset="utf-8" />
    <style>
        .box{
            background-color:#f0f0f0;
            width: 450px;
            margin: 0 auto;
            padding: 10px 0px 15px 18px;
        }
        .title{
            background-color:#f0f0f0;
            width:400px;
            height:100px;
            border-bottom:1px solid black;
        }
        .menu{
            margin:-25px 0px 1px 318px;
            width:80px;
        }
        .middle{
            border-bottom:1px solid black;
        }
        .bottom{
        }
```

```
            </style>
        </head>
    <body>
    <div class="box">
        <div class="title">
            <h1>后台管理系统</h1>
            <div class="menu">
                <a href="admin_add.php">发布文章</a><br/>
                <a href="admin_manage.php">管理文章</a>
            </div>
        </div>
        <div class="middle">
            <form method="post" action="admin_add_handle.php">
                <div><h2>发布文章</h2></div>
                <div>标题:<input type="text" name="title" /></div><br/>
                <div>作者:<input type="text" name="author" /></div><br/>
                <div>简介 :<br/><textarea name="description" cols="50" rows="4"></textarea>
</div><br/>
                <div>内容:<br/><textarea name="content" cols="50" rows="9" ></textarea></div><br/>
                <div><input type="submit" name="button" value="提交" /></div><br/>
            </form>
        </div>
        <br/><div class="bottom">欢迎联系我们</div>
    </div>
    </body>
    </html>
```

18.2.2　添加处理页面

引入连接数据库的文件，连接数据库。判断标题有没有通过 POST 方式传递过来，没有，则提示标题不能为空，返回上一页；有，则继续。将 POST 方式传递过来的值全部获取，时间采用时间戳的方式获取。将取得的数据插入数据库，判断是否成功，没有成功，则提示发布失败，返回添加页面；成功，则提示跳转至文章管理页面。

```
    <?php
    require_once("../connect.php");
    //把传递过来的信息入库，在入库之前对所有的信息进行校验
    if(!(isset($_POST['title'])&&(!empty($_POST['title'])))){
        echo "<script>alert('标题不能为空');history.go(-1);</script>";
    }
    $title = $_POST['title'];
    $author = $_POST['author'];
    $description = $_POST['description'];
    $content = $_POST['content'];
    $dateline = time();
    $insertsql = "insert into article(title, author, description, content, dateline) values('$title',
'$author', '$description', '$content', $dateline)";
    //echo $insertsql;
    //exit;
    if(mysqli_query($conn,$insertsql)){
        echo "<script>alert('发布文章成功');window.location.href='admin_manage.php';</script>";
    }else{
        echo "<script>alert('发布失败');history.go(-1);</script>";
    }
    ?>
```

18.2.3　文章管理页面

页面主要使用 DIV+CSS 布局。

```php
<?php
//连接数据库
require_once("../connect.php");
$SQL="SELECT * FROM article ORDER BY dateline DESC";
//执行查询语句
$query=mysqli_query($conn,$SQL);
//判断查询语句是否查询到结果，查到则使用mysqli_fetch_assoc()将其逐行取出，放入数组$data中，没查到则直接赋
值空数组给$data
if($query&&mysqli_num_rows($query)){
    while($row=mysqli_fetch_assoc($query)){
        $data[]=$row;
    }
}else{
    $data=array();
}
?>
<!DOCTYPE html>
<html>
<head>
    <meta name="viewport" content="width=device-width, initial-scale=1.0, minimum-scale=1.0,
maximum-scale=1.0, user-scalable=no">
    <meta name="format-detection" content="telephone=no" />
    <title>文章管理</title>
    <meta charset="utf-8" />
    <style>
        .box{
            background-color:#f0f0f0;
        }
        .title{
            margin:0 auto;
            border:1px solid black;
            width:400px;
        }
        .middle{
            margin:0 auto;
            border:1px solid black;
            width:400px;
        }
        .menu{
            margin:-50px 0px 1px 318px;
            width:80px;
        }
        .content{
            clear:both;
        }
        .art{
            text-align:center;
        }

        .num{
            float:left;
            border:1px solid black;
            width:50px;
            font-size: 13px;
```

```
        }
        .tit{
            float:left;
            border:1px solid black;
            width:274px;
            font-size: 13px;
        }
        .act{
            float:left;
            border:1px solid black;
            width:70px;
            font-size: 13px;
        }
        .bottom{
            width:400px;
            margin:0 auto;
            border:1px solid black;
            clear:both;
        }
    </style>
</head>
<body>
<div class="box">
    <div class="title"><h1>后台管理系统</h1>
        <div class="menu">
            <a href="admin_add.php">发布文章</a><br/>
            <a href="admin_manage.php">管理文章</a>
        </div>
    </div>
    <div class="middle">
        <div class="art">文章管理列表</div>
        <div class="num">编号</div>
        <div class="tit">标题</div>
        <div class="act">操作</div>
        <div class="content">
            <?php
            //在$data 不为空的情况下，通过 foreach()将$data 循环输出来
            if(!empty($data)){
                foreach($data as $value){
                    ?>
                    <div class="num"><?php echo $value['id']; ?></div>
                    <div class="tit"><?php echo $value['title']; ?></div>
                    <div class="act">
                        <!--修改和删除直接使用<a>标签链接，通过 get 方式传递当前文章的 id -->
                        <a href="admin_modify.php?id=<?php echo $value['id']; ?>">修改</a>
                        <a href="admin_del_handle.php?id=<?php echo $value['id']; ?>">删除</a>
                    </div>
                    <?php
                }
            }
            ?>
        </div>
    </div>
    <div class="bottom">
        欢迎联系我们<br/>
        前台展示页面
    </div>
```

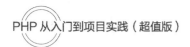

```
    </div>
    </body>
    </html>
```

18.2.4 文章修改页面

文章修改页面的布局和文章添加页面是一样的。文章修改页面主要是接收管理页面修改按钮传递过来的 id 号，通过 id 查询数据库，取出当前文章的数据，在输出区域将数据里面的每一项输出出来。页面增加了一个隐藏域 `<input type="hidden">`，用于将当前修改文章的 id 号传递给文章修改处理页面。

```php
<?php
require_once("../connect.php");
@$id=$_GET['id'];
$SQL="SELECT * FROM article WHERE id=$id";
$query = mysqli_query($conn,$SQL);
$data = mysqli_fetch_assoc($query);
?>
<!DOCTYPE html>
<html>
<head>
    <meta name="viewport" content="width=device-width, initial-scale=1.0, minimum-scale=1.0,
maximum-scale=1.0, user-scalable=no">
    <meta name="format-detection" content="telephone=no" />
    <title>发布文章</title>
    <meta charset="utf-8" />
    <style>
        .box{
            background-color:#f0f0f0;
            width: 450px;
            margin: 0 auto;
            padding: 10px 0px 15px 18px;
        }
        .title{
            background-color:#f0f0f0;
            width:400px;
            height:100px;
            border-bottom:1px solid black;
        }
        .menu{
            margin:-25px 0px 1px 318px;
            width:80px;
        }
        .middle{
            border-bottom:1px solid black;
        }
    </style>
</head>
<body>
<div class="box">
    <div class="title">
        <h1>后台管理系统</h1>
        <div class="menu">
            <a href="admin_add.php">发布文章</a><br/>
            <a href="admin_manage.php">管理文章</a>
        </div>
    </div>
    <div class="middle">
```

```
                <form method="post" action="admin_modify_handle.php">
                    <input type="hidden" name="id" value="<?php echo $data['id']?>" />
                    <div><h2>修改文章</h2></div>
                    <div>标题:<input type="text" name="title" value="<?php echo $data['title']; ?>"/>
</div><br/>
                    <div>作者:<input type="text" name="author" value="<?php echo $data['author']; ?>"/>
</div><br/>
                    <div>简介:<br/><textarea name="description" cols="50" rows="4"><?php echo $data
['description']; ?></textarea></div><br/>
                    <div>内容:<br/><textarea name="content" cols="50" rows="9" ><?php echo $data
['content']; ?></textarea></div><br/>
                    <div><input type="submit" name="button" value="提交" /></div><br/>
                </form>
            </div>
            <br/><div class="bottom"></div>
        </div>
    </body>
</html>
```

18.2.5 修改处理页面

连接数据库,获取修改页面 post 方式传递过来的值,时间用时间戳的方式获得。执行修改语句,成功则提示修改文章成功,跳转至后台文章管理页面;失败则提示修改文章失败,跳转至后台文章管理页面。

```php
<?php
require_once('../connect.php');
$id = $_POST['id'];
$title = $_POST['title'];
$author = $_POST['author'];
$description = $_POST['description'];
$content = $_POST['content'];
$dateline = time();
$sql = "update article set title='$title',author='$author',description='$description',content=
'$content',dateline=$dateline where id=$id";
if(mysqli_query($conn,$sql)){
    echo "<script>alert('修改文章成功');window.location.href='admin_manage.php';</script>";
}else{
    echo "<script>alert('修改文章失败');window.location.href='aadmin_manage.php';</script>";
}
?>
```

18.2.6 删除文章页面

删除文章相对于修改简单,连接数据库,根据提交过来的 id,删除数据库中的数据。

```php
<?php
require_once("../connect.php");
@$id=$_GET['id'];
$SQL="delete FROM article WHERE id=$id";
$query = mysqli_query($conn,$SQL);
if($query){
    echo "<script>alert('删除成功');location.href='admin_manage.php';</script>";
}else{
    echo "<script>alert('删除失败');location.href='admin_manage.php';</script>";
}
?>
```

18.2.7　分页页面

加入的 PHP 代码主要是将分页页面里查询出来的数据循环显示出来。

分页部分主要是通过当前页面的$page，单击上一页或者下一页计算出新的$page 值，传递给分页处理页面，由分页程序根据$page，重新从数据集取出对应页面信息。

```php
<?php
//分页功能
//连接数据库
require_once("connect.php");
$page = isset($_GET['page'])?intval($_GET['page']):1;        //设置当前页数，没有则设置为1
$num=3;//每页显示 3 条数据
/*
首先要获取数据库中到底有多少数据，才能判断具体要分多少页，总页数=
总数据数/每页显示的条数，有余进一
也就是说 10/3=3.3333=4，有余数就要进一
*/
$sql="select * from article";
$result=mysqli_query($conn,$sql);
$total=mysqli_num_rows($result);                            //查询数据的总条数
$pagenum=ceil($total/$num);                                 //获得总页数
//假如传入的页数参数 page 大于总页数 pagenum，则显示错误信息
if($page>$pagenum || $page == 0){
    echo "<script>alert('没有内容了');history.go(-1);</script>";
    exit;
}
$offset=($page-1)*$num;
/* 获取 limit 的第一个参数的值 offset，假如第一页为 (1-1)*10=0,第二页为 (2-1)*10=10。(传入的页数-1) * 每页
的数据=limit 第一个参数的值*/
$sql="select * from article limit $offset,$num ";
$info=mysqli_query($conn,$sql);                            //获取相应页数所需要显示的数据
//获取最新添加的前 6 条数据
$sql_new="select  id,title from article order by dateline desc limit 0,6 ";
$info_title=mysqli_query($conn,$sql_new);
?>
```

18.3　前台的实现

后台的内容已经介绍完毕，本节将介绍前台页面的实现过程。

18.3.1　文章列表页面

连接数据库，显示数据库中的数据。这里开启了 Session，用来实现退出系统的功能，以及在该页面显示登录者的姓名。

```php
<?php
session_start();
if(@$_GET['act'] =='loginout') {
    unset($_SESSION["username"]);
    echo "<script>location.href='home_list.php';</script>";
}
```

```php
//引入分页程序
require_once("../paging.php");
//取出列表页 3 条数据，存于数组$data 中
if($info&&mysqli_num_rows($info)){
    while($row=mysqli_fetch_assoc($info)){
        $data[]=$row;
    }
}else{
    $data=array();
}
//取最新添加的 6 条编号、标题信息，存于数组$data_title
if($info_title&&mysqli_num_rows($info_title)){
    while($row_title=mysqli_fetch_assoc($info_title)){
        $data_title[]=$row_title;
    }
}else{
    $data_title=array();
}
?>
<!DOCTYPE html>
<html>
<head>
    <meta name="viewport" content="width=device-width, initial-scale=1.0, minimum-scale=1.0,
maximum-scale=1.0, user-scalable=no">
    <meta name="format-detection" content="telephone=no" />
    <title>文章列表</title>
    <meta charset="utf-8" />
    <style>
        *{
            box-sizing:border-box;
        }
        .box{
            font-family:微软雅黑;
            margin:0px auto;
            width:400px;
        }
        .box a:link,.box a:visited,.box a:hover{color:#000000;}
        .head{
            background-color: #b864f2;
            height:80px;
        }
        .tit{
            text-align: center;
            padding-top: 15px;
            font-size:25px;
            color: white;
        }
        .content{
            width:400px;
            min-height:100px;
            border:1px solid #b864f2;
        }
        .top_con{
            width:400px;
            padding:10px;
        }
        .bottom_con{
            margin-left:18px;
```

```
                width:400px;
            }
            .con_tit{
                font-size:18px;
                margin:10px 0px 10px 10px;
                font-weight:bold;
                border-bottom: 2px solid #b864f2;
            }
            .con_des{
                text-indent:2em;
                font-size:18px;
            }
            .con_det{
                padding: 0px 0px 0px 300px;
            }
            ul{
                list-style:none;
                margin-left:-40px;
            }
            li{
                margin:15px 0px 0px 0px;
            }
            .index{
                margin-top: 15px;
                border-top:1px solid #b864f2;
                text-align: center;
            }
            .bg{
                position:relative;
                top: 10px;
                background-color:#fff;
                margin-left:300px;
            }
        </style>
    </head>
    <body>
    <div class="box">
        <div class="head">
            <div class="tit">文章资讯</div>
            <?php if(@$_SESSION['username']){?>
                <span class="bg"><?php echo $_SESSION['username'] ?> | <a href="home_list.
php?act=loginout">退出</a></span>
            <?php }else{?>
            <span class="bg"><a href="./login.php">登录</a> | <a href="./reg.php">注册
</a></span>
            <?php } ?>
        </div>
        <div class="content">
            <div class="top_con">
                <?php
                //将$data中的数据通过foreach()循环出来，显示在相应div里面
                if(!empty($data)){
                    foreach($data as $value){
                    ?>
                        <div class="con_tit"><?php echo $value['title']?></div>
                        <div class="con_des"><?php echo $value['description']?></div>
                        <div class="con_det"><a href="home_show.php?id=<?php echo $value['id'];?>">
详细</a></div>
```

```
                    <div class="con_det"><a href="comment.php?id=<?php echo $value['id'];?>">评
论</a></div>
                    <?php
                }
            }
            //初始化首页、上一页、下一页、末页的值，通过<a>标签跳转到当前页面，传入$page的值
            $first=1;
            $prev=$page-1;
            $next=$page+1;
            $last=$pagenum;
            ?>
            <div class="index">
                <a href="home_list.php?page=<?php echo $first ?>">首页</a>
                <a href="home_list.php?page=<?php echo $prev ?>">上一页</a>
                <a href="home_list.php?page=<?php echo $next ?>">下一页</a>
                <a href="home_list.php?page=<?php echo $last ?>">末页</a>
            </div>
        </div>
        <div class="bottom_con">
            <div style="margin-left:10px;margin-top:18px;font-size:18px;">最新资讯</div>
            <ul>
                <?php
                //将$data_title中的数据通过foreach()循环出来，显示在相应div里面
                if(!empty($data_title)){
                    foreach($data_title as $value_title){
                        ?>
                        <li><a href="home_show.php?id=<?php echo $value_title['id']?>"><?php echo
$value_title['title']?></a></li>
                        <?php
                    }
                }
                ?>
            </ul>
        </div>
    </div>
</div>
</body>
</html>
```

18.3.2　文章详情页

文章详情页主要是根据列表页传递过来的 id，查询数据库，取出 id 对应文章的详细信息。

```
<?php
require_once("../paging.php");
//根据传递过来的id值，获取详情页内容，存于数组$data中
$id=$_GET['id'];
$SQL="SELECT * FROM article WHERE id=$id";
$info=mysqli_query($conn,$SQL);
$a=mysqli_num_rows($info);
if($info&&mysqli_num_rows($info)){
    while($row=mysqli_fetch_assoc($info)){
        $data[]=$row;
    }
}else{
    $data=array();
}
```

317

```php
    //取最新添加的 6 条编号、标题信息，存于数组$data_title
    if($info_title&&mysqli_num_rows($info_title)){
        while($row_title=mysqli_fetch_assoc($info_title)){
            $data_title[]=$row_title;
        }
    }else{
        $data_title=array();
    }
    ?>
    <!DOCTYPE html>
    <html>
    <head>
        <meta name="viewport" content="width=device-width, initial-scale=1.0, minimum-scale=1.0,
    maximum-scale=1.0, user-scalable=no">
        <meta name="format-detection" content="telephone=no" />
        <title>文章列表</title>
        <meta charset="utf-8" />
        <style>
            *{
                box-sizing:border-box;
            }
            .box{
                font-family: 微软雅黑;
                margin:0px auto;
                width:400px;
            }
            .head{
                background-color:#b864f2;
                height:80px;
            }
            .tit{
                text-align: center;
                font-size:25px;
            }
            .content{
                width:400px;
                min-height:100px;
                border:1px solid #b864f2;
            }
            .top_con{
                width:400px;
                padding:5px 10px 18px 10px ;
            }
            .bottom_con{
                margin:0px 0px 0px -1px;
                width:400px;
            }
            .con_tit{
                font-size:22px;
                margin:18px 0px 10px 10px;
                font-weight:bold;
            }
            .con_aut{
                font-size:13px;
                padding-left:10px;
                padding-top:10px;
            }
            .con_des{
```

```
            padding-top:15px;
            text-indent:2em;
            font-size:18px;
            padding-left:10px
        }
        .con_det{
            text-indent:2em;
            font-size:17px;
            margin:18px 0px 0px 0px;
            padding-left:10px
        }
        ul{
            list-style:none;
            margin-left:-30px;
        }
        li{
            margin:15px 0px 0px 0px;
        }
        .head a{
            color:white;
            font-size: 18px;
        }
    </style>
</head>
<body>
<div class="box">
    <div class="head"><a href="home_list.php">返回</a><div class="tit">文章详情</div></div>
    <div class="content">
        <div class="top_con">
            <?php
            //将$data中的数据通过foreach()循环出来，显示在相应div里面
            if(!empty($data)){
                foreach($data as $value){
                    ?>
                    <div class="con_tit"><?php echo $value['title']?></div>
                    <div class="con_aut"><?php echo $value['author']?> 发 表 于 <?php echo date
("Y-m-d",$value['dateline'])?></div>
                    <div class="con_des"><?php echo $value['description']?></div>
                    <div class="con_det"><?php echo $value['content']?></div>
                    <?php
                }
            }
            ?>
        </div>
        <div class="bottom_con">
            <div style="margin-left:10px;font-size:18px;">最新资讯</div>
            <ul>
                <?php
                //将$data_title中的数据通过foreach()循环出来，显示在相应div里面
                if(!empty($data_title)){
                    foreach($data_title as $value_title){
                        ?>
                        <li><a href="home_show.php?id=<?php echo $value_title['id']?>"><?php echo
$value_title['title']?></a></li>
                        <?php
                    }
                }
                ?>
```

```
            </ul>
        </div>
    </div>
</div>
</body>
</html>
```

18.3.3　登录页面

登录页面采用 table 表格布局。

```html
<!DOCTYPE html>
<html lang="en">
<head>
    <meta charset="UTF-8">
    <title>用户登录</title>
</head>
<body>
<!DOCTYPE html>
<html lang="en">
<head>
    <meta charset="UTF-8">
    <title>登录界面</title>
    <script type="text/javascript">
        function foo(){
            if(myform.username.value=="")
            {
                alert("请输入用户名");
                myform.username.focus();
                return false;
            }
            if (myform.password.value=="")
            {
                alert("请输入密码");
                myform.password.focus();
                return false;
            }
        }
    </script>
    <style type="text/css">
        table{
            height: 300px;
        }
        input{
            width: 180px;
            height: 25px;
        }
        .title{
            background-color:#b864f2 ;
            color: white;
            border: none;
        }
        .but{
            width: 140px;
            height: 43px;
        }
        .spa{
```

```
                margin-left: 10px;
            }
        </style>
    </head>
    <body>
    <form action="login_check.php" method="post" onsubmit="return foo();" name="myform" >
        <table width="400px" border="1" cellpadding="12" cellspacing="1" align="center">
            <tr>
                <td colspan="2" class="title">会员登录<span class="spa">[<a style="color: white"
href="home_list.php">返回首页]</a></span></td>
            </tr>
            <tr>
                <td width="110px">用户名</td>
                <td><input type="text" name="username"></td>
            </tr>
            <tr>
                <td width="110px">密码</td>
                <td><input type="password" name="password"></td>
            </tr>
            <tr>
                <td colspan="2" align="center">
                    <button class="but" style="text-align: center">立即登录</button>
                </td>
            </tr>
        </table>
    </form>
    </body>
    </html>
    </body>
    </html>
```

18.3.4　登录处理页面

登录处理页面提交过来的数据，验证数据库中是否含有。若存在，则提示登录成功，跳转到列表页面，并在顶部显示登录的用户名；失败，则跳转到登录页面，继续登录。

```php
<?php
session_start();
require_once("../paging.php");
mysqli_set_charset($conn,'utf8'); //设定字符集
$username=$_POST['username'];
$password=$_POST['password'];
if($username==''){
    echo "<script>alert('请输入用户名');location='" . $_SERVER['HTTP_REFERER'] . "'</script>";
    exit;
}
if($password==''){
    echo "<script>alert('请输入密码');location='" . $_SERVER['HTTP_REFERER'] . "'</script>";
    exit;
}
$sql="select id,username,password from member where username= '$username'";   //从数据库查询信息
$que=mysqli_query($conn,$sql);
$row=mysqli_fetch_array($que);
if($row){
    if($password !=($row['password']) || $username !=$row['username']){
        echo "<script>alert('密码错误，请重新输入');location='login.php'</script>";
```

```
            exit;
        }
        else{
            $_SESSION['username']=$row['username'];
            $_SESSION['id']=$row['id'];
            echo "<script>alert('登录成功');location='home_list.php'</script>";
        }
    }else{
        echo "<script>alert('您输入的用户名不存在');location='login.php'</script>";
        exit;
    };
?>
```

18.3.5 注册页面

注册页面采用 table 表格布局。

```
<!DOCTYPE html>
<html lang="en">
<head>
    <meta charset="UTF-8">
    <title>用户注册</title>
    <style type="text/css">
        table{
            height: 300px;
        }
        input{
            width: 180px;
            height: 25px;
        }
        .title{
            background-color:#b864f2;
            color: white;
            border: none;
        }
        .but{
            width: 140px;
            height: 43px;
        }
        .spa{
            margin-left: 10px;
        }
    </style>
    <script type="text/javascript">
        function checkinput()
        {
            if(myform.username.value=="")
            {
                alert("请输入你的账号");
                myform.username.focus();
                return false;
            }
            if (myform.password.value=="")
            {
                alert("请输入密码");
                myform.password.focus();
                return false;
            }
```

```
            if(myform.password.value != myform.password1.value){
                alert("你输入的两次密码不一致，请重新输入！");
                myform.password.focus();
                return false;
            }
        }
    </script>
</head>
<body>
<form method="post" action="reg_check.php" onsubmit=" return checkinput();" name="myform">
    <table width="400px" border="1" cellpadding="12" cellspacing="1" align="center">
        <tr>
            <td colspan="2" class="title">用 户 注 册<span class="spa">[<a style="color: white" href="index.php">返回首页]</a></span></td>
        </tr>
        <tr>
            <td width="110px">用户名</td>
            <td><input type="text" name="username" autocomplete="off"></td>
        </tr>
        <tr>
            <td width="110px">密     码</td>
            <td><input type="password" name="password" autocomplete="off"></td>
        </tr>
        <tr>
            <td width="110px">确认密码</td>
            <td><input type="password" name="password1"></td>
        </tr>
        <tr>
            <td colspan="2" align="center">
                <button class="but" style="text-align: center">立即注册</button>
            </td>
        </tr>
    </table>
</form>
</body>
</html>
```

18.3.6　注册处理页面

获取注册页面提交的数据，然后把数据存储到数据库中。

```
<?php
require_once("../paging.php");
mysqli_query($conn,'set names utf8');                  //设定字符集
$username=$_POST['username'];
$password=$_POST['password'];
$sql1="select * from menber where username='$username'";
$que=mysqli_query($conn,$sql1);
if($que){
    echo"<script>alert('用户名已经被注册');location.href='reg.php';</script>";
}else{
    $sql="insert into member(username,password)VALUES
    ('$username','$password')";
    $que=mysqli_query($conn,$sql);
    $_SESSION['username']=$username;
    echo "<script>alert('注册成功');location.href='home_list.php';</script>";
}
?>
```

18.3.7　评论页面

验证有没有登录，如果没登录，会提示"请先登录，然后再来评论"；如果已经登录，会显示编写评论的\<textarea\>标签，并在下方显示该文章的评论记录。

```php
<?php
session_start();
//判断是否登录
if(@$_SESSION['username']==""){
    echo "<script>alert('请先登录，然后再来评论');location='" . $_SERVER['HTTP_REFERER'] .
"'</script>";
    exit;
}
if(@$_GET['id']){
    $_SESSION['id']=$_GET['id'];
    require_once("../paging.php");
    $sql2="select * from article where id='".$_SESSION['id']."'";
    $res=mysqli_query($conn,$sql2);
    $res=mysqli_fetch_array($res);
    $sql3="select * from comment where class='".$_SESSION['id']."'";
    $res1=mysqli_query($conn,$sql3);
}else{
    require_once("../paging.php");
    $sql2="select * from article where id='".$_SESSION['id']."'";
    $res=mysqli_query($conn,$sql2);
    $res=mysqli_fetch_array($res);
    $sql3="select * from comment where class='".$_SESSION['id']."'";
    $res1=mysqli_query($conn,$sql3);
}
?>
<!DOCTYPE html>
<html>
<head>
    <style>
        header{
            border: 1px solid #b864f2;
            width: 400px;
            margin: 0px auto;
            padding: 15px 15px 118px;
        }
        li{
            border-bottom: 1px solid #b864f2;
            width: 400px;
            padding-top: 15px;
        }
        .box{
            text-align: center;
            border-bottom: 2px solid #b864f2;
        }
        .box1{
            padding: 30px 30px 15px;
            background-color:#b864f2 ;
            color: white;
        }
        a{
            position: absolute;
            font-size: 18px;
```

```
                }
        </style></head>
<body>
<header>
        <div class="box"><a href="home_list.php">返回</a><h2>文章评论</h2></div>
        <div class="box1">文章:<?php echo $res['title'] ?><br/>作者:<?php echo $res['author'] ?></div>
        <p>请在下面评论: </p>
        <form action="comment_check.php" method="post">
            <textarea id="" cols="30" rows="10" name="say"></textarea>
            <input type="submit" value="评论">
        </form>
        <?php
        while($output=mysqli_fetch_array($res1, MYSQLI_ASSOC)){
            echo "
        <li> <b>评论者: </b>{$output['username']}    时间: {$output['time']}
</li>".
            "<p>评论内容: {$output['say']}</p>";
        }
        ?>
</header>
</body>
</html>
<?php
session_start();
require_once("../paging.php");
mysqli_query($conn,'set names utf8'); //设定字符集
@$username=$_SESSION['username'];
$say=$_POST['say'];
$time=date("Y-m-d H:i:s",time());
$sql1="insert into comment(username,say,time,class) VALUES ('$username','$say','$time','".$_
SESSION['id']."')";
$que=mysqli_query($conn,$sql1);
if($que){
    echo "<script>alert('评论成功');location.href='comment.php';</script>";
}
?>
```

18.3.8　评论处理页面

获取评论页面中评论的数据，然后存入数据库。存入成功会跳转到评论页面，并显示评论的内容。

```
<?php
session_start();
require_once("../paging.php");
mysqli_query($conn,'set names utf8'); //设定字符集
@$username=$_SESSION['username'];

$say=$_POST['say'];
$time=date("Y-m-d H:i:s",time());
$sql1="insert into comment(username,say,time,class) VALUES ('$username','$say','$time','".$_
SESSION['id']."')";
$que=mysqli_query($conn,$sql1);
if($que){
    echo "<script>alert('评论成功');location.href='comment.php';</script>";
}
?>
```

18.4　展示效果

后台和前台都已经介绍完毕，下面来看一下展示效果。

18.4.1　后台展示效果

（1）运行文章管理页面（admin_manage.php），如图 18-6 所示。在该页面可以发布文章、删除文章和修改文章。

图 18-6　文章管理页面

（2）单击"发布文章"链接，页面跳转到发布文章页面，如图 18-7 所示。单击"修改"链接，页面跳转到修改文章页面，如图 18-8 所示。

图 18-7　发布文章页面

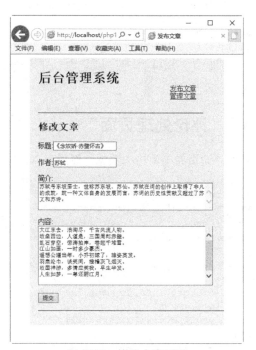

图 18-8　修改文章页面

18.4.2　前台展示效果

（1）打开前台文章列表页面（home_list.php），如图 18-9 所示。

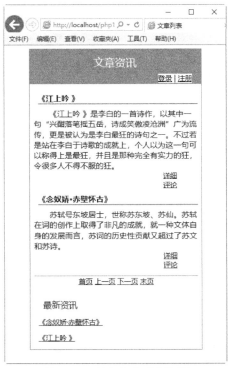

图 18-9　前台文章列表页面

（2）在列表页面可以选择注册和登录，这里注册一个名为 admin 的用户，然后登录，如图 18-10 和图 18-11 所示。

图 18-10　注册

图 18-11　登录

（3）登录成功后，前台文章列表页面变为图 18-12 所示的效果，这便是登录状态，可以对文章进行评论。这里单击《江上吟》中的"详细"链接，页面将跳转到文章的详细页面，如图 18-13 所示；单击"评论"链接，页面跳转到评论页面，在这里输一些文字，如图 18-14 所示，然后单击"评论"按钮，处理后页面效果变为图 18-15 所示的效果。

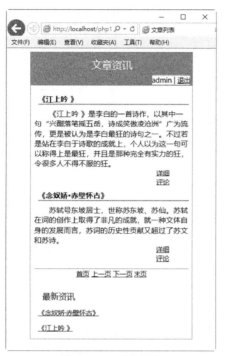

图 18-12 登录状态

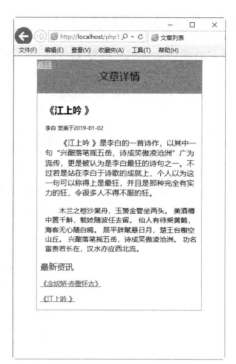

图 18-13 文章详情页

图 18-14 文章评论页面

图 18-15 评论成功后效果

第 19 章
企业网站管理系统

 学习指引

  企业网站管理系统是针对企业而设计的，具有简单易用、功能强大，性价比高、扩展性好的特点，安全性高、稳定性好的系统，可以加快企业网站开发的速度和减少开发的成本。

  企业网站管理系统可以应用于个人、中小企业、政府、学校网站的建设。

 重点导读

- 了解系统。
- 了解后台框架。
- 掌握登录验证。
- 掌握退出系统功能。
- 熟悉管理员列表的功能。
- 熟悉"关于我们"的功能。
- 熟悉"新闻资讯"的功能。
- 熟悉"产品展示"的功能。
- 熟悉"联系我们"的功能。

19.1　系统概述

  本项目可以看作一个企业网站管理的系统模板，主要包括管理员管理、关于我们、新闻资讯、产品展示和联系我们等主要管理功能。希望通过本章的学习，使广大读者学会一个网站管理系统的实现流程，掌握自主开发小型网站管理系统的能力。

19.1.1 开发环境

1. 服务器端

- 操作体统：Windows 10 教育版。
- 服务器：Apache 2.4.23。
- PHP 软件：PHP 5.6.25。
- 数据库：MySQL 5.7.14。
- MySQL 图像化管理工具：phpMyAdmin 4.6.4。
- 浏览器：IE 11 版本。
- 开发工具：PhpStorm-1918.2.3.exe。

2. 客户端

浏览器：IE 11 版本。

19.1.2 文件结构

文件结构目录如图 19-1 所示。

具体说明如下。

- about："关于我们"的后台处理文件夹，如图 19-2 所示。
- contact："联系我们"的后台处理文件夹，如图 19-3 所示。
- home：前端页面效果文件夹，如图 19-4 所示。
- login：登录处理文件夹，如图 19-5 所示。
- news："新闻资讯"的后台处理文件夹，如图 19-6 所示。
- project："产品展示"的后台处理文件夹，如图 19-7 所示。
- public：包含前端页面引用的文件夹，如图 19-8 所示。
- uploads：用来存上传文件的文件夹。
- user："管理员管理"的后台处理文件，如图 19-9 所示。

图 19-1　文件结构目录

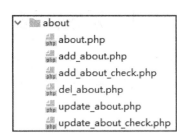

图 19-2　about 文件夹

图 19-3　contact 文件夹

图 19-4　home 文件夹

图 19-5　login 文件夹

图 19-6　news 文件夹

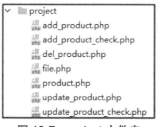

图 19-7　project 文件夹

图 19-8　public 文件夹

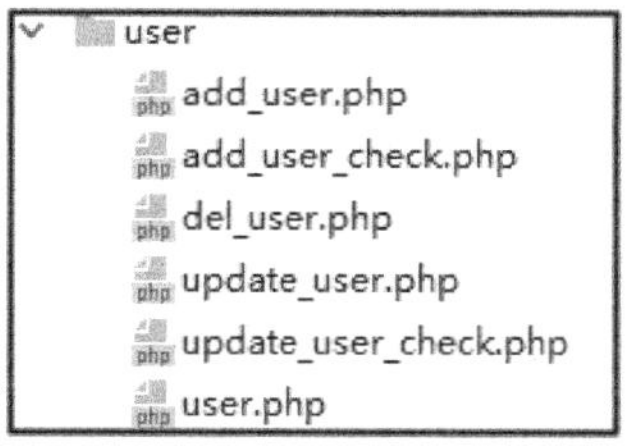

图 19-9　user 文件夹

- ◆ config.php：连接数据库的文件。
- ◆ left.php：主页面的左侧部分。
- ◆ main.php：后台管理主页面。
- ◆ right.php：主页面右侧部分。
- ◆ top.php：主页面头部。

19.1.3　创建数据库

本节来看一下数据库的创建。这里直接使用 phpMyAdmin 4.6.4 进行介绍。

首先建立数据库，名称为 article，如图 19-10 所示，单击"创建"按钮即可创建 article 数据库。

图 19-10　创建 article 数据库

然后选中 article 数据库，在该数据库中创建数据表。主要创建 5 个数据表，分别为 admin（管理员表）、about（关于我们的表）、news（新闻资讯表）、contact（联系我们的表）和 product（产品表）。

管理员表如图 19-11 所示。

图 19-11　管理员表

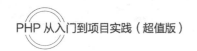

关于我们的表如图 19-12 所示。

数据表名: about　Add 1 column(s)　执行

名字	类型	长度/值	默认	排序规则	属性	空	索引	A_I
id	INT	11	无			☐	PRIMARY	☑
title	VARCHAR	255	无	utf8_general_ci		☐	---	☐
content	VARCHAR	255	无	utf8_general_ci		☐	---	☐

图 19-12　关于我们的表

联系我们的表如图 19-13 所示。

数据表名: contact　Add 1 column(s)　执行

名字	类型	长度/值	默认	排序规则	属性	空	索引	A_I	注释
id	INT	11	无			☐	PRIMARY	☑	
site	VARCHAR	255	无	utf8_general_ci		☐	---	☐	
tel	VARCHAR	255	无	utf8_general_ci		☐	---	☐	
suppot	VARCHAR	255	无	utf8_general_ci		☐	---	☐	
nexttel	VARCHAR	255	无	utf8_general_ci		☐	---	☐	
fax	VARCHAR	255	无	utf8_general_ci		☐	---	☐	
home	VARCHAR	255	无	utf8_general_ci		☐	---	☐	
email	VARCHAR	255	无	utf8_general_ci		☐	---	☐	

图 19-13　联系我们的表

提示：每个字段的含义：site 公司地址，tel 公司电话，suppot 技术支持，netxtel 售后电话，fax 公司传真，home 公司主页，email 电子邮件。

新闻资讯表如图 19-14 所示。

数据表名: news　Add 1 column(s)　执行

名字	类型	长度/值	默认	排序规则	属性	空	索引	A_I	注释
id	INT	11	无			☐	PRIMARY	☑	
type	VARCHAR	255	无	utf8_general_ci		☐	---	☐	
title	VARCHAR	255	无	utf8_general_ci		☐	---	☐	
content	VARCHAR	255	无	utf8_general_ci		☐	---	☐	
newtime	VARCHAR	255	无	utf8_general_ci		☐	---	☐	

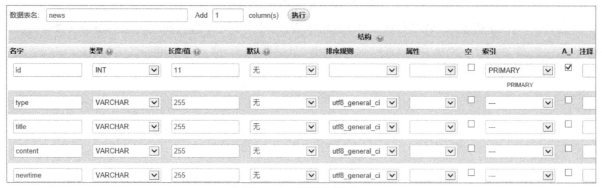

图 19-14　新闻资讯表

产品表如图 19-15 所示。

图 19-15　产品表

到这里，所需要的表已经创建完成了。

把创建完成的数据库写入 config.php 文件，方便以后在不同的页面中调用数据库和数据表。

```php
<?php
ob_start();  //开启缓存
session_start();
header("Content-type:text/html;charset=utf-8");
$link = mysqli_connect('localhost','root','123456','article');
mysqli_query($link, "set names utf8");
if (!$link) {
    die("连接失败:".mysqli_connect_error());
}
?>
```

19.2　后台框架

图 19-16 所示是后台主页面（main.php），包括 top、left 和 right 三个部分。下面看一下具体的代码。

图 19-16　后台主页面

main.php 页面代码：

```
<!DOCTYPE html>
<html>
<head>
    <title>主页</title>
    <meta charset="utf-8">
</head>
<frameset rows="19%,*">
    <frame src="top.php" name="top" noresize></frame>
    <frameset cols="19%,*">
        <frame src="left.php" name="left" noresize></frame>
        <frame src="right.php" name="right"></frame>
    </frameset>
</frameset>
</html>
```

top 页面代码：

```
<?php
session_start();
if(@$_GET['act'] =='loginout') {
    unset($_SESSION);
    echo "<script>location.href='./login/login.php';</script>";
}
?>
<!DOCTYPE html>
<html>
<head>
    <title></title>
    <meta charset="utf-8">
    <style type="text/css">
        body{margin-top:50px;text-align:center;background: #00cd66;color:white}
        a{color:white;}
    </style>
</head>
<body >
<h1>19.1.1   企业网站后台管理系统</h1>
</body>
</html>
```

left 页面代码：

```
<!DOCTYPE html>
<html>
<head>
    <title>lift</title>
    <meta charset="utf-8">
</head>
<style type="text/css">
    body{background: #00cd66;}
    .left{margin-top:25px;margin-left:30px;}
    a{color:snow;text-decoration:none;}
    a:hover{color:red;}
</style>
<body>
<div class="left">
    <h3><a href="./user/user.php" target="right">>>>管理员管理</a></h3>
    <h3><a href="./about/about.php" target="right">>>>关于我们</a></h3>
    <h3><a href="./news/news.php" target="right">>>>新闻资讯</a></h3>
    <h3><a href="./project/product.php" target="right">>>>产品展示</a></h3>
    <h3> <a href="./contact/contact.php" target="right">>>>联系我们</a></h3>
</div>
</body>
</html>
```

right 页面是单击左侧出现的页面，如产品展示页面或管理员管理页面等。代码如下：

```
<h1 style="text-align: center;line-height: 400px;">欢迎来到后台管理</h1>
```

19.3 登录验证

登录页面（login.php）如图 19-17 所示。

图 19-17 登录页面

具体实现代码如下：

```php
<?php
session_start();
?>
<!DOCTYPE html>
<html>
<head>
    <meta charset="utf-8">
    <title>php 登录</title>
    <style type="text/css">
        *{margin: 0px;padding: 0px;}
        body{background:#00cd66;}
        .inpu{border-radius:10px;outline:none;width:190px;height:30px;border:1px solid red;
            box-sizing:border-box;padding-left:15px;
        }
        #div{width:400px;height:400px;background:#B1FEF9;margin:0 auto;
            margin-top:150px;border-radius:19px;}
        h3{margin-left:88px;padding-top:60px;}
        h4{margin-left:119px;padding-top:60px;font-size: 18px;}
        #cnt{width:280px;height:370px;margin-left:33px;padding-top:60px;}
        .sub{width:70px;height:30px;border:1px solid #fff;background:#eee;
            margin-left:45px;margin-top:19px;}
    </style>
</head>
<body>
<div id="div">
```

```
    <h3>欢迎登录后台管理系统</h3>
    <div id="cnt">
        <form method="post" action="login_check.php">
            用户名: <input type="text" placeholder="请输入用户名" name="username" class="inpu">
            <br><br>
            密     码: <input type="password" placeholder="请输入密码" name=
"password" class="inpu">
            <br><br>
            <input type="submit" value="登录" class="sub">
            <input type="reset" name="Submit" value="重置" class="sub">
        </form>
    </div>
</div>
</body>
</html>
```

单击"登录"按钮，页面把登录信息提交到验证页面（login_check.php），在该页面中获取表单提交的信息，然后把信息存入 Session 中。

```
$_SESSION['username'] = trim($_POST['username']);
$_SESSION['password'] = trim($_POST['password']);
```

注意： 存入 Session，必须先打开 Session。

连接数据库，通过 SQL 语句对表单提交的信息，与数据库的信息进行验证，在数据库中能找到相同的用户名和密码，表明用户可以登录。

如果登录成功，页面跳转到后台管理页面；否则，登录失败，跳转到登录页面。

login_check.php 页面代码如下：

```php
<?php
//链接数据库
require_once('../config.php');
//获取表单的信息
$name = $_POST['username'];
$password = $_POST['password'];
$_SESSION['username'] = $_POST['username'];
$_SESSION['password'] = $_POST['password'];
//查询数据库，取出数据库的信息，如果和表单提交的信息一致，则登录成功，进入后台管理
$sql = "select * from admin where username='$name' and password='$password'";
$res = mysqli_query($link,$sql);
$row = mysqli_fetch_row($res);
if($row){
    echo "<script>alert('登录成功')</script>";
    echo "<script>location.href='../main.php'</script>";
}else{
    echo "<script>alert('登录失败')</script>";
    echo "<script>history.go(-1);</script>";    //登录失败返回上一个页面
}
?>
```

19.4 退出系统

登录成功之后，进入管理页面（main.php）。退出系统功能是在 top.php 页面实现的，效果如图 19-18 所示。

企业网站后台管理系统

当前登录的管理员是: admin | 退出系统

图 19-18 退出系统

top 页面代码如下:

```php
<?php
session_start();
?>
<!DOCTYPE html>
<html>
<head>
    <title></title>
    <meta charset="utf-8">
    <style type="text/css">
        body{margin-top:50px;text-align:center;background: #00cd66;color:white}
        a{color:white;}
    </style>
</head>
<body >
<h1>19.1.1 企业网站后台管理系统</h1>
<?php if(!empty($_SESSION['username'])){ ?>
当前登录的管理员是: <?php echo $_SESSION['username'] ?>  |  
    <a href="?act=loginout " target="_parent">退出系统</a>
<?php } ?>
</body>
</html>
```

在该页面中，首先要打开 Session，之前登录成功，已经把表单的信息存入 Session 中，然后对 Session 中的 username 信息进行判断，如果 Session 中存在 username 值，在 top 页面显示"退出系统"链接。

退出功能实现的代码如下:

```php
<?php
session_start();
if(@$_GET['act'] =='loginout') {
    unset($_SESSION);
    echo "<script>location.href='./login/login.php';</script>";
}
?>
```

退出系统后，跳转到登录页面（login.php）。

19.5 展示"管理员管理"信息

在框架中，当单击"管理员管理"时，会展示"管理员管理"信息，如图 19-19 所示。展示的过程中会给出"添加管理员""修改"和"删除"的链接。单击"添加管理员""修改"和"删除"链接时，会链接到相应的操作页面，在页面中实现相应的功能（展示的信息需要从数据库获取）。

			添加管理员
ID	用户名	密码	操作
1	admin	123456	修改 删除

图 19-19 "管理员管理"的信息

管理员管理信息（**user.php**）页面代码如下：

```php
<?php
require_once('../config.php');                    //连接数据库
$sql = "select * from admin order by id desc";    //查询 admin 表中的数据
$info = mysqli_query($link,$sql);
?>
<!DOCTYPE html>
<html>
<head>
    <meta charset="utf-8">
    <title>展示用户列表</title>
    <style type="text/css">
        .top{height:30px;line-height:30px;float:right;margin-right:15px;}
        .top a{color:red;text-decoration:none;}
        .cont{width:100%;height:300px;float:left;}
        .cont_ct{float:left;}
        table{width:100%;border:1px solid #eee;text-align:center;}
        th{background:#eee;}
        td{width:190px;height:30px;}
    </style>
</head>
<body>
<div class="top"><a href="add_user.php">添加管理员</a></div>

<div class="cont">
    <table cellspacing="0" cellpadding="0" border="1">
        <tr>
            <th>ID</th>
            <th>用户名</th>
            <th>密码</th>
            <th>操作</th>
        </tr>
        <?php
        //获取表中的数据
        while($row=mysqli_fetch_array($info)){
        ?>
        <tr>
            <td><?php echo $row['id'];?></td>
            <td><?php echo $row['username'];?></td>
            <td><?php echo $row['password'];?></td>
            <td>
                <a href="update_user.php?id=<?php echo $row['id'];?>">修改</a>
                <a href="del_user.php?id=<?php echo $row['id'];?>">删除</a>
            </td>
        </tr>
        <?php
        }
        ?>
    </table>
</div>
</body>
</html>
```

在该页面中连接数据库，查询 admin 表的信息，根据 id 进行倒排序，执行 SQL 语句。使用 while 循环取出数据库信息，展示到页面。

注意："修改""删除"链接后面都跟着输出了一个 id，因为删除和修改都是有条件的，例如删除哪一条。如果没有条件，程序不知道删除哪条信息，就会报错。

所以"修改""删除"链接都会输出一个参数 id，在 update_user.php 和 del_user.php 两个页面上获取 id，然后根据获取的 id 再去执行操作。

19.5.1　添加管理员

前面已经把信息从数据库取出，并显示了页面。从代码中可以看到，单击"添加"按钮时，页面会跳转到 add_user.php 页面，在该页面添加信息，如图 19-20 所示。

图 19-20　添加管理员页面

具体代码如下：

```html
<!DOCTYPE html>
<html>
<head>
    <meta charset="utf-8">
    <title>添加管理员</title>
    <style type="text/css">
        .ipt{width:180px;height:30px;border-radius:5px;
            outline:none;border:1px solid #eee;box-sizing:border-box;padding-left:15px;}
        .sub{width:50px;height:19px;border:1px solid #eee;background:#eee;color:#ff7575;}
    </style>
</head>
<body>
<form method="post" action="add_user_check.php">
    用户名: <input type="username" name="username" class="ipt"></br></br>
    密 码: <input type="password" name="password" class="ipt"></br></br>
    <input type="submit" value="添加" class="sub">
</form>
</body>
</html>
```

在 add_user.php 页面中可以看到，表单是以 POST 的方式提交添加的数据到 add_user_check.php 页面。该页面是用来验证添加的信息是否成功，也就是把数据添加到数据库。在添加时，首先要判断表单提交的用户是否存在，如果存在，给出提示；如果不存在，可以添加。

如果添加成功，页面跳转到 user.php 页面，失败则返回添加页面。

add_user_check.php 页面代码如下：

```php
<?php
//添加管理员部分代码，注意，当数据库存在该管理员账户时，不允许添加
require_once('../config.php');
$name = $_POST['username'];
$password = $_POST['password'];

$sql1 = "select * from admin where username ='$name'";
$info = mysqli_query($link,$sql1);
$res1 = mysqli_num_rows($info);
if($res1){
    echo "<script>alert('管理员已存在');location.href='addu.php';</script>";
}else{
    $sql = "insert into 'admin'(username,password) values('$name','$password')";
    $res = mysqli_query($link,$sql);
    if($res){
        echo "<script>alert('添加管理员成功');location.href='user.php';</script>";
    }else{
        echo "<script>alert('添加管理员失败');history.go(-1);</script>";
    }
}
?>
```

19.5.2 修改管理员

在管理员展示页面可以看到，单击"修改"按钮，链接到 update_user.php
页面。在该页面中先连接数据库，然后获取展示页面中提交过来的 id，根
据 id 进行查询，把数据库的信息展示到页面上，如图 19-21 所示，这样就
可以进行修改了。

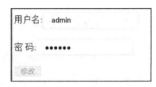

图 19-21　修改管理员页面

update_user.php 页面代码如下：

```php
<?php
require_once('../config.php');
$id = $_GET['id'];
$sql = "SELECT * FROM admin where id='$id'";
$info = mysqli_query($link,$sql);
$row = mysqli_fetch_array($info);
?>
<!DOCTYPE html>
<html>
<head>
    <meta charset="utf-8">
    <title>修改管理员</title>
    <style type="text/css">
        .ipt{width:180px;height:30px;border-radius:5px;outline:none;border:1px solid #eee;box-sizing:border-box;padding-left:15px;}
        .sub{width:50px;height:19px;border:1px solid #eee;background:#eee;color:#ff7575;}
    </style>
</head>
<body>
<form method="post" action="update_user_check.php?id=<?php echo $id;?>">
    用户名:<input type="username" name="username" class="ipt" value="<?php echo $row['username'];?>">
    </br></br>
    密   码 :<input type="password" name="password" class="ipt" value="<?php echo $row['password'];?>">
    </br></br>
    <input type="submit" value="修改" class="sub">
</form>
</body>
</html>
```

处理修改的信息在 update_user_check.php 页面完成。update_user_check.php 需要接收 update_user.php
页面传递过来用户 id，依据用户 id 来修改对应数据库的用户信息。

update_user_check.php 页面代码如下：

```php
<?php
//修改页面 PHP 代码
require_once('../config.php');
$name = $_POST['username'];
$password = $_POST['password'];
$id = $_GET['id'];
$sql = "UPDATE admin SET username='$name',password='$password' where id='$id'";
$res = mysqli_query($link,$sql);
if($res){
    echo "<script>alert('修改管理员成功');location.href='user.php'</script>";
}else{
    echo "<script>alert('修改管理员失败');history.go(-1);</script>";
}

?>
```

19.5.3　删除管理员

相对于其他的功能，删除是最简单的。在管理员展示页面可以看到，删除管理员链接到 del_user.php 页面。首先连接数据库，然后获取用户 id 参数，根据用户 id 进行用户删除操作。

del_user.php 页面代码如下：

```php
<?php
//删除管理员部分代码
require_once('../config.php');
$id = $_GET['id'];
$sql = "DELETE from admin where id='$id'";
$res = mysqli_query($link,$sql);
if($res){
    echo "<script>alert('删除管理员成功');location.href='user.php'</script>";
}else{
    echo "<script>alert('删除管理员失败');location.href='user.php'</script>";
}
?>
```

19.6　展示"关于我们"信息

在框架中，当单击"关于我们"时，会展示"关于我们"的信息，如图 19-22 所示。展示的过程中会给出"添加信息""修改"和"删除"的链接。单击"添加信息""修改"和"删除"链接时，会链接到相应的操作页面，在页面中实现相应的功能（展示的信息需要从数据库获取）。

| | | | 添加信息 |
ID	标题	内容	操作
6	企业董事长	张三	修改 删除
5	企业宗旨	诚信 爱国 创新	修改 删除

图 19-22　"关于我们"的信息

关于我们信息（about.php）页面代码如下：

```php
<?php
header("Content-type: text/html; charset=utf-8);          //设置编码
require_once('../config.php');
$sql = "SELECT * FROM about order by id desc";
$res = mysqli_query($link,$sql);

//截取中文字符
function msubstr($str,$start=0,$length,$suffix=true,$charset="utf-8"){
    if(function_exists("mb_substr")){
        if ($suffix && mb_strlen($str, $charset)>$length)
            return mb_substr($str, $start, $length, $charset)."...";
        else
            return mb_substr($str, $start, $length, $charset);
    }elseif(function_exists('iconv_substr')) {
        if ($suffix && strlen($str)>$length)
            return iconv_substr($str,$start,$length,$charset)."...";
        else
            return iconv_substr($str,$start,$length,$charset);
    }
    $re['utf-8']   = "/[\x01-\x7f]|[\xc2-\xdf][\x80-\xbf]|[\xe0-\xef][\x80-\xbf]{2}|[\xf0-\xff]
```

```
[\x80-\xbf]{3}/";
        $re['gb2312'] = "/[\x01-\x7f]|[\xb0-\xf7][\xa0-\xfe]/";
        $re['gbk']    = "/[\x01-\x7f]|[\x81-\xfe][\x40-\xfe]/";
        $re['big5']   = "/[\x01-\x7f]|[\x81-\xfe]([\x40-\x7e]|\xa1-\xfe])/";
        preg_match_all($re[$charset], $str, $match);
        $slice = join("",array_slice($match[0], $start, $length));
        if($suffix) return $slice."…";
        return $slice;
    }

?>
<!DOCTYPE html>
<html>
<head>
    <meta charset="utf-8">
    <title>展示关于我们的信息</title>
    <style type="text/css">
        .top{height:30px;line-height:30px;float:right;margin-right:15px;}
        .top a{color:red;text-decoration:none;}
        .cont{width:100%;height:300px;float:left;}
        .cont_ct{float:left;}
        table{width:100%;border:1px solid #eee;text-align:center;}
        th{background:#eee;}
        td{width:190px;height:40px;}
    </style>
</head>
<body>
<div class="top"><a href="add_about.php">添加信息</a></div>

<div class="cont">
    <table cellspacing="0" cellpadding="0" border="1">
        <tr>
            <th>ID</th>
            <th>标题</th>
            <th>内容</th>
            <th>操作</th>
        </tr>
        <?php
        while($row = mysqli_fetch_array($res)){
            ?>
            <tr>
                <td><?php echo $row['id'];?></td>
                <td><?php echo $row['title'];?></td>
                <td><!-- <textarea cols="50" rows="5" readonly> -->
                    <?php echo msubstr($row['content'],0,19);?><!-- </textarea> --></td>
                <td>
                    <a href="update_about.php?id=<?php echo $row['id'];?>">修改</a>
                    <a href="del_about.php?id=<?php echo $row['id'];?>">删除</a>
                </td>
            </tr>
            <?php
        }
        ?>
    </table>
</div>
</body>
</html>
```

在该页面中连接数据库，查询 about 表的信息，使用 while 循环取出数据库信息，展示到页面。

19.6.1　修改"关于我们"信息

在"关于我们"展示页面可以看到，单击"修改"按钮会链接到 update_about.php 页面，效果如图 19-23

所示。在该页面中先连接数据库，然后获取展示页面中提交的 id，根据 id 进行查询，把数据库的信息展示到页面上，这样就可以进行修改了。

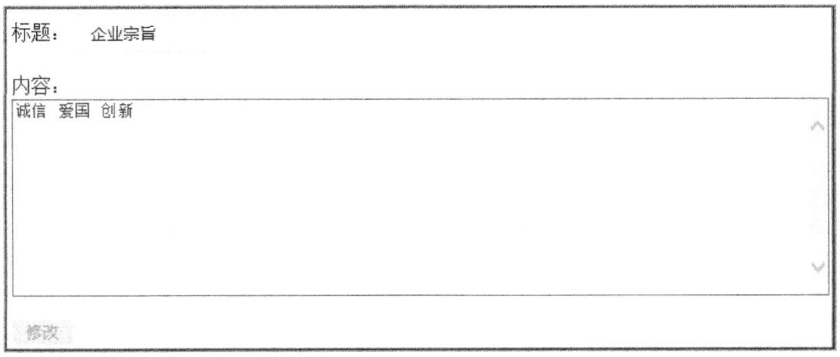

图 19-23　修改"关于我们"的信息

update_about.php 页面代码如下：

```php
<?php
header("Content-type: text/html; charset=utf-8");//设置编码
require_once('../config.php');
$id = $_GET['id'];
$sql = "SELECT * FROM about where id='$id'";
$res = mysqli_query($link,$sql);
$row = mysqli_fetch_array($res);
?>
<!DOCTYPE html>
<html>
<head>
    <meta charset="utf-8">
    <title>修改信息</title>
    <style type="text/css">
        .ipt{width:180px;height:30px;border-radius:5px;
            outline:none;border:1px solid #eee;box-sizing:border-box;padding-left:15px;}
        .sub{width:50px;height:19px;border:1px solid #eee;background:#eee;color:#ff7575;}
    </style>
</head>
<body>
<form method="post" action="update_about_check.php?id=<?php echo $id;?>">
    标题: <input type="text" name="title" class="ipt" value="<?php echo $row['title'];?>">
    </br></br>
    内容: <textarea cols="80" rows="10" name="content" class="txt"><?php echo $row['content'];?>
</textarea></br></br>
    <input type="submit" value="修改" class="sub">
</form>
</body>
</html>
```

处理修改的信息在 update_about_check.php 页面完成。在 update_user.php 页面也有一个参数 id，根据这个 id 更改数据库信息。

update_about_check.php 页面代码如下：

```php
<?php
require_once('../config.php');
$id = $_GET['id'];
$title = $_POST['title'];
$content = $_POST['content'];
$sql = "UPDATE about SET title='$title',content='$content' where id='$id'";
$res = mysqli_query($link,$sql);
if($res){
```

```
      echo "<script>alert('修改信息成功');location.href='about.php'</script>";
  }else{
      echo "<script>alert('修改信息失败');history.go(-1);</script>";
  }
  ?>
```

19.6.2　添加"关于我们"信息

从"关于我们"展示页面可以看到，单击"添加信息"跳转到 add_
about.php 页面，在该页面添加信息，如图 19-24 所示。

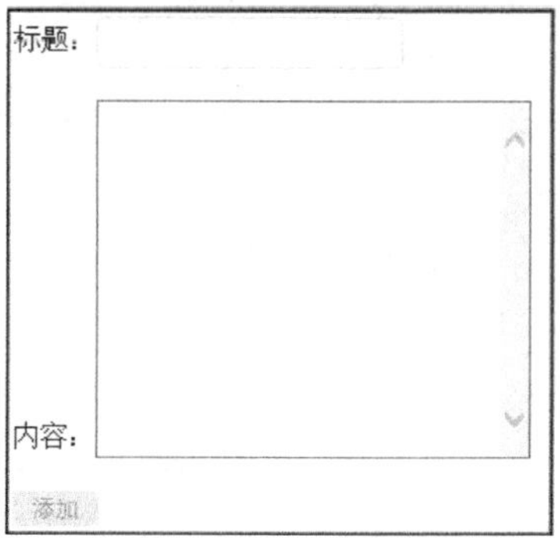

具体代码如下：

```
<!DOCTYPE html>
<html>
<head>
    <meta charset="utf-8">
    <title>添加信息</title>
    <style type="text/css">
        .ipt{width:180px;height:30px;border-radius:5px;
            outline:none;border:1px solid #eee;box-sizing:border-box;padding-left:15px;}
        .txt{width:250px;height:190px;}
        .sub{width:50px;height:19px;border:1px solid #eee;background:#eee;color:#ff7575;}
    </style>
</head>
<body>
<form method="post" action="add_about_check.php">
    标题: <input type="text" name="title" class="ipt">
    </br></br>
    内容: <textarea cols="50" rows="5" name="content" class="txt"></textarea></br></br>
    <input type="submit" value="添加" class="sub">
</form>
</body>
</html>
```

图 19-24　添加"关于我们"的信息

在 add_about.php 页面中可以看到，表单是以 POST 的方式提交添加的数据到 add_about_check.php 页面。该页面是用来验证添加的信息是否成功，也就是把数据添加到数据库。如果添加成功，页面跳转到 about.php 页面，失败则返回添加页面。

add_about_check.php 页面代码如下：

```
<?php
require_once('../config.php');
//htmlspecialchars()  过滤 html
$title = htmlspecialchars($_POST['title']);
$content = htmlspecialchars($_POST['content']);
if(empty($title)){
    echo "请输入标题";
}else if(empty($content)){
    echo "请输入内容";
}else{
    $sql = "insert into 'about'(title,content) values('$title','$content')";
    $res = mysqli_query($link,$sql);
    if($res){
        echo "<script>alert('添加信息成功');location.href='about.php';</script>";
    }else{
        echo "<script>alert('添加信息失败');history.go(-1);</script>";
    }
}
?>
```

19.6.3　删除"关于我们"信息

在"关于我们"的信息展示页面可以看到，删除"关于我们"将链接到 del_about.php 页面。首先连接数据库，然后获取参数 id，根据 id 进行删除操作。

del_about.php 页面代码如下：

```php
<?php
require_once('../config.php');
$id = $_GET['id'];
$sql="delete from about where id='$id'";
$res = mysqli_query($link,$sql);
if($res){
    echo "<script>alert('删除信息成功');location.href='about.php'</script>";
}else{
    echo "<script>alert('删除信息失败');location.href='about.php'</script>";
}
?>
```

19.7　展示"新闻资讯"页面

在框架中，当单击"新闻资讯"时，会展示"新闻资讯"页面，如图 19-25 所示。展示的过程中会给出"添加新闻资讯""修改"和"删除"的链接。单击"添加新闻资讯""修改"和"删除"链接，会链接到相应的操作页面，在页面中实现相应的功能（展示的信息需要从数据库获取）。

				添加新闻资讯
ID	**类别**	**标题**	**内容**	**操作**
10	公司公告	校园招聘	高校毕业生招聘平台是我们主要招人的地方	修改 删除
首页 上一页 下一页 末页				

图 19-25　"新闻资讯"页面

新闻资讯页面代码如下：

```php
<?php
require_once('../config.php');                          //连接数据库
$page=isset($_GET['page']) ?$_GET['page'] :1 ;          //接收页码
$page=!empty($page) ? $page :1;
$table_name="news";                                     //查取表名设置
$perpage=1;                                             //每页显示的数据个数
//最大页数和总记录数
$total_sql="SELECT count(*) from $table_name";
$total_result =mysqli_query($link,$total_sql);
$total_row=mysqli_fetch_row($total_result);
$total = $total_row[0];                                 //获取最大页码数
$total_page = ceil($total/$perpage);                    //向上整数
//临界点
$page=$page>$total_page ? $total_page:$page;            //下一页数大于最大页数的情况
//分页设置初始化
$start=($page-1)*$perpage;
$sql = "SELECT * from news order by id desc limit $start,$perpage";
$info = mysqli_query($link,$sql);

?>
```

```
<!DOCTYPE html>
<html>
<head>
    <meta charset="utf-8">
    <title>展示新闻资讯</title>
    <style type="text/css">
        .top{height:30px;line-height:30px;float:right;margin-right:15px;}
        .top a{color:red;text-decoration:none;}
        .cont{width:100%;height:300px;float:left;}
        .cont_ct{float:left;}
        table{width:100%;border:1px solid #eee;text-align:center;}
        th{background:#eee;}
        td{width:190px;height:30px;}
    </style>
</head>
<body>
<div class="top"><a href="add_news.php">添加新闻资讯</a></div>

<div class="cont">
    <table cellspacing="0" cellpadding="0" border="1">
        <tr>
            <th>ID</th>
            <th>类别</th>
            <th>标题</th>
            <th>内容</th>
            <th>操作</th>
        </tr>
        <?php
        //获取表中的数据
        while(@$row=mysqli_fetch_array($info)){
            ?>
            <tr>
                <td><?php echo $row['id'];?></td>
                <?php
                if($row['type']==1){
                    ?>
                    <td>公司新闻</td>
                    <?php
                }else{
                    ?>
                    <td>公司公告</td>
                    <?php
                }
                ?>
                <td><?php echo $row['title']; ?></td>
                <td><?php echo $row['content']; ?></td>
                <td>
                    <a href="update_news.php?id=<?php echo $row['id']; ?>">修改</a>
                    <a href="del_news.php?id=<?php echo $row['id']; ?>">删除</a>
                </td>
            </tr>
            <?php } ?>
        <tr>
            <td colspan="5">
                <a href="<?php echo "$_SERVER[PHP_SELF]?page=1"?>">首页</a>
                <a href="<?php echo "$_SERVER[PHP_SELF]?page=".($page-1)?>">上一页</a><a href="
<?php echo "$_SERVER[PHP_SELF]?page=".($page+1)?>">下一页</a>
                <a href="<?php echo "$_SERVER[PHP_SELF]?page={$total_page}"?>">末页</a>
            </td>
        </tr>
    </table>
```

```
</div>
</body>
</html>
```

在该页面中连接数据库，查询 news 表的信息，使用 while 循环取出数据库信息，展示到页面。

19.7.1　添加"新闻资讯"页面

从"新闻资讯"展示页面可以看到，单击"添加新闻资讯"会跳转到 add_news.php 页面，在该页面添加信息，效果如图 19-26 所示。

具体代码如下：

19-26　添加"新闻资讯"页面

```html
<!DOCTYPE html>
<html>
<head>
    <meta charset="utf-8">
    <title>添加新闻资讯</title>
    <style type="text/css">
        .ipt{width:180px;height:30px;border-radius:5px;
            outline:none;border:1px solid #eee;box-sizing:border-box;padding-left:15px;}
        .txt{width:250px;height:190px;}
        .sub{width:50px;height:19px;border:1px solid #eee;background:#eee;color:#ff7575;}
    </style>
</head>
<body>
<form method="post" action="add_news_check.php">
    标题: <input type="text" name="title" class="ipt">
    </br></br>
    内容: <textarea cols="50" rows="5" name="content" class="txt"></textarea></br></br>
    <select name="type">
        <option value="0">公司公告</option>
        <option value="1">公司新闻</option>
    </select>
    </br></br>
    <input type="submit" value="添加" class="sub">
</form>
</body>
</html>
```

在 add_news.php 页面中可以看到，表单是以 POST 的方式提交添加的数据到 add_news_check.php 页面。该页面是用来验证添加的信息是否成功，也就是把数据添加到数据库。如果添加成功，页面跳转到 news.php 页面，失败则返回添加页面。

add_news_check.php 页面代码如下：

```php
<?php
//添加新闻资讯
require_once('../config.php');
$title=$_POST['title'];
$content = $_POST['content'];
$type = $_POST['type'];
$newtime = date("Y-m_d H:i:s",time());
$sql  = "insert into 'news'(title,type,content,newtime) values('$title','$type','$content',
'$newtime')";
$res = mysqli_query($link,$sql);
if($res){
    echo "<script>alert('添加新闻成功');location.href='news.php';</script>";
}else{
    echo "<script>alert('添加新闻失败');location.href='news.php';</script>";
```

```
}
?>
```

19.7.2 修改"新闻资讯"页面

在"新闻资讯"展示页面可以看到，单击"修改"按钮会链接到 update_news.php 页面，效果如图 19-27 所示。在该页面中先连接数据库，然后获取展示页面中提交的 id，根据 id 进行查询，把数据库的信息展示到页面上，这样就可以进行修改了。

图 19-27　修改"新闻资讯"页面

update_news.php 页面代码如下：

```php
<?php
require_once('../config.php');
$id = $_GET['id'];
$sql = "SELECT * from news where id='$id'";
$res = mysqli_query($link,$sql);
$row = mysqli_fetch_array($res);
?>
<!DOCTYPE html>
<html>
<head>
    <meta charset="utf-8">
    <title>修改新闻资讯</title>
    <style type="text/css">
        .ipt{width:180px;height:30px;border-radius:5px;
            outline:none;border:1px solid #eee;box-sizing:border-box;padding-left:15px;}
        .sub{width:50px;height:19px;border:1px solid #eee;background:#eee;color:#ff7575;}
    </style>
</head>
<body>
<form method="post" action="update_news_check.php?id=<?php echo $id;?>">
    标题: <input type="text" name="title" class="ipt" value="<?php echo $row['title'];?>">
    </br></br>
    内容: <textarea cols="80" rows="10" name="content" class="txt"><?php echo $row['content'];?>
</textarea></br></br>
    类型: <select name="type">
        <option value="0">公司公告</option>
        <option value="1">公司新闻</option>
    </select></br></br>
    <input type="submit" value="修改" class="sub">
</form>
</body>
</html>
```

处理修改的信息在 update_news_check.php 页面完成。在 update_news.php 页面也有一个参数 id，根据这个 id 更改数据库信息。

update_news_check.php 页面代码如下：

```php
<?php
require_once('../config.php');
$id = $_GET['id'];
$title = $_POST['title'];
$type = $_POST['type'];
$content = $_POST['content'];
$newtime = date("Y-m-d H:i:s",time());
```

```
$sql = "UPDATE news SET title='$title',content='$content',type='$type',newtime='$newtime' where
id='$id'";
$res = mysqli_query($link,$sql);
if($res){
    echo "<script>alert('修改新闻资讯成功');location.href='news.php'</script>";
}else{
    echo "<script>alert('修改新闻资讯失败');history.go(-1);</script>";
}
?>
```

19.7.3 删除 "新闻资讯" 页面

在 "新闻资讯" 展示页面可以看到,删除新闻将链接到 del_news.php 页面。首先连接数据库,然后获取参数 id,根据 id 进行删除操作。

del_news.php 页面代码如下:

```
<?php
//删除新闻资讯部分代码
require_once('../config.php');
$id = $_GET['id'];
$sql = "delete from news where id='$id'";
$res = mysqli_query($link,$sql);
if($res){
    echo "<script>alert('删除成功');location.href='news.php';</script>";
}else{
    echo "<script>alert('删除失败');location.href='news.php';</script>";
}
?>
```

19.8 展示 "产品展示" 页面

在框架中,当单击 "产品展示" 时,会展示产品,如图 19-28 所示。展示的过程中会给出 "添加产品" "修改" 和 "删除" 的链接。单击 "添加产品" "修改" 和 "删除" 链接时,会链接到相应的操作页面,在页面中实现相应的功能(展示的信息需要从数据库获取)。

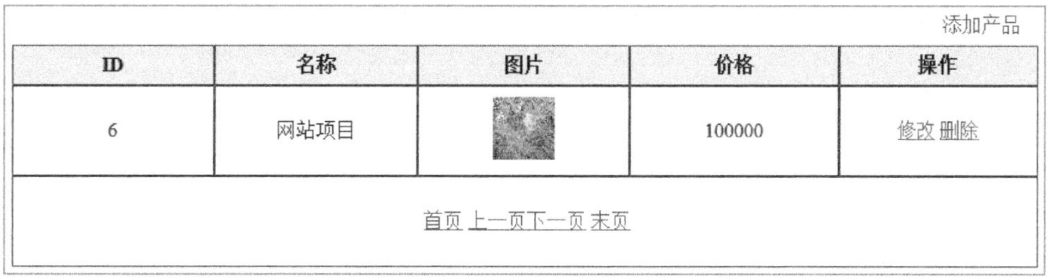

				添加产品
ID	名称	图片	价格	操作
6	网站项目		100000	修改 删除
首页 上一页 下一页 末页				

图 19-28 "产品展示" 页面

产品展示(product.php)页面代码如下:

```
<?php
require_once('../config.php');                          //连接数据库
$page=isset($_GET['page']) ?$_GET['page'] :1 ;          //接收页码
$page=!empty($page) ? $page :1;
$table_name="product";                                  //查取表名设置
$perpage=4;                                             //每页显示的数据个数
```

```php
//最大页数和总记录数
$total_sql="SELECT count(*) from $table_name";
$total_result =mysqli_query($link,$total_sql);
$total_row=mysqli_fetch_row($total_result);
$total = $total_row[0];                              //获取最大页码数
$total_page = ceil($total/$perpage);                //向上整数
//临界点
$page=$page>$total_page ? $total_page:$page;         //下一页数大于最大页数的情况
//分页设置初始化
$start=($page-1)*$perpage;
$sql = "SELECT * from product order by id desc limit $start,$perpage";
$info = mysqli_query($link,$sql);
?>
<!DOCTYPE html>
<html>
<head>
    <meta charset="utf-8">
    <title>展示用户列表</title>
    <style type="text/css">
        .top{height:30px;line-height:30px;float:right;margin-right:15px;}
        .top a{color:red;text-decoration:none;}
        .cont{width:100%;height:300px;float:left;}
        .cont_ct{float:left;}
        table{width:100%;border:1px solid #eee;text-align:center;}
        th{background:#eee;height:30px;}
        td{width:190px;height:70px;}
    </style>
</head>
<body>
<div class="top"><a href="add_product.php">添加产品</a></div>

<div class="cont">
    <table cellspacing="0" cellpadding="0" border="1">
        <tr>
            <th>ID</th>
            <th>名称</th>
            <th>图片</th>
            <th>价格</th>
            <th>操作</th>
        </tr>
        <?php
        while(@$row = mysqli_fetch_array($info)){
            ?>
            <tr>
                <td><?php echo $row['id'];?></td>
                <td><?php echo $row['title'];?></td>
                <td><img src="../uploads/<?php echo $row['imgname'];?>" width="50" height="50">
</td>
                <td><?php echo $row['price'];?></td>
                <td>
                    <a href="update_product.php?id=<?php echo $row['id'];?>">修改</a>
                    <a href="del_product.php?id=<?php echo $row['id'];?>">删除</a>
                </td>
            </tr>
            <?php
        }
        ?>
        <tr>
            <td colspan="5">
                <a href="<?php echo "$_SERVER[PHP_SELF]?page=1"?>">首页</a>
                <a href="<?php echo "$_SERVER[PHP_SELF]?page=".($page-1)?>">上一页</a><a href=
"<?php echo "$_SERVER[PHP_SELF]?page=".($page+1)?>">下一页</a>
```

```
            <a href="<?php echo "$_SERVER[PHP_SELF]?page={$total_page}"?>">末页</a>
        </td>
    </tr>
    </table>
</div>
</body>
</html>
```

在该页面中连接数据库，查询 product 表的信息，使用 while 循环取出数据库信息，展示到页面。

19.8.1 添加"产品展示"页面

从"产品展示"页面可以看到，单击"添加产品"链接，会跳转到 add_product.php 页面，在该页面添加信息，效果如图 19-29 所示。

具体代码如下：

图 19-29 添加"产品展示"页面

```
<!DOCTYPE html>
<html>
<head>
    <meta charset="utf-8">
    <title>添加产品</title>
    <style type="text/css">
        #cnt{
            width:400px;
            height:400px;
            margin-top:15px;
            margin-left: 15px;
        }
    </style>
</head>
<body>
<div id="cnt">
    <form method="post" action="add_product_check.php" enctype="multipart/form-data">
        产品名称:<input type="text" name="title" id="title"></br></br>
        上传文件:<input type="file" name="myFile"></br></br>
        产品价格:<input type="text" name="price"></br></br>
        <input type="submit" value="添加产品">
    </form>
</div>
</body>
</html>
```

注意：上传文件时，需要在表单中写明 enctype="multipart/form-data"属性类别。

在 add_product.php 页面中可以看到，表单是以 post 的方式提交添加的数据到 add_product_check.php 页面。该页面是用来验证添加的信息是否添加成功，也就是把数据添加到数据库。如果添加成功，页面跳转到 product.php 页面，失败则返回添加页面。

add_product_check.php 页面代码如下：

```
<?php
require_once('../config.php');
//接受文件，临时文件信息
$fileinfo=$_FILES["myFile"];//降维操作
$filename=$fileinfo["name"];
$tmp_name=$fileinfo["tmp_name"];
$size=$fileinfo["size"];
$error=$fileinfo["error"];
$type=$fileinfo["type"];

//服务器端设定限制
```

```php
$maxsize=10485760;//10M,10*1024*1024
$allowExt=array('jpeg','jpg','png','gif');            //允许上传的文件类型（扩展名）
$ext=pathinfo($filename,PATHINFO_EXTENSION);          //提取上传文件的扩展名
//目标存放文件夹
$path="../uploads";
if (!file_exists($path)) {                            //当目录不存在，创建目录
    mkdir($path,0777,true);                           //创建目录
    chmod($path, 0777);                               //改变文件模式，所有人都有执行权限、写权限、读权限
}
//得到唯一的文件名！防止因为文件名相同而产生覆盖
$uniName=md5(uniqid(microtime(true),true)).".".$ext;

//md5 加密，uniqid 产生唯一 id，microtime 做前缀
//目标存放文件地址
$destination=$path."/".$uniName;
//当文件上传成功，存入临时文件夹，服务器端开始判断
if ($error==0) {
    if ($size>$maxsize) {
        exit("上传文件过大！ ");
    }
    if (!in_array($ext, $allowExt)) {
        exit("非法文件类型");
    }
    if (!is_uploaded_file($tmp_name)) {
        exit("上传方式有误，请使用 post 方式");
    }
    //判断是否为真实图片（防止伪装成图片的病毒）
    if (!getimagesize($tmp_name)) {                    //getimagesize 真实返回数组，否则返回 false
        exit("不是真正的图片类型");
    }
    //move_uploaded_file($tmp_name, "uploads/".$filename);
    if (@move_uploaded_file($tmp_name, $destination)) {//@错误抑制符，不让用户看到警告
        echo "文件".$filename."上传成功！";
    }else{
        echo "文件".$filename."上传失败！";
    }
}else{
    switch ($error){
        case 1:echo "超过了上传文件的最大值，请上传 2M 以下文件";break;
        case 2:echo "上传文件过多，请一次上传 19 个及以下文件！ ";break;
        case 3:echo "文件并未完全上传，请再次尝试！ ";break;
        case 4:echo "未选择上传文件！ ";break;
        case 7:echo "没有临时文件夹";break;
    }
}
$title = $_POST['title'];
$imagename = $uniName;
$price = $_POST['price'];
$goodtime = date("Y-m-d H:i:s");
$sql = "insert into 'product'(title,imgname,price,goodtime) values('$title','$imagename','$price',
'$goodtime')";
$res = mysqli_query($link,$sql);
if($res){
    echo "<script>alert('添加产品成功');location.href='product.php';</script>";
}else{
    echo "<script>alert('添加产品失败');location.href='product.php';</script>";
}
?>
```

19.8.2 修改"产品展示"页面

在"产品展示"页面可以看到，单击"修改"链接，会跳转到
update_product.php 页面，效果如图 19-30 所示。在该页面中先连接数据库，
然后获取展示页面中提交的 id，根据 id 进行查询，把数据库的信息展示
到页面上，这样就可以进行修改了。

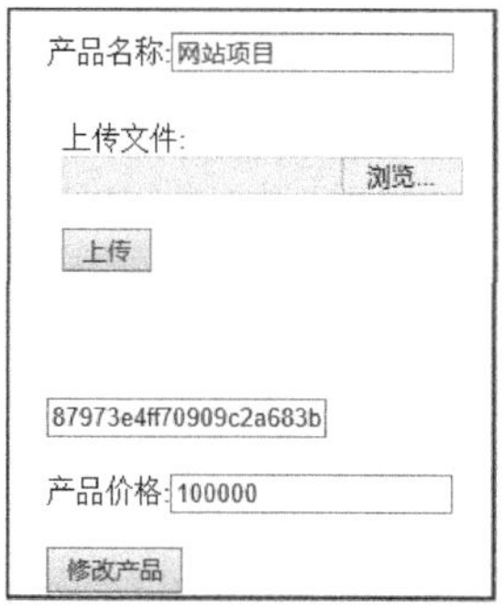

update_product.php 页面代码如下：

```php
<?php
require_once('../config.php');
$id = $_GET['id'];
$sql = "SELECT * from product where id= '$id'";
$res = mysqli_query($link,$sql);
$info = mysqli_fetch_array($res);
?>
<!DOCTYPE html>
<html>
<head>
    <meta charset="utf-8">
    <title>修改产品</title>
    <style type="text/css">
        #cnt{
            width:400px;
            height:400px;
            margin-top:15px;
            margin-left: 15px;
        }
        iframe{border:0px;}
    </style>
</head>
<body>
<div id="cnt">
    <form method="post" action="update_product_check.php?id=<?php echo $info['id']?>" enctype=
"multipart/form-data">
        产品名称:<input type="text" name="title" id="title" value="<?php echo $info['title']?>
"></br></br>
        <iframe src="file.php"></iframe>
        <input type="text" id="imgname" name="imgname" value="<?php echo $info['imgname'];?>">
</br></br>
        产品价格:<input type="text" name="price" value="<?php echo $info['price']?>">
        </br></br>
        <input type="submit" value="修改产品">
    </form>
</div>
</body>
</html>
```

可以看到表单中有一个 file.php 的文件，修改的时候也许会重新上传图片，所以用了一个 iframe 的标签，
file.php 文件代码如下：

```php
<?php
if(!empty($_POST['go']) && $_POST['go']==1){
    //接受文件，临时文件信息
    $fileinfo=$_FILES["myFile"];                    //降维操作
    $filename=$fileinfo["name"];
    $tmp_name=$fileinfo["tmp_name"];
    $size=$fileinfo["size"];
    $error=$fileinfo["error"];
    $type=$fileinfo["type"];

    //服务器端设定限制
```

图 19-30　修改"产品展示"页面

```
$maxsize=10485760;//10M,10*1024*1024
$allowExt=array('jpeg','jpg','png','gif');        //允许上传的文件类型（扩展名）
$ext=pathinfo($filename,PATHINFO_EXTENSION);  //提取上传文件的扩展名
//目标存放文件夹
$path="../uploads";
if (!file_exists($path)) {                        //当目录不存在，就创建目录
    mkdir($path,0777,true);                       //创建目录
    chmod($path, 0777);                           //改变文件模式，所有人都有执行权限、写权限、读权限
}
//得到唯一的文件名！防止因为文件名相同而产生覆盖
$uniName=md5(uniqid(microtime(true),true)).".".$ext;

//md5 加密，uniqid 产生唯一 id, microtime 做前缀
//目标存放文件地址
$destination=$path."/".$uniName;
//当文件上传成功，存入临时文件夹，服务器端开始判断
if ($error==0) {
    if ($size>$maxsize) {
        exit("上传文件过大！");
    }
    if (!in_array($ext, $allowExt)) {
        exit("非法文件类型");
    }
    if (!is_uploaded_file($tmp_name)) {
        exit("上传方式有误，请使用 post 方式");
    }
    //判断是否为真实图片（防止伪装成图片的病毒）
    if (!getimagesize($tmp_name)) {//getimagesize 真实返回数组，否则返回 false
        exit("不是真正的图片类型");
    }
    //move_uploaded_file($tmp_name, "uploads/".$filename);
    if (@move_uploaded_file($tmp_name, $destination)) {//@错误抑制符，不让用户看到警告
        echo "<script>parent.document.all.imgname.value = '$destination';</script> 文件
".$filename."上传成功!";
    }else{
        echo "文件".$filename."上传失败!";
    }
}else{
    switch ($error){
        case 1:echo "超过了上传文件的最大值，请上传 2M 以下文件";break;
        case 2:echo "上传文件过多，请一次上传 19 个及以下文件！";break;
        case 3:echo "文件并未完全上传，请再次尝试！";break;
        case 4:echo "未选择上传文件！";break;
        case 7:echo "没有临时文件夹";break;
    }
}

}
?>
<!DOCTYPE html>
<html>
<head>
    <title></title>
</head>
<body>
<form method="post" action="?" enctype="multipart/form-data">
    上传文件:<input type="file" name="myFile"></br></br>
    <input type="hidden" value="1" name="go">
    <input type="submit" value="上传"></br></br>
```

```
</form>
</body>
</html>
```

处理修改的信息在 update_product_check.php 页面来完成。在 update_product.php 页面也带了一个参数 id，根据 id 更改数据库信息。

update_product_check.php 页面代码如下：

```
<?php
require_once('../config.php');

$id = $_GET['id'];
$title = $_POST['title'];
$imagename = $_POST['imgname'];
$price = $_POST['price'];
$goodtime = date("Y-m-d H:i:s");
$sql = "UPDATE product SET title='$title',imgname='$imagename',price='$price',goodtime='$goodtime'
where id='$id'";
$res = mysqli_query($link,$sql);
if($res){
    echo "<script>alert('修改产品成功');location.href='product.php'</script>";
}else{
    echo "<script>alert('修改产品失败');history.go(-1);</script>";
}

?>
```

19.8.3　删除"产品展示"页面

在"产品展示"页面可以看到，单击"删除产品"链接，会跳转到 del_product.php 页面。首先连接数据库，然后获取参数 id，根据 id 进行删除操作。

del_product.php 页面代码如下：

```
<?php
require_once('../config.php');
$id = $_GET['id'];
$sql = "DELETE from product where id='$id'";
$res = mysqli_query($link,$sql);
if($res){
    echo "<script>alert('删除产品成功');location.href='product.php'</script>";
}else{
    echo "<script>alert('删除产品失败');location.href='product.php'</script>";
}
?>
```

19.9　展示"联系我们"信息

在框架中，当单击"联系我们"时，会展示"联系我们"的信息页面，如图 19-31 所示。展示的过程中会给出"添加公司信息""修改"和"删除"的链接。单击"添加公司信息""修改"和"删除"链接时，会链接到相应的操作页面，在页面中实现相应的功能，展示的信息需要从数据库获取。

							添加公司信息
公司地址	公司电话	技术支持	售后电话	公司传真	公司主页	电子邮件	操作
新疆奎屯市	13312345678	售后技术支持	188123456789	010-8812346	www.guanlixitong.com	32112345@qq.com	修改删除

图 19-31　"联系我们"的信息页面

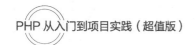

联系我们（**contact.php**）页面代码如下：

```php
<?php
require_once('../config.php');
$sql = "SELECT * from contact order by id desc";
$res = mysqli_query($link,$sql);
?>
<!DOCTYPE html>
<html>
<head>
    <meta charset="utf-8">
    <title>展示联系我们页面信息</title>
    <style type="text/css">
        .top{height:30px;line-height:30px;float:right;margin-right:15px;}
        .top a{color:red;text-decoration:none;}
        .cont{width:100%;height:300px;float:left;}
        .cont_ct{float:left;}
        table{width:100%;border:1px solid #eee;text-align:center;}
        th{background:#eee;}
        td{width:190px;height:30px;}
    </style>
</head>
<body>
<div class="top"><a href="add_contact.php">添加公司信息</a></div>

<div class="cont">
    <table cellspacing="0" cellpadding="0" border="1">
        <tr>
            <th>公司地址</th>
            <th>公司电话</th>
            <th>技术支持</th>
            <th>售后电话</th>
            <th>公司传真</th>
            <th>公司主页</th>
            <th>电子邮件</th>
            <th>操作</th>
        </tr>
        <?php
        while($row = mysqli_fetch_array($res)){
        ?>
        <tr>
            <td><?php echo $row['site'];?></td>
            <td><?php echo $row['tel'];?></td>
            <td><?php echo $row['suppot'];?></td>
            <td><?php echo $row['nexttel'];?></td>
            <td><?php echo $row['fax'];?></td>
            <td><?php echo $row['home'];?></td>
            <td><?php echo $row['email'];?></td>
            <td>
                <a href="update_contact.php?id=<?php echo $row['id'];?>">修改</a>
                <a href="del_contact.php?id=<?php echo $row['id'];?>">删除</a>
            </td>
        </tr>
        <?php
        }
        ?>
    </table>
</div>
</body>
</html>
```

在该页面中连接数据库，查询 contact 表的信息，使用 while 循环取出数据库信息，展示到页面。

19.9.1 添加"联系我们"信息

在"联系我们"信息页面中可以看到，单击"添加公司信息"链接，页面会跳转到 add_contact.php 页面，在该页面添加信息，如图 19-32 所示。

公司地址：	
公司电话：	
技术支持：	
售后电话：	
公司传真：	
公司主页：	
电子邮件：	
添加	

图 19-32 添加"联系我们"的信息页面

具体代码如下：

```
<!DOCTYPE html>
<html>
<head>
    <meta charset="utf-8">
    <title>添加公司信息</title>
    <style type="text/css">
        .ipt{width:180px;height:30px;border-radius:5px;
            outline:none;border:1px solid #eee;box-sizing:border-box;padding-left:15px;}
        .txt{width:250px;height:190px;}
        .sub{width:50px;height:19px;border:1px solid #eee;background:#eee;color:#ff7575;}
    </style>
</head>
<body>
<form method="post" action="add_contact_check.php">
    公司地址:<input type="text" name="site" class="ipt"></br></br>
    公司电话:<input type="text" name="tel" class="ipt"></br></br>
    技术支持:<input type="text" name="suppot" class="ipt"></br></br>
    售后电话:<input type="text" name="nexttel" class="ipt"></br></br>
    公司传真:<input type="text" name="fax" class="ipt"></br></br>
    公司主页:<input type="text" name="home" class="ipt"></br></br>
    电子邮件:<input type="text" name="email" class="ipt"></br></br>
    <input type="submit" value="添加" class="sub">
</form>
</body>
</html>
```

在 add_contact.php 页面中可以看到，表单是以 post 的方式提交添加的数据到 add_contact_check.php 页面。该页面是用来验证添加的信息是否添加成功，也就是把数据添加到数据库。如果添加成功，页面跳转到 contact.php 页面，失败则返回添加页面。

add_contact_check.php 页面代码如下：

```
<!DOCTYPE html>
<html>
<head>
```

```html
    <meta charset="utf-8">
    <title>添加公司信息</title>
    <style type="text/css">
        .ipt{width:180px;height:30px;border-radius:5px;
            outline:none;border:1px solid #eee;box-sizing:border-box;padding-left:15px;}
        .txt{width:250px;height:190px;}
        .sub{width:50px;height:19px;border:1px solid #eee;background:#eee;color:#ff7575;}
    </style>
</head>
<body>
<form method="post" action="add_contact_check.php">
    公司地址:<input type="text" name="site" class="ipt"></br></br>
    公司电话:<input type="text" name="tel" class="ipt"></br></br>
    技术支持:<input type="text" name="suppot" class="ipt"></br></br>
    售后电话:<input type="text" name="nexttel" class="ipt"></br></br>
    公司传真:<input type="text" name="fax" class="ipt"></br></br>
    公司主页:<input type="text" name="home" class="ipt"></br></br>
    电子邮件:<input type="text" name="email" class="ipt"></br></br>
    <input type="submit" value="添加" class="sub">
</form>
</body>
</html>
<?php
//添加联系我们信息部分代码
require_once('../config.php');
$site    = $_POST['site'];          //公司地址
$tel     = $_POST['tel'];           //公司电话
$suppot  = $_POST['suppot'];        //技术支持
$nexttel = $_POST['nexttel'];       //售后电话
$fax     = $_POST['fax'];           //公司传真
$home    = $_POST['home'];          //公司首页
$email   = $_POST['email'];         //电子邮件
if(empty($site)){
    echo "<script>alert('请填写公司地址');history.go(-1);</script>";
}else if(empty($tel)){
    echo "<script>alert('请填写公司电话');history.go(-1);</script>";
}else if(empty($suppot)){
    echo "<script>alert('请填写技术支持');history.go(-1);</script>";
}else if(empty($nexttel)){
    echo "<script>alert('请填写售后电话');history.go(-1);</script>";
}else if(empty($fax)){
    echo "<script>alert('请填写公司传真');history.go(-1);</script>";
}else if(empty($home)){
    echo "<script>alert('请填写公司首页');history.go(-1);</script>";
}else if(empty($email)){
    echo "<script>alert('请填写电子邮件');history.go(-1);</script>";
}else{
    $sql = "insert into 'contact'(site,tel,suppot,nexttel,fax,home,email) values('$site','$tel',
'$suppot','$nexttel','$fax','$home','$email')";
    $res = mysqli_query($link,$sql);
    if($res){
        echo "<script>alert('添加公司信息成功');location.href='contact.php';</script>";
    }else{
        echo "<script>alert('添加公司信息失败');history. go(-1);</script>";
    }
}
?>
```

19.9.2 修改"联系我们"信息

在"联系我们"信息页面可以看到，单击"修改"链接，会跳转到 update_contact.php 页面，效果如图 19-33 所示。在该页面中先连接数据库，然后获取展示页面中提交过来的 *id*，根据 *id* 进行查询，把数据库的信息展示到页面上，这样就可以进行修改了。

update_contact.php 页面代码如下：

公司地址：	新疆奎屯市
公司电话：	13312345678
技术支持：	售后技术支持
售后电话：	188123456789
公司传真：	010-8812346
公司主页：	www.guanlixitong.com
电子邮件：	32112345@qq.com
修改	

图 19-33 修改"联系我们"的信息页面

```php
<?php
require_once('../config.php');
$id = $_GET['id'];
$sql = "SELECT * from contact where id='$id'";
$res = mysqli_query($link,$sql);
$row = mysqli_fetch_array($res);
?>
<!DOCTYPE html>
<html>
<head>
    <meta charset="utf-8">
    <title>修改公司信息</title>
    <style type="text/css">
        .ipt{width:180px;height:30px;border-radius:5px;
            outline:none;border:1px solid #eee;box-sizing:border-box;padding-left:15px;}
        .txt{width:250px;height:190px;}
        .sub{width:50px;height:19px;border:1px solid #eee;background:#eee;color:#ff7575;}
    </style>
</head>
<body>
<form method="post" action="update_contact_check.php?id=<?php echo $id;?>">
    公司地址:<input type="text" name="site" class="ipt" value="<?php echo $row['site'];?>">
    </br></br>
    公司电话:<input type="text" name="tel" class="ipt" value="<?php echo $row['tel'];?>">
    </br></br>
    技术支持:<input type="text" name="suppot" class="ipt" value="<?php echo $row['suppot'];?>">
    </br></br>
    售后电话:<input type="text" name="nexttel" class="ipt" value="<?php echo $row['nexttel'];?>">
    </br></br>
    公司传真:<input type="text" name="fax" class="ipt" value="<?php echo $row['fax'];?>">
    </br></br>
    公司主页:<input type="text" name="home" class="ipt" value="<?php echo $row['home'];?>">
    </br></br>
    电子邮件:<input type="text" name="email" class="ipt" value="<?php echo $row['email'];?>">
    </br></br>
    <input type="submit" value="修改" class="sub">
</form>
</body>
</html>
```

处理修改的信息在 update_contact_check.php 页面完成。在 update_ contact.php 页面参数 id，根据这个 id 更改数据库信息。

update_contact_check.php 页面代码如下：

```php
<?php
require_once('../config.php');
$id = $_GET['id'];
$site   = $_POST['site'];        //公司地址
$tel    = $_POST['tel'];         //公司电话
$suppot = $_POST['suppot'];      //技术支持
```

```php
$nexttel = $_POST['nexttel'];        //售后电话
$fax     = $_POST['fax'];            //公司传真
$home    = $_POST['home'];           //公司首页
$email   = $_POST['email'];          //电子邮件
$sql = "UPDATE contact set site-'$site',tel='$tel',suppot='$suppot',nexttel='$nexttel',fax=
'$fax',home='$home',email='$email' where id='$id'";
//echo $sql;die;
$res = mysqli_query($link,$sql);
if($res){
    echo "<script>alert('修改公司信息成功');location.href='contact.php'</script>";
}else{
    echo "<script>alert('修改公司信息失败');history.go(-1);</script>";
}
?>
```

19.9.3 删除"联系我们"信息

在"联系我们"信息页面可以看到，删除"联系我们"的信息链接到 del_contact.php 页面。首先连接数据库，然后获取带过来的参数 id，根据 id 进行删除操作。

del_contact.php 页面代码如下：

```php
<?php
//删除"联系我们"信息的部分代码
require_once('../config.php');
$id = $_GET['id'];
$sql = "delete from contact where id='$id'";
$res = mysqli_query($link,$sql);
if($res){
    echo "<script>alert('删除成功');location.href='contact.php';</script>";
}else{
    echo "<script>alert('删除失败');location.href='contact.php';</script>";
}
?>
```

19.10　前台展示效果

后台的功能实现完成以后，可以添加企业的数据，然后在前台页面进行展示。前台页面都放在 home 文件夹中，包括 about.php、news.php、product.php 和 contact.php 文件。下面使用 bootstrap 框架分别展示一下页面效果。

19.10.1　"关于我们"页面

首先查询 about 数据表，然后展示到 about.php 页面。代码如下：

```php
<?php
require_once('../config.php');
$sql ="SELECT * from about";
$res = mysqli_query($link,$sql);
?>
<!doctype html>
<html lang="en">
<head>
    <meta charset="UTF-8">
```

```
        <meta name="viewport"
            content="width=device-width, user-scalable=no, initial-scale=1.0, maximum-scale=1.0,
minimum-scale=1.0">
        <meta http-equiv="X-UA-Compatible" content="ie=edge">
        <title>产品展示</title>
        <link rel="stylesheet" href="../public/bootstrap-4.1.3/css/bootstrap.css">
        <link rel="stylesheet" href="../public/css/style.css">
        <script src="../public/js/jquery.js"></script>
        <script src="../public/bootstrap-4.1.3/js/bootstrap.bundle.js"></script>
        <script src="../public/bootstrap-4.1.3/js/bootstrap.js"></script>
    </head>
    <body>
    <div class="container">
        <nav class="navbar navbar-expand-md bg-dark navbar-dark nav-css">
            <div class="big"><a href="">企业网站</a></div>
            <a class="navbar-brand" href="#">
            </a>
            <button class="navbar-toggler" type="button" data-toggle="collapse" data-target="#
collapsibleNavbar">
                <span class="navbar-toggler-icon"></span>
            </button>
            <div class="collapse navbar-collapse" id="collapsibleNavbar">
                <ul class="nav navbar-nav nav-pills">
                    <li class="nav-item"><a class="nav-link active" href="#" data-toggle="pill">首页
</a></li>
                    <li class="nav-item"><a class="nav-link" href="#" data-toggle="pill">关于我们
</a></li>
                    <li class="nav-item"><a class="nav-link" href="#" data-toggle="pill">新闻资讯
</a></li>
                    <li class="nav-item"><a class="nav-link" href="#" data-toggle="pill">产品展示
</a></li>
                    <li class="nav-item"><a class="nav-link" href="#" data-toggle="pill">联系我们
</a></li>
                </ul>
            </div>
        </nav>
        <p class="head-tit">
            <span class="span-tit">关于我们</span>
        </p>
        <div class="row">
            <?php while($result=mysqli_fetch_array($res)){ ?>
                <div class="col-xs-6 col-sm-6 col-md-6 col-lg-6">
                    <a href="">
                        <div class="alert alert-success">
                            <div>
                                <h3 ><?php echo $result['title']?></h3>
                                <p><?php echo $result['content']?></p>
                            </div>
                        </div>
                    </a>
                </div>
            <?php } ?>
        </div>
    </div>
    </body>
    </html>
```

"关于我们"页面效果如图 19-34 所示。

图 19-34 "关于我们"页面效果

19.10.2 "新闻资讯"页面

首先查询 news 数据表，然后展示到 news.php 页面。代码如下：

```php
<?php
require_once('../config.php');
$sql ="SELECT * from news";
$res = mysqli_query($link,$sql);
?>
<!doctype html>
<html lang="en">
<head>
    <meta charset="UTF-8">
    <meta name="viewport"
        content="width=device-width, user-scalable=no, initial-scale=1.0, maximum-scale=1.0,
minimum-scale=1.0">
    <meta http-equiv="X-UA-Compatible" content="ie=edge">
    <title>新闻资讯</title>
    <link rel="stylesheet" href="../public/bootstrap-4.1.3/css/bootstrap.css">
    <link rel="stylesheet" href="../public/css/style.css">
    <script src="../public/js/jquery.js"></script>
    <script src="../public/bootstrap-4.1.3/js/bootstrap.bundle.js"></script>
    <script src="../public/bootstrap-4.1.3/js/bootstrap.js"></script>
</head>
<body>
<div class="container">
    <nav class="navbar navbar-expand-md bg-dark navbar-dark nav-css">
        <div class="big"><a href="">企业网站</a></div>
        <a class="navbar-brand" href="#">
        </a>
        <button class="navbar-toggler" type="button" data-toggle="collapse" data-target="
#collapsibleNavbar">
            <span class="navbar-toggler-icon"></span>
        </button>
        <div class="collapse navbar-collapse" id="collapsibleNavbar">
            <ul class="nav navbar-nav nav-pills">
                <li class="nav-item"><a class="nav-link active" href="#" data-toggle="pill">首页
</a></li>
                <li class="nav-item"><a class="nav-link" href="#" data-toggle="pill">关于我们
</a></li>
                <li class="nav-item"><a class="nav-link" href="#" data-toggle="pill">新闻资讯
```

```
</a></li>
            <li class="nav-item"><a class="nav-link" href="#" data-toggle="pill">产品展示
</a></li>
            <li class="nav-item"><a class="nav-link" href="#" data-toggle="pill">联系我们
</a></li>
          </ul>
       </div>
     </nav>
     <p class="head-tit">
        <span class="span-tit">新闻资讯</span>
     </p>
     <div class="row">
        <?php while($result=mysqli_fetch_array($res)){ ?>
          <div class="col-xs-6 col-sm-6 col-md-6 col-lg-6">
             <a href="">
                <div class="alert alert-success">
                   <div>
                      <h3 ><?php echo $result['title']?></h3>
                      <h3 ><?php echo $result['newtime']?></h3>
                      <p><?php echo $result['content']?></p>
                   </div>
                </div>
             </a>
          </div>
        <?php } ?>
     </div>
  </div>
  </body>
  </html>
```

"新闻资讯"页面效果如图 19-35 所示。

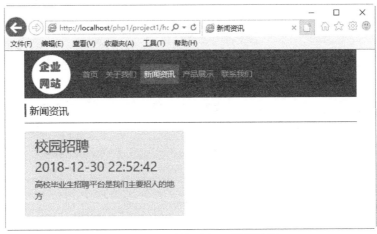

图 19-35 "新闻资讯"页面效果

19.10.3 "产品展示"页面

查询 product 数据表，然后展示到 product.php 页面。代码如下：

```
<?php
require_once('../config.php');
$sql ="SELECT * from product order by id desc limit 0,2";
$res = mysqli_query($link,$sql);
?>
<!doctype html>
<html lang="en">
```

```
    <head>
        <meta charset="UTF-8">
        <meta name="viewport"
            content="width=device-width, user-scalable=no, initial-scale=1.0, maximum-scale=1.0,
minimum-scale=1.0">
        <meta http equiv="X-UA-Compatible" content="ie=edge">
        <title>产品展示</title>
        <link rel="stylesheet" href="../public/bootstrap-4.1.3/css/bootstrap.css">
        <link rel="stylesheet" href="../public/css/style.css">
        <script src="../public/js/jquery.js"></script>
        <script src="../public/bootstrap-4.1.3/js/bootstrap.bundle.js"></script>
        <script src="../public/bootstrap-4.1.3/js/bootstrap.js"></script>
    </head>
    <body>
    <!--蔬菜栏设计-->
    <div class="container">
        <nav class="navbar navbar-expand-md bg-dark navbar-dark nav-css">
            <div class="big"><a href="">企业网站</a></div>
            <a class="navbar-brand" href="#">
            </a>
            <button class="navbar-toggler" type="button" data-toggle="collapse" data-target=
"#collapsibleNavbar">
                <span class="navbar-toggler-icon"></span>
            </button>
            <div class="collapse navbar-collapse" id="collapsibleNavbar">
                <ul class="nav navbar-nav nav-pills">
                    <li class="nav-item"><a class="nav-link active" href="#" data-toggle="pill">首页
</a></li>
                    <li class="nav-item"><a class="nav-link" href="#" data-toggle="pill">关于我们
</a></li>
                    <li class="nav-item"><a class="nav-link" href="#" data-toggle="pill">新闻资讯
</a></li>
                    <li class="nav-item"><a class="nav-link" href="#" data-toggle="pill">产品展示
</a></li>
                    <li class="nav-item"><a class="nav-link" href="#" data-toggle="pill">联系我们
</a></li>
                </ul>
            </div>
        </nav>
        <p class="head-tit">
            <span class="span-tit">产品展示</span>
        </p>
        <div class="row">
            <?php while($result=mysqli_fetch_array($res)){ ?>
                <div class="col-xs-6 col-sm-6 col-md-6 col-lg-6">
                    <a href="">
                        <div class="alert alert-success">
                            <?php echo "<img src='../uploads/{$result["imgname"]}' alt='' width=
'50px'>"; ?>
                            <div>
                                <h3 >产品: <?php echo $result['title']?></h3>
                                <p>价格: <?php echo $result['price']?></p>
                            </div>
                        </div>
                    </a>
                </div>
            <?php } ?>
        </div>
    </div>
    </body>
    </html>
```

运行结果如图 19-36 所示。

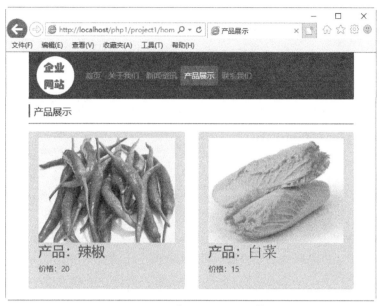

图 19-36　"产品展示"页面效果

19.10.4　"联系我们"页面

查询 contact 数据表，然后展示到 contact.php 页面。代码如下：

```php
<?php
require_once('../config.php');
$sql ="SELECT * from contact";
$res = mysqli_query($link,$sql);
?>
<!doctype html>
<html lang="en">
<head>
    <meta charset="UTF-8">
    <meta name="viewport"
        content="width=device-width, user-scalable=no, initial-scale=1.0, maximum-scale=1.0,
minimum-scale=1.0">
    <meta http-equiv="X-UA-Compatible" content="ie=edge">
    <title>产品展示</title>
    <link rel="stylesheet" href="../public/bootstrap-4.1.3/css/bootstrap.css">
    <link rel="stylesheet" href="../public/css/style.css">
    <script src="../public/js/jquery.js"></script>
    <script src="../public/bootstrap-4.1.3/js/bootstrap.bundle.js"></script>
    <script src="../public/bootstrap-4.1.3/js/bootstrap.js"></script>
</head>
<body>
<div class="container">
    <nav class="navbar navbar-expand-md bg-dark navbar-dark nav-css">
        <div class="big"><a href="">企业网站</a></div>
        <a class="navbar-brand" href="#">
        </a>
        <button class="navbar-toggler" type="button" data-toggle="collapse" data-target=
"#collapsibleNavbar">
            <span class="navbar-toggler-icon"></span>
        </button>
        <div class="collapse navbar-collapse" id="collapsibleNavbar">
            <ul class="nav navbar-nav nav-pills">
                <li class="nav-item"><a class="nav-link active" href="#" data-toggle="pill">首页
```

```
</a></li>
            <li class="nav-item"><a class="nav-link" href="#" data-toggle="pill">关于我们
</a></li>
            <li class="nav-item"><a class="nav-link" href="#" data-toggle="pill">新闻资讯
</a></li>
            <li class="nav-item"><a class="nav-link" href="#" data-toggle="pill">产品展示
</a></li>
            <li class="nav-item"><a class="nav-link" href="#" data-toggle="pill">联系我们
</a></li>
        </ul>
    </div>
</nav>
<p class="head-tit">
    <span class="span-tit">联系我们</span>
</p>
<div class="row">
    <?php while($result=mysqli_fetch_array($res)){ ?>
        <div class="">
            <a href="">
                <div class="alert alert-success">
                    <div>
                        <h3>公司地址：<?php echo $result['site']?></h3>
                        <h3>公司电话：<?php echo $result['tel']?></h3>
                        <h3>技术支持：<?php echo $result['suppot']?></h3>
                        <h3>售后电话：<?php echo $result['nexttel']?></h3>
                        <h3>公司传真：<?php echo $result['fax']?></h3>
                        <h3>公司主页：<?php echo $result['home']?></h3>
                        <h3>电子邮件：<?php echo $result['email']?></h3>
                    </div>
                </div>
            </a>
        </div>
    <?php } ?>
</div>
</div>
</body>
</html>
```

"联系我们"页面效果如图 19-37 所示。

图 19-37　"联系我们"页面效果

其他的静态文件这里就不具体介绍了，读者可以根据自己的需求编写。

第 20 章

图书管理系统

 学习指引

图书管理系统是由人、计算机组成的，能进行管理信息收集、保存、维护和使用的系统。

本系统的设计目标旨在方便图书管理员操作，减少图书管理员工作量并使其能更有效地管理书库中的图书，实现传统图书管理工作的信息化建设。

本系统的服务对象为图书馆流通部门的工作人员，用户界面友好，不需计算机专业的专门训练即可使用本系统。

 重点导读

- 了解系统。
- 熟悉系统的登录验证。
- 熟悉系统的密码修改功能。
- 熟悉系统的新书入库功能。
- 熟悉系统的图书管理操作。
- 熟悉系统的查询功能。
- 熟悉系统的图书统计功能。

20.1 图书管理系统概述

本系统是把传统的图书馆管理转变成信息化管理。

20.1.1 开发环境

1. 服务器端

- 操作体统：Windows 10 教育版。

- 服务器：Apache 2.4.23。
- PHP 软件：PHP 5.6.25。
- 数据库：MySQL 5.7.14。
- MySQL 图像化管理工具：phpMyAdmin 4.6.4。
- 浏览器：IE 11 版本。
- 开发工具：PhpStorm-2020.2.3.exe。

2. 客户端

浏览器：IE 11 版本。

20.1.2 文件结构

文件结构如图 20-1 所示。

具体说明如下。

- datebase：数据库的文件夹，包含创建数据库和数据表的文件。
- images：项目所使用的图片文件夹。
- add_book.php：新书入库文件。
- admin_index.php：管理中心页面。
- book_center.php：book_left 页面和 book_right 页面的组合页面。
- book_check.php：判断管理员是否登录的页面。
- book_left.php：管理页面的左侧模块。
- book_list.php：新书管理页面。
- book_right.php：管理页面的右侧模块。
- book_top.php：管理页面的头部模块。
- config.php：连接数据库文件。
- count.php：系统图书统计文件。
- del_book.php：删除图书文件。
- login.php：系统管理员登录文件
- pwd.php：密码修改文件。
- select_book.php：系统图书查询文件。
- update_book.php：修改图书文件。
- verify.php：验证码文件。

图 20-1　文件结构目录

20.1.3 系统功能

系统主要实现以下功能：

（1）管理员退出登录。

（2）管理员密码更改。

（3）图书管理。

其中图书管理包括：

- 新书管理，对当前所有的图书进行展示和分类，并进行操作管理。

- 新书入库，添加新书到管理系统中。
- 图书查询，通过建立搜索功能，实行对所有图书的条件搜索。
- 图书统计，根据图书类别，显示每个种类的图书数量。

20.2　图书管理系统介绍

系统的主要功能已经在 20.1.3 节介绍过了，本节具体介绍每个功能的实现。

20.2.1　创建数据库和数据表

首先连接服务器，连接成功后，创建一个关于图书的数据库，名称为 books。

```php
<?php
//创建连接
$conn = new mysqli("localhost", "uesename", "password");
//检测连接
if ($conn->connect_error){
    die("连接失败: " . $conn->connect_error);}
//创建数据库
$sql = "CREATE DATABASE books";
if ($conn->query($sql) === TRUE) {
    echo "数据库创建成功";
} else {
    echo "Error creating database: " . $conn->error;
}
$conn->close();
?>
```

在 books 数据库中创建一个管理员表，名称为 admin，设置以下字段：
- id：它是唯一的，类型为 int，并选择主键。
- username：管理员名称，类型为 varchar，长度为 50 字节。
- password：密码，类型为 varchar，长度为 50 字节。

代码如下：

```php
<?php
$SQL = " CREATE TABLE IF NOT EXISTS 'admin' (
  'id' int(11) NOT NULL AUTO_INCREMENT,
  'username' varchar(50) CHARACTER SET utf8 DEFAULT NULL,
  'password' varchar(50) CHARACTER SET utf8 DEFAULT NULL,
  PRIMARY KEY ('id')
) ENGINE=InnoDB  DEFAULT CHARSET=utf8 COLLATE=utf8_bin AUTO_INCREMENT=2 ";
?>
```

创建完成后，在 phpMyAdmin 工具中可以查看，如图 20-2 所示。

图 20-2　admin 数据表

然后在 books 数据库中创建一个 info_book 表，用来存储图书信息，设置字段如下：

- id：它是唯一的，类型为 int，并选择主键。
- name：图书名称，类型为 varchar，长度为 20 字节。
- price：价格，类型为 decimal(4,2)，用于精度比较高的数据存储。decimal 声明语法是 decimal(m,d)，其中 M 是数字的最大数（精度），其范围为 1~65（在较旧的 MySQL 版本中，允许的范围是 1~254）；D 是小数点右侧数字的数目（标度），其范围是 0~30，但不得超过 M。
- uploadtime：入库时间，类型为 datetime。
- type：图书分类，类型为 varchar，长度为 10 字节。
- total：图书数量，类型为 int，长度为 50 字节。
- leave_number：剩余可借出的图书数量，类型为 int，长度为 10 字节。

代码如下：

```php
<?php
$SQL = " CREATE TABLE IF NOT EXISTS 'info_books' (
  'id' int(10) NOT NULL AUTO_INCREMENT,
  'name' varchar(20) CHARACTER SET utf8 NOT NULL,
  'price' decimal(4,2) NOT NULL,
  'uploadtime' datetime NOT NULL,
  'type' varchar(10) CHARACTER SET utf8 NOT NULL,
  'total' int(50) DEFAULT NULL,
  'leave_number' int(10) DEFAULT NULL,
  PRIMARY KEY ('id')
) ENGINE=MyISAM  DEFAULT CHARSET=utf8 COLLATE=utf8_bin AUTO_INCREMENT=42 ";
?>
```

创建完成后，在 phpMyAdmin 工具中可以查看，如图 20-3 所示。

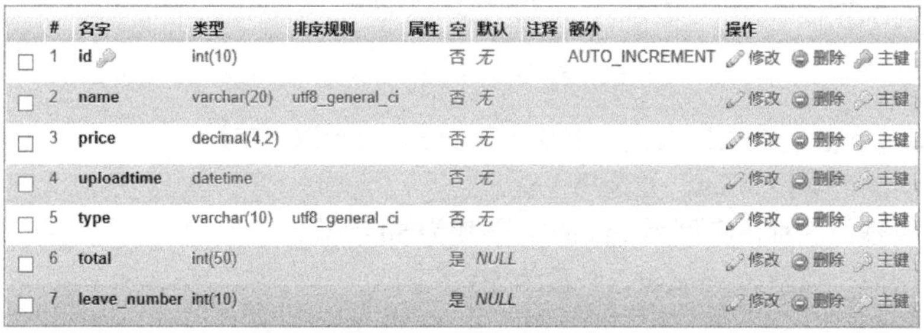

#	名字	类型	排序规则	属性	空	默认	注释	额外	操作
1	id	int(10)			否	无		AUTO_INCREMENT	修改 删除 主键
2	name	varchar(20)	utf8_general_ci		否	无			修改 删除 主键
3	price	decimal(4,2)			否	无			修改 删除 主键
4	uploadtime	datetime			否	无			修改 删除 主键
5	type	varchar(10)	utf8_general_ci		否	无			修改 删除 主键
6	total	int(50)			是	NULL			修改 删除 主键
7	leave_number	int(10)			是	NULL			修改 删除 主键

图 20-3 info_book 表

把创建完成的数据库写入 config.php 文件中，方便以后在不同的页面中调用数据库和数据表。

```php
<?php
ob_start();  //开启缓存
session_start();
header("Content-type:text/html;charset=utf-8");
$link = mysqli_connect('localhost','root','123456','books');
mysqli_query($link, "set names utf8");
if (!$link) {
    die("连接失败:".mysqli_connect_error());
}
?>
```

20.2.2 创建登录验证码

在登录界面会使用验证码功能，下面创建一个简单的验证码文件。

创建一个 verify.php 文件，方便其他页面的调用。

这里设置一个 4 位数的验证码，如图 20-4 所示。

图 20-4　验证码效果

实现代码如下：

```php
<?php
session_start();
srand((double)microtime()*1000000);
while(($authnum=rand()%10000)<1000);//生成四位随机整数验证码
$_SESSION['auth']=$authnum;

//生成验证码图片
Header("Content-type: image/PNG");
$im = imagecreate(55,20);
$red = ImageColorAllocate($im, 255,0,0);
$white = ImageColorAllocate($im, 200,200,100);
$gray = ImageColorAllocate($im, 250,250,250);
$black = ImageColorAllocate($im, 120,120,50);

imagefill($im,60,20,$gray);

//将4位整数验证码绘入图片
//位置交错
for ($i = 0; $i < strlen($authnum); $i++)
{
  $i%2 == 0?$top = -1:$top = 3;
  imagestring($im, 6, 13*$i+4, 1, substr($authnum,$i,1), $white);
}

for($i=0;$i<100;$i++)   //加入干扰像素
{
  imagesetpixel($im, rand()%70 , rand()%30 , $black);
}

ImagePNG($im);
ImageDestroy($im);
?>
```

20.2.3　管理员登录页面

管理员的登录页面如图 20-5 所示。

图 20-5　登录页面

在登录页面中，左侧插入了一个图片，右侧创建一个 form 表单实现登录，使用 table 布局，并引入验

证码文件 verify.php。代码如下：

```html
<!DOCTYPE html>
<html>
<head>
    <meta http-equiv="Content-Type" content="text/html; charset=utf-8" />
    <title>图书后台管理系统登录功能</title>
</head>
<body style="background-color:#BBFFFF ">
    <div class="out_box"><h1>图书管理后台登录</h1></div>
    <div class="big_box">
        <div class="left_box"><img src="images/b.jpg" alt=""></div>
        <div class="right_box">
            <h2>管理员登录</h2>
            <form name="frm" method="post" action="" onSubmit="return check()">
                <table>
                    <tr><td width="">
                        <label>用户名: <input type="text" name="username" id="username" class=
"iput"/></label>
                    </td></tr>
                    <tr><td>
                        <label>密　码: <input type="password" name="pwd" id="pwd" class="iput"/>
</label>
                    </td></tr>
                    <tr><td>
                        <label>验证码: <input name="code" type="text" id="code" maxlength="4"
class="iput"/></label>
                    </td></tr>
                    <tr><td align="center">
                        <img src="verify.php" style="vertical-align:middle" />
                    </td></tr>
                    <tr><td align="center">
                        <input type="submit" name="Submit" value="登录" class="iput1">
                            
                        <input type="reset" name="Submit" value="重置" class="iput2">
                    </td></tr>
                </table>
            </form>
        </div>
    </div>
</body>
</html>
```

添加一些简单的样式，使页面看起来更美观，这里把 CSS 样式直接写入登录页文件。

```css
<style>
    .out_box{
        width: 960px;
        height: 100px;
        text-align: center;
    }
    .big_box{
        width: 960px;
        height: 440px;
        margin: auto;
        background: #ffffff;
        border-bottom: 3px solid red;
    }
    .left_box{
        float: left;
        width: 480px;
        background: #BBFFFF;
    }
    .right_box{
```

```
        float: right;
        background-color: #ffffff;
        width: 480px;
        text-align: center;
    }
    table{
        margin: auto;
        margin-top: 45px;
    }
    h2{
        margin-top: 80px;
    }
    .iput{
        width: 200px;
        height: 22px;
    }
    .iput1{
        width: 80px;
        height: 25px;
        color: white;
        background-color: blue;
    }
    .iput2{
        width: 80px;
        height: 25px;
        color: white;
        background-color: lightseagreen;
    }
</style>
```

20.2.4　管理员登录功能的实现

前面创建了数据表 admin，这里需要加入一条管理员的数据用来登录。

```
<?php
$SQL="INSERT INTO 'admin' ('username', 'password') VALUES('admin', '123456')";
?>
```

执行后，admin 表中就添加了一条数据，如图 20-6 所示。

图 20-6　添加管理员

接下来分别对姓名、密码和验证码进行判断，然后通过 SQL 语句查询出数据库信息。如果输入的登录信息与添加入数据库的登录信息不符合，则无法进行管理员登录。整个流程如图 20-7 所示。

这里通过$_POST 获取页面登录的数据。

```
<?php
if(@$_POST["Submit"]) {
    $username=$_POST["username"];
    $pwd=$_POST["pwd"];
    $code=$_POST["code"];
    if($code<>$_SESSION["auth"]) {
        echo "<script language=javascript>alert('验证码不正
确! ');window.location='login.php' </script>";
        ?>
        <?php
        die();
```

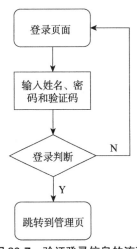

图 20-7　验证登录信息的流程

```
    }
    $SQL ="SELECT * FROM admin where username='$username' and password='$pwd'";
    $rs=mysqli_query($link,$SQL);
    if(mysqli_num_rows($rs)==1) {
        $_SESSION["pwd"]=$_POST["pwd"];
        $_SESSION["admin"]=session_id();
        echo "<script language=javascript>alert('登录成功！');window.location= 'admin_index.
php'</script>";
    }
    else {
        echo "<script language=javascript>alert('用户名或密码错误！');window.location= 'login.
php'</script>";
        ?>
        <?php
        die();
    }
}
?>
```

session 变量用于存储关于用户会话的信息，或者更改用户会话的设置。

存储和取回 session 变量的正确方法是使用 PHP 中的$_SESSION 变量，把输入的验证码的登录信息与 session 中存储的验证码的信息相匹配，如果相等，则验证码匹配成功；然后查询数据库，验证登录的姓名和密码与数据库中的数据是否相匹配。如果验证码、姓名和密码都匹配成功，则登录成功。

20.2.5　管理页面的头部模块

图书后台管理系统需要不同的模块展示不同的功能效果，最后将这些模块组装起来，形成完整的后台功能页面。

本节将创建后台管理系统的头部模块（book_top.php），效果如图 20-8 所示，包含了管理员信息和"退出系统"的链接。

图 20-8　头部模块

实现代码如下：

```
<head>
    <meta http-equiv="Content-Type" content="text/html; charset=utf-8" />
    <title>图书后台管理系统登录功能</title>
    <style>
        div h1{
            width: 100%;
            text-align: center;
        }
        h1,td,a{
            color: white;
        }
    </style>
</head>
<div>
    <h1>欢迎登录到后台管理页面</h1>
</div>
<table width="100%" border="0" align="center" cellpadding="0" cellspacing="0">
```

```
    <tr>
        <td height="17" align="right">管理员：admin  | <a href="login.php?tj=out"
target="_parent">退出系统</a>    </td>
    </tr>
</table>
```

20.2.6 管理页面的左侧模块

本节来创建管理系统的左侧模块（book_left.php），后台管理系统中主要的系统操作都在这里，方便管理员进行图书管理的各种操作，结果如图 20-9 所示。

在该模块中，包括系统设置、图书管理和查询统计等功能，并用<a>标签增加跳转链接，实现图书管理后台的各种功能，主要使用了<ul><li>标签进行布局。

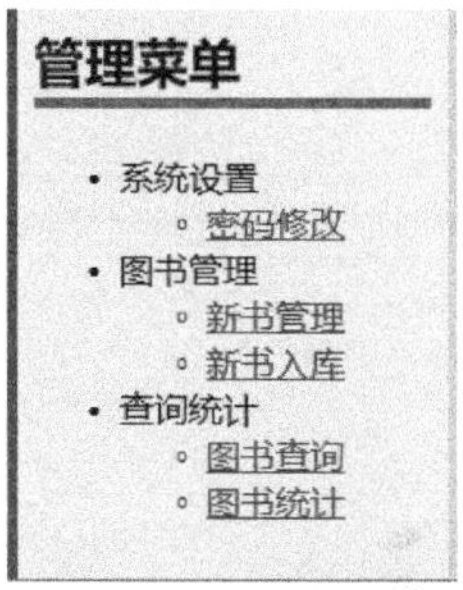

图 20-9 左侧模块

```
<head>
    <meta http-equiv="Content-Type" content="text/html; charset=utf-8" />
    <title>图书后台管理系统登录功能</title>
    <style>
        *{
            font-family: 微软雅黑;
        }
        h2{
            border-bottom: 5px solid #008B8B;
        }
    </style>
</head>
<div style="background-color:#BBFFFF">
    <h2>管理菜单</h2>
    <ul id="navigation">
        <li> <a>系统设置</a>
            <ul>
                <li><a href="pwd.php" target="rightFrame">密码修改</a></li>
            </ul>
        </li>
        <li><a>图书管理</a>
            <ul>
                <li><a href="book_list.php" target="rightFrame">新书管理</a></li>
                <li><a href="add_book.php" target="rightFrame">新书入库</a></li>
            </ul>
        </li>
        <li><a>查询统计</a>
            <ul>
                <li><a href="select_book.php" target="rightFrame">图书查询</a></li>
                <li><a href="count.php" target="rightFrame">图书统计</a></li>
            </ul>
        </li>
    </ul>
</div>
```

20.2.7 管理页面的右侧模块

本节创建管理系统的右侧模块（book_right.php），结果如图 20-10 所示，使用<table>标签布局，然后添了两张图片。

```
<head>
    <meta http-equiv="Content-Type" content="text/html; charset=utf-8" />
```

```
        <title>图书后台管理系统登录功能</title>
    </head>
    <table>
        <tr>
            <td width="150"><img src="b.jpg" alt="" width="300"></td>
            <td width="150"><img src="img.jpg" alt="" width="300"></td>
        </tr>
    </table>
```

图 20-10　右侧模块

20.2.8　管理员密码更改页面

本节介绍左侧模块中修改密码的页面，结果如图 20-11 所示。

更改管理密码	
用户名：	
原密码：	
新密码：	
确认密码：	
确定更改	

图 20-11　修改密码的页面

页面使用<table>标签来布局，使用<form><input type="password">显示原密码框和新输入密码框。

```
<table cellpadding="5" cellspacing="1" border="0" width="100%" align=center bgcolor="#FFFFFF">
    <form name="renpassword" method="post" action="">
        <tr>
            <th height=40 colspan=4 align="left" style="border-bottom: 5px solid #BBFFFF">更改
管理密码</th>
        </tr>
        <tr>
            <td width="40%" align="right">用户名: </td>
            <td width="60%"></td>
        </tr>
        <tr>
            <td align="right">原密码: </td>
            <td><input name="password" type="password" id="password" size="20"></td>
        </tr>
        <tr>
            <td align="right">新密码: </td>
            <td><input name="password1" type="password" id="password1" size="20"></td>
        </tr>
        <tr>
            <td align="right" style="border-bottom: 5px solid #BBFFFF">确认密码: </td>
            <td style="border-bottom: 5px solid #BBFFFF"><input  name="password2" type="password"
id="password2" size="20"></td>
```

```
        </tr>
        <tr>
            <td colspan="2" align="center">
                <input class="button" onClick="return check();" type="submit" name="Submit"
value="确定更改">
            </td>
        </tr>
    </form>
</table>
</body>
</html>
```

20.2.9 密码更改功能的实现

20.2.8 节完成了管理员密码的修改页面，本节实现密码更改功能。具体的实现流程如图 20-12 所示。

首先需要给"确定更改"加上一个 onClick 事件。使用 JavaScript 进行判断原密码、新密码、确认新密码都不能为空，新密码和确认密码必须一致。

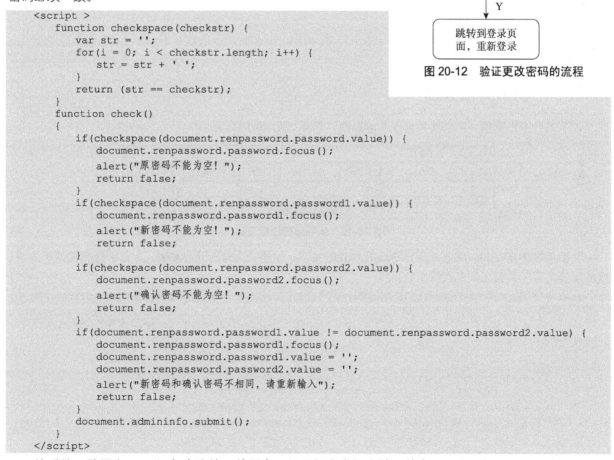

图 20-12 验证更改密码的流程

```
<script >
    function checkspace(checkstr) {
        var str = '';
        for(i = 0; i < checkstr.length; i++) {
            str = str + ' ';
        }
        return (str == checkstr);
    }
    function check()
    {
        if(checkspace(document.renpassword.password.value) {
            document.renpassword.password.focus();
            alert("原密码不能为空! ");
            return false;
        }
        if(checkspace(document.renpassword.password1.value)) {
            document.renpassword.password1.focus();
            alert("新密码不能为空! ");
            return false;
        }
        if(checkspace(document.renpassword.password2.value)) {
            document.renpassword.password2.focus();
            alert("确认密码不能为空! ");
            return false;
        }
        if(document.renpassword.password1.value != document.renpassword.password2.value) {
            document.renpassword.password1.focus();
            document.renpassword.password1.value = '';
            document.renpassword.password2.value = '';
            alert("新密码和确认密码不相同，请重新输入");
            return false;
        }
        document.admininfo.submit();
    }
</script>
```

然后使用数据库 SQL 语句查询输入的原密码是否与文本框内填入的密码匹配，如果匹配则成功，否则会使用 SQL 语句的修改功能，修改数据库中的密码。

修改成功后，返回登录页面，使用新密码重新登录。

```php
<?php
$password=$_SESSION["pwd"];
$sql="select * from admin where password='$password'";
$rs=mysqli_query($link,$sql);
$rows=mysqli_fetch_assoc($rs);
$submit = isset($_POST["Submit"])?$_POST["Submit"]:"";
if($submit)
{
  if($rows["password"]==$_POST["password"])
  {
    $password2=$_POST["password2"];
    $sql="update admin set password='$password2' where id=1";
    mysqli_query($link,$sql);
    echo "<script>alert('修改成功,请重新进行登录! ');window.location='login.php'</script>";
    exit();
  }
  else
    ?>
    <?php { ?>
    <script>
      alert("原始密码不正确,请重新输入")
      location.href="renpassword.php";
    </script>
    <?php
  }
}
?>
```

20.2.10 新书管理页面

本节来介绍左侧模块中的新书管理功能页面，结果如图 20-13 所示。

后台管理 >> 新书管理						
ID	书名	价格	入库时间	类别	入库总量	操作
						修改 删除

首页|上一页|下一页|末页 首页|上一页|下一页|末页 首页|上一页|下一页|末页 页次：
页 共有 条信息

图 20-13　新书管理功能页面

页面主要使用<table>标签布局，显示书的 ID、书名、价格、入库时间、类别、入库总量和操作等内容。底部主要是显示分页和信息数等内容。

```html
<table width="95%" border="1" align="center" cellpadding="0" cellspacing="1" bgcolor="#FFFFFF" >
    <tr>
        <td height="27" colspan="7" align="left" bgcolor="#FFFFFF"> 后台管理  &gt;&gt;
 新书管理</td>
    </tr>
    <tr>
        <td width="6%" height="35" align="center" bgcolor="#BBFFFF">ID</td>
        <td width="25%" align="center" bgcolor="#BBFFFF">书名</td>
        <td width="11%" align="center" bgcolor="#BBFFFF">价格</td>
        <td width="16%" align="center" bgcolor="#BBFFFF">入库时间</td>
        <td width="11%" align="center" bgcolor="#BBFFFF">类别</td>
        <td width="11%" align="center" bgcolor="#BBFFFF">入库总量</td>
        <td width="20%" align="center" bgcolor="#BBFFFF">操作</td>
    </tr>
    <tr align="center">
        <td width="6%"></td>
        <td width="25%" height="26"></td>
```

```
            <td width="11%" height="26"></td>
            <td width="16%" height="26"></td>
            <td width="11%" height="26"></td>
            <td width="11%" height="26"></td>
            <td width="20%">
                <a href="update_book.php?">修改</a>  
                <a href="del_book.php?">删除</a>
            </td>
        </tr>
    <tr>
        <th height="25" colspan="7" align="center">
                首页 | 上一页 | <a href="">下一页</a> |
                <a href="">末页</a>
                <a href="">首页</a> |
                <a href="">上一页</a> | 下一页 | 末页
                <a href="">首页</a> |
                <a href="">上一页</a> |
                <a href="" >下一页</a> |
                <a href="">末页</a>
             页次: 页 共有 条信息
        </th>
    </tr>
</table>
```

20.2.11 新书管理分页功能的实现

当新书管理页面完成以后，就需要把数据库的数据通过 SQL 语句查询出来，并在表中显示。由于图书馆的图书库存数量一般比较大，所以这里使用分页功能显示。

（1）设定每页显示 8 条图书信息。

```
$pagesize=8;
```

（2）获取查询的总数据，计算出总页数$pagecount。

```php
<?php
$pagesize = 8; //每页显示数
$SQL = "SELECT * FROM yx_books";
$rs = mysqli_query($link,$sql);
$recordcount = mysqli_num_rows($rs);
//mysql_num_rows() 返回结果集中行的数目。此命令仅对 SELECT 语句有效
$pagecount = ($recordcount-1)/$pagesize+1;  //计算总页数
$pagecount = (int)$pagecount;
?>
```

（3）获取当前页$pageno。

- 判断当前页为空或者小于第一页时，显示第一页。
- 当前页数大于总页数时，显示总页数为最后一页。
- 计算每页从第几条数据开始。

```php
<?php
$pageno = $_GET["pageno"];              //获取当前页
if($pageno == ""){
    $pageno=1;                          //当前页为空时显示第一页
}
if($pageno<1){
    $pageno=1;                          //当前页小于第一页时显示第一页
}
```

```
if($pageno>$pagecount) {              //当前页数大于总页数时显示总页数
    $pageno=$pagecount;
}
$startno=($pageno-1)*$pagesize;       //每页从第几条数据开始显示
$sql="select * from info_books order by id desc limit $startno,$pagesize";
$rs=mysqli_query($link,$sql);
?>
```

在 HTML 标签中把数据库中的图书信息用 while 语句循环出来显示。

```
<?php
while($rows=mysqli_fetch_assoc($rs)) {
    ?>
    <tr align="center">
        <td width="6%"><?php echo $rows["id"]?></td>
        <td width="25%" height="26"><?php echo $rows["name"]?></td>
        <td width="11%" height="26"><?php echo $rows["price"]?></td>
        <td width="16%" height="26"><?php echo $rows["uploadtime"]?></td>
        <td width="11%" height="26"><?php echo $rows["type"]?></td>
        <td width="11%" height="26"><?php echo $rows["total"]?></td>
        <td width="20%">
            <a href="update_book.php?id=<?php echo $rows['id'] ?>">修改</a>  
            <a href="del_book.php?id=<?php echo $rows['id'] ?>">删除</a>
        </td>
    </tr>
    <?php } ?>
```

最后是首页、上一页、下一页和末页等功能实现。如果当前页为第一页时，下一页和末页链接显示；当前页为总页数时，首页和上一页链接显示。其余所有的都正常链接显示。

```
<tr>
    <th height="25" colspan="7" align="center">
        <?php if($pageno==1) { ?>
            首页 | 上一页 | <a href="?pageno=<?php echo $pageno+1 ?> & id=<?php echo @$id ?>">
下一页</a> |
            <a href="?pageno=<?php echo $pagecount ?> & id=<?php echo @$id ?>">末页</a>
        <?php } else if($pageno==$pagecount) { ?>
            <a href="?pageno=1&id=<?php echo @$id ?>">首页</a> |
            <a href="?pageno=<?php echo $pageno-1 ?>&id=<?php echo @$id ?>">上一页</a> | 下一
页 | 末页
        <?php } else { ?>
            <a href="?pageno=1&id=<?php echo @$id?>">首页</a> |
            <a href="?pageno=<?php echo $pageno-1?>&id=<?php echo @$id?>">上一页</a> |
            <a href="?pageno=<?php echo $pageno+1?>&id=<?php echo @$id?>" >下一页</a> |
            <a href="?pageno=<?php echo $pagecount?>&id=<?php echo @$id?>">末页</a>
        <?php } ?>
         页次: <?php echo $pageno ?>/<?php echo $pagecount ?>页  共有<?php echo
$recordcount?>条信息
    </th>
</tr>
</table>
```

20.2.12 新书管理中的修改页面

在"新书管理"页面中单击操作列中的"修改"链接，页面将跳转到后台的新书修改功能页面（update_book.php），如图 20-14 所示。

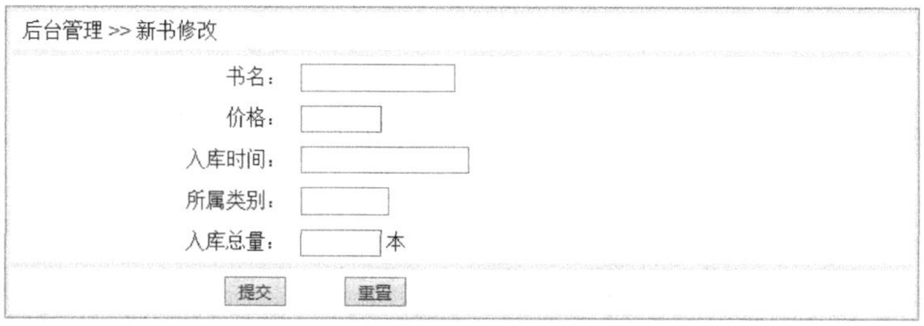

图 20-14　新书管理中的修改页面

创建 from 表单，内部使用<table>表格进行布局。需要在文本框中显示的内容为书名、价格、入库时间、所属类别、入库总量。

```
<form id="myform" name="myform" method="post" action="" onSubmit="return myform_Validator
(this)">
    <table width="100%" height="173" border="0" align="center" cellpadding="5" cellspacing="1"
bgcolor="#ffffff">
        <tr>
            <td colspan="2" align="left" style="border-bottom: 5px solid #BBFFFF"> 后台管理
 &gt;&gt; 新书修改</td>
        </tr>
        <tr>
            <td width="31%" align="right">书名: </td>
            <td width="69%">
                <input name="name" type="text" id="name" value="" size="15" maxlength="30" />
            </td>
        </tr>
        <tr>
            <td align="right">价格: </td>
            <td>
                <input name="price" type="text" id="price" value="" size="5" maxlength="15" />
            </td>
        </tr>
        <tr>
            <td align="right">入库时间: </td>
            <td>
                <label>
                    <input name="uptime" type="text" id="uptime" value="" size="17" />
                </label>
            </td>
        </tr>
        <tr>
            <td align="right">所属类别: </td>
            <td><label>
                    <input name="type" type="text" id="type" value="" size="6" maxlength="19" />
                </label></td>
        </tr>
        <tr>
            <td align="right" style="border-bottom: 5px solid #BBFFFF">入库总量: </td>
            <td style="border-bottom: 5px solid #BBFFFF"><input name="total" type="text"
id="total" value="" size="5" maxlength="15" />
            本</td>
        </tr>
        <tr>
            <td align="right">
                <input type="hidden" name="action" value="modify">
                <input type="submit" name="button" id="button" value="提交"/></td>
            <td>
                <input type="reset" name="button2" id="button2" value="重置"/></td>
        </tr>
```

```
        </table>
</form>
```

20.2.13 新书管理中修改和删除功能的实现

在"新书管理"页面中实现单击操作列中的"删除"链接，删除对应的一行图书数据。

在删除页面（del_book.php）中获取要删除书籍的 id，通过 SQL 语句删除该 id 在数据库中的全部记录。

```php
<?php
include("config.php");
require_once('book_check.php');
$SQL = "DELETE FROM info_books where id='".$_GET['id']."'";
$arry=mysqli_query($link,$SQL);
if($arry){
    echo "<script> alert('删除成功');location='book_list.php';</script>";
}
else
    echo "删除失败";
?>
```

接下来看一下"修改"功能的实现。实现的流程如图 20-15 所示。

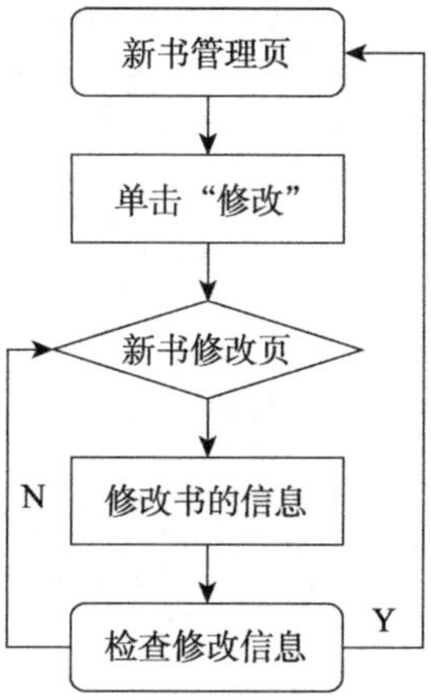

获取需要修改书籍的 id，通过 SQL 语句中的 select 查询数据库中此条 id 的所有信息，再通过 SQL 语句中的 UPDATE 修改此条 id 的信息。

```php
<?php
$sql="select * from info_books where id='".$_GET['id']."'";
$arr=mysqli_query($link,$sql);
$rows=mysqli_fetch_row($arr);
//mysqli_fetch_row() 函数从结果集中取得一行，并作为枚举数组返回。一
条一条获取，输出结果为$rows[0],$rows[1],$rows[2]...
?>
<?php
if(@$_POST['action']=="modify"){
    $sqlstr = "update info_books set name = '".$_POST['name']."',
price = '".$_POST['price']."', uploadtime = '".$_POST['uptime']."', type = '".$_POST['type']."',
total = '".$_POST['total']."' where id='".$_GET['id']."'";
    $arry=mysqli_query($link,$sqlstr);
    if ($arry){
        echo "<script> alert('修改成功');location='book_list.php';</script>";
    }
    else{
        echo "<script>alert('修改失败');history.go(-1);</script>";
    }
}
?>
```

图 20-15　验证修改信息的流程

给 from 表单添加一个 onSubmit 单击事件。

```html
<form id="myform" name="myform" method="post" action="" onSubmit="return myform_Validator
(this)">
```

通过 onSubmit 单击事件，用 JavaScript 判断修改书籍信息时不能让每项修改的信息为空。

```javascript
<script >
    function myform_Validator(theForm) {
        if (theForm.name.value == "") {
            alert("请输入书名。");
            theForm.name.focus();
            return (false);
```

```
            }
            if (theForm.price.value == "") {
                alert("请输入书名价格。");
                theForm.price.focus();
                return (false);
            }
            if (theForm.type.value == "") {
                alert("请输入书名所属类别。");
                theForm.type.focus();
                return (false);
            }
            return (true);
        }
    </script>
```

20.2.14　新书添加页面

在左侧功能模块中，有一个"新书入库"的功能，如图 20-16 所示，管理员可以通过此页面向管理系统中添加新书。单击"新书入库"链接，页面将跳转到新书添加页面（add_book.php），如图 20-17 所示。

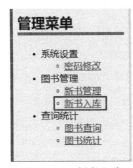

图 20-16　新书入库

图 20-17　新书添加页面

新书添加页面与新书管理的"修改"功能页面布局类似。创建 from 表单，内部使用 table 表格布局，内容包括书名、价格、日期、所属类别、入库总量。

```
    <form id="myform" name="myform" method="post" action="" onsubmit="return myform_Validator
(this)">
        <table width="100%" height="173" border="0" align="center" cellpadding="5" cellspacing="1"
bgcolor="#ffffff">
        <tr>
            <td colspan="2" align="left"  style="border-bottom: 5px solid #BBFFFF"> 后台管
理 &gt;&gt; 新书入库</td>
        </tr>
        <tr>
            <td width="31%" align="right">书名: </td>
            <td width="69%">
                <input name="name" type="text" id="name" size="15" maxlength="30" />
            </td>
        </tr>
        <tr>
            <td align="right">价格: </td>
            <td>
                <input name="price" type="text" id="price" size="5" maxlength="15" />
            </td>
        </tr>
        <tr>
            <td align="right">日期: </td>
```

```
          <td>
              <input name="uptime" type="text" id="uptime" value="<?php echo date("Y-m-d
h:i:s"); ?>" />
          </td>
      </tr>
      <tr>
          <td align="right">所属类别: </td>
          <td>
              <input name="type" type="text" id="type" size="6" maxlength="19" />
          </td>
      </tr>
      <tr>
          <td align="right" style="border-bottom: 5px solid #BBFFFF">入库总量: </td>
          <td style="border-bottom: 5px solid #BBFFFF"><input name="total" type="text"
id="total" size="5" maxlength="15" />
              本</td>
      </tr>
      <tr>
          <td align="right">
              <input type="hidden" name="action" value="insert">
              <input type="submit" name="button" id="button" value="提交" />
          </td>
          <td>
              <input type="reset" name="button2" id="button2" value="重置" />
          </td>
      </tr>
  </table>
</form>
```

这里的日期是自动生成的当前时间，使用 date 函数，date("Y-m-d h:i:s")生成当前的日期时间。

```
<input name="uptime" type="text" id="uptime" value="<?php echo date("Y-m-d h:i:s"); ?>" />
```

20.2.15 新书添加功能的实现

本节实现图书后台管理系统的新书添加功能。

在 form 表单中添加数据，单击提交按键，将添加的数据通过 SQL 语句 INSERT INTO 增加到数据库中。实现的流程如图 20-18 所示。

使用表单提交一个变量名为 action，值为 insert 的参数。

```
<td align="right">
  <input type="hidden" name="action" value="insert">
  <input type="submit" name="button" id="button" value="提交" />
</td>
```

使用$_POST 方式获取 insert 值，然后使用 SQL 语句 INSERT INTO 将新书的信息增加到数据库中。

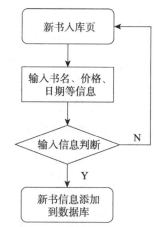

图 20-18　新书添加功能的实现流程

```
<?php
if(@$_POST['action']=="insert"){
    $SQL = "INSERT INTO info_books (name,price,uploadtime,type,total,leave_number)
values('".$_POST['name']."','".$_POST['price']."','".$_POST['uptime']."','".$_POST['type']."
','".$_POST['total']."','".$_POST['total']."')";
    $arr=mysqli_query($link,$SQL);
    if ($arr){
        echo "<script language=javascript>alert('添加成功! ');window.location='add_book.php'
</script>";
    }
    else{
        echo "<script>alert('添加失败');history.go(-1);</script>";
```

```
    }
}
?>
```

还需要给 from 表单添加一个 onSubmit 单击事件。

```
<form id="myform" name="myform" method="post" action="" onsubmit="return myform_Validator(this)">
```

通过 onSubmit 单击事件，用 JavaScript 判断增加书籍信息时不能让每项添加的信息为空。

```
<script>
        function myform_Validator(theForm) {
            if (theForm.name.value == "") {
                alert("请输入书名。");
                theForm.name.focus();
                return (false);
            }
            if (theForm.price.value == "") {
                alert("请输入书名价格。");
                theForm.price.focus();
                return (false);
            }
            if (theForm.type.value == "") {
                alert("请输入书名所属类别。");
                theForm.type.focus();
                return (false);
            }
            return (true);
        }
    </script>
```

20.2.16　图书查询页面

本节创建左侧模块查询统计中的图书查询页面，如图 20-19 所示。在该页面中，可以选择图书 ID、书名、价格、入库时间和图书类别等，通过填写的图书信息查询出相应的书籍，并在页面中展示。例如，要查询图书名称中含有 PHP 的数据，结果如图 20-20 所示。

图 20-19　图书查询页面

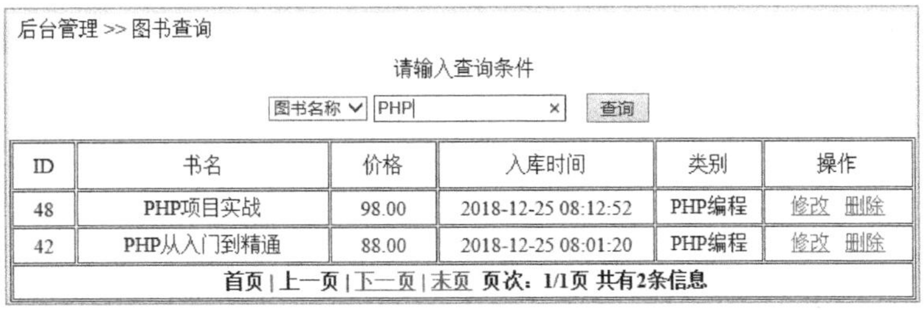

ID	书名	价格	入库时间	类别	操作
48	PHP项目实战	98.00	2018-12-25 08:12:52	PHP编程	修改 删除
42	PHP从入门到精通	88.00	2018-12-25 08:01:20	PHP编程	修改 删除

首页|上一页|下一页|末页 页次：1/1页 共有2条信息

图 20-20　查询结果

查询文本框内容使用<form>表单，外面使用<table>表格布局，并加入<select><option>选择框。展示页面使用一个<table>表格布局。

```
<table width="100%" border="0" align="center" cellpadding="2" cellspacing="1" bgcolor="#ffffff">
    <tr>
```

```
            <td width="80%" height="27" valign="top" bgcolor="#FFFFFF"> 后台管理 &gt;&gt; 
图书查询</td>
        <tr>
            <td height="27" valign="top" bgcolor="#FFFFFF">
                <form id="form1" name="form1" method="post" action="" style="margin:0px; padding:0px;">
                    <table width="45%" height="42" border="0" align="center" cellpadding="0"
cellspacing="0">
                        <caption>请输入查询条件</caption>
                        <tr>
                            <td width="36%" align="center">
                                <select name="seltype" id="seltype">
                                    <option value="id">图书 ID</option>
                                    <option value="name">图书书名</option>
                                    <option value="price">图书价格</option>
                                    <option value="time">入库时间</option>
                                    <option value="type">图书类别</option>
                                </select>
                            </td>
                            <td width="31%" align="center">
                                <input type="text" name="coun" id="coun" />
                            </td>
                            <td width="33%" align="center">
                                <input type="submit" name="button" id="button" value="查询" />
                            </td>
                        </tr>
                    </table>
                </form>
            </td>
        </tr>
</table>
<table width="100%" border="1" align="center" cellpadding="0" cellspacing="1" bgcolor="#ffffff">
    <tr>
        <td width="7%" height="35" align="center" bgcolor="#FFFFFF">ID</td>
        <td width="28%" align="center" bgcolor="#FFFFFF">书名</td>
        <td width="12%" align="center" bgcolor="#FFFFFF">价格</td>
        <td width="24%" align="center" bgcolor="#FFFFFF">入库时间</td>
        <td width="12%" align="center" bgcolor="#FFFFFF">类别</td>
        <td width="24%" align="center" bgcolor="#FFFFFF">操作</td>
    </tr>
</table>
```

20.2.17 图书查询功能的实现

前面已经实现图书后台管理系统新书管理分页的功能，查询的分页功能与前面讲的基本相同。本节主要讲解查询功能，并将查询功能增加进分页功能中。

使用 SQL LIKE 操作符在 WHERE 子句中搜索列中的指定模式。通过选择类型，输入查询的字段查询图书信息。

```php
<?php
$SQL = "SELECT * FROM info_books where ".$_POST['seltype']." like ('%".$_POST['coun']."%')";
?>
还要把选择类型、查询输入字段加入到每页显示的数据中
<?php
$SQL = "SELECT * FROM info_books where ".$_POST['seltype']." like ('%".$_POST['coun']."%') order
by id desc limit $startno,$pagesize";
?>
```

最后，把数据库查询的数据通过 while 语句循环出来。

```php
<?php while(@$rows=mysqli_fetch_assoc($rs)) { ?>
    <tr align="center">
        <td width="7%"><?php echo $rows["id"]?></td>
        <td width="28%" height="26"><?php echo $rows["name"]?></td>
        <td width="12%" height="26"><?php echo $rows["price"]?></td>
        <td width="24%" height="26"><?php echo $rows["uploadtime"]?></td>
        <td width="12%" height="26"><?php echo $rows["type"]?></td>
        <td width="24%">
            <a href="update_book.php?id=<?php echo $rows['id'] ?>">修改</a>  
            <a href="del_book.php?id=<?php echo $rows['id'] ?>">删除</a>
        </td>
    </tr>
<?php } ?>
```

底部显示的首页、上一页、下一页、末页功能基本与前面的新书管理分页功能类似。

```php
<tr>
    <th height="25" colspan="6" align="center">
        <?php if($pageno==1) { ?>
        首页 | 上一页 | <a href="?pageno=<?php echo $pageno+1?>">下一页</a> |
        <a href="?pageno=<?php echo $_POST['seltype']?>">末页</a>
        <?php } else if($pageno==$pagecount) { ?>
        <a href="?pageno=1">首页</a> | <a href="?pageno=<?php echo $pageno-1?>">上一页</a>
| 下一页 | 末页

        <?php } else { ?>
        <a href="?pageno=1">首页</a> | <a href="?pageno=<?php echo $pageno-1?>">上一页</a> |
        <a href="?pageno=<?php echo $pageno+1?>">下一页</a> |
        <a href="?pageno=<?php echo $pagecount?>">末页</a>
        <?php } ?>
         页次: <?php echo $pageno ?>/<?php echo $pagecount ?>页  共有<?php echo
$recordcount?>条信息 </th>
    </tr>
```

20.2.18　图书统计功能的实现

本节创建菜单管理栏中 "图书统计" 功能页面。通过此页面对所有图书进行分类统计, 结果如图 20-21 所示。

该页面主要使用<table>表格布局, 代码如下:

后台管理 >> 图书统计	
图书类别	库内图书
C#编程	本类目共有: 1 种
C++编程	本类目共有: 1 种
C语言编程	本类目共有: 1 种
Java编程	本类目共有: 1 种
PHP编程	本类目共有: 2 种
Web网页	本类目共有: 1 种
前端开发	本类目共有: 1 种
前端框架	本类目共有: 2 种
数据库	本类目共有: 1 种

图 20-21　图书统计

```php
<table width="100%" border="0" align="center"
cellpadding="0" cellspacing="1" bgcolor=" #BBFFFF">
    <tr>
        <td height="27" colspan="2" align="left"
bgcolor="#FFFFFF"> 后台管理 &gt;&gt;  
图书统计</td>
    </tr>
    <tr>
        <td align="center" bgcolor="#FFFFFF"
height="27">图书类别</td>
        <td align="center" bgcolor="#FFFFFF">库内图书</td>
    </tr>
</table>
```

内容是通过 SQL 语句查询显示, 这里使用 count(*)函数返回表中的记录数。使用 GROUP BY 语句结合合计函数, 根据一个或多个列对结果集进行分组（使用 group by 对 type 进行分组）。

```php
<?php
$SQL = "SELECT type, count(*) FROM yx_books group by type";
?>
最后使用 while 循环出数据库中查询的数据
```

```php
<?php
$SQL = "SELECT type, count(*) FROM yx_books group by type";
$val=mysqli_query($link,$sql);
while($arr=mysqli_fetch_row($val)){
    echo "<tr height='30'>";
    echo "<td align='center' bgcolor='#FFFFFF'>".$arr[0]."</td>";
    echo "<td align='center' bgcolor='#FFFFFF'>本类目共有: ".$arr[1]." 种</td>";
    echo "</tr>";
}
?>
```

20.3　图书管理系统文件展示

本节主要总结前面介绍的内容，并组合成完整的文件。

20.3.1　系统登录页面

创建一个 login.php 文件，用来编写完整的登录功能代码，然后引入数据库公共文件 config.php。

```php
<?php
require_once("config.php"); //引入数据库文件
?>
<?php
if(@$_POST["Submit"]) {
    $username=$_POST["username"];
    $pwd=$_POST["pwd"];
    $code=$_POST["code"];
    if($code<>$_SESSION["auth"]) {
        echo "<script language=javascript>alert('验证码不正确！');window.location='login.php'</script>";
        ?>
        <?php
        die();
    }
    $SQL ="SELECT * FROM admin where username='$username' and password='$pwd'";
    $rs=mysqli_query($link,$SQL);
    if(mysqli_num_rows($rs)==1) {
        $_SESSION["pwd"]=$_POST["pwd"];
        $_SESSION["admin"]=session_id();
        echo "<script language=javascript>alert('登录成功！');window.location='admin_index.php'</script>";
    }
    else {
        echo "<script language=javascript>alert('用户名或密码错误！');window.location='login.php'</script>";
        ?>
        <?php
        die();
    }
}
?>
<?php
if(@$_GET['tj'] == 'out'){
    session_destroy();
    echo "<script language=javascript>alert('退出成功！');window.location='login.php'</script>";
}
?>
```

```html
<!DOCTYPE html>
<html>
<head>
    <meta http-equiv="Content-Type" content="text/html; charset=utf-8" />
    <title>图书后台管理系统登录功能</title>
    <style>
        .out_box{
            width: 960px;
            height: 100px;
            text-align: center;
        }
        .big_box{
            width: 960px;
            height: 440px;
            margin: auto;
            background: #ffffff;
            border-bottom: 3px solid red;
        }
        .left_box{
            float: left;
            width: 480px;
            background: #BBFFFF;
        }
        .right_box{
            float: right;
            background-color: #ffffff;
            width: 480px;
            text-align: center;
        }
        table{
            margin: auto;
            margin-top: 45px;
        }
        h2{
            margin-top: 80px;
        }
        .iput{
            width: 200px;
            height: 22px;
        }
        .iput1{
            width: 80px;
            height: 25px;
            color: white;
            background-color: blue;
        }
        .iput2{
            width: 80px;
            height: 25px;
            color: white;
            background-color: lightseagreen;
        }
    </style>
</head>
<body style="background-color:#BBFFFF ">
    <div class="out_box"><h1>图书管理后台登录</h1></div>
    <div class="big_box">
        <div class="left_box"><img src="images/b.jpg" alt=""></div>
        <div class="right_box">
            <h2>管理员登录</h2>
            <form name="frm" method="post" action="" onSubmit="return check()">
                <table>
                    <tr><td width="">
                        <label>用户名: <input type="text" name="username" id="username" class="iput"/></label>
```

```
        </td></tr>
            <tr><td>
                <label>密  码：<input type="password" name="pwd" id="pwd" class="iput"/>
</label>
            </td></tr>
            <tr><td>
                <label>验证码：<input name="code" type="text" id="code" maxlength="4"
class="iput"/></label>
            </td></tr>
            <tr><td align="center">
                <img src="verify.php" style="vertical-align:middle" />
            </td></tr>
            <tr><td align="center">
                <input type="submit" name="Submit" value="登录" class="iput1">
                    
                <input type="reset" name="Submit" value="重置" class="iput2">
            </td></tr>
        </table>
    </form>
  </div>
 </div>
</body>
</html>
```

20.3.2 系统内容页面

首先把前面的 book_left 页面和 book_right 页面通过代码整合，组合成名称为 book_center.php 的文件。

```
<html>
<head>
    <meta http-equiv="Content-Type" content="text/html; charset=utf-8" />
    <title>PHP 图书管理系统内容页</title>
    <style type="text/css">
        body {
            overflow:hidden;
        }
    </style>
</head>
<body>
<table width="100%" height="100%" border="0" cellspacing="0" cellpadding="0" bgcolor="#BBFFFF">
    <tr>
        <td width="8" bgcolor="#353c44"> </td>
        <td width="200" valign="top">
            <iframe height="100%" width="100%" border="0" frameborder="0" src="book_left.php"
name="leftFrame" id="leftFrame" title="leftFrame">
            </iframe>
        </td>
        <td width="10" bgcolor="#add2da"> </td>
        <td valign="top">
            <iframe height="100%" width="100%" border="0" frameborder="0" src="book_right.php"
name="rightFrame" id="rightFrame" title="rightFrame">
            </iframe>
        </td>
        <td width="8" bgcolor="#353c44"> </td>
    </tr>
</table>
</body>
</html>
```

然后创建 admin_index.php 文件，作为管理中新页面。在该页面中使用<iframe>标签，iframe 元素会创建包含另外一个文档的内联框架（即行内框架）。通过<iframe>把不同的几个页面联系起来，在 admin_index.php 页面展示。

通过在 HTML 代码中使用 include_once 引入 book_top.php 文件和 book_center.php 文件，组合成登录后跳转的管理主页面（admin_index.php 文件）。

```
<!DOCTYPE html>
<html>
<head>
    <title>管理中心</title>
    <meta http-equiv="Content-Type" content="text/html;charset=utf-8">
</head>
<body style="margin: 0; padding: 0;background-color: #008B8B">
<div>
    <?php include_once("book_top.php");?>
</div>
<div style="height: 500px;margin-top: 30px;">
    <?php include_once("book_center.php");?>
</div>
</body>
</html>
```

提示：include_once 语句在脚本执行期间包含并运行指定文件。include_once 和 include 语句类似，唯一区别是如果该文件中已经被包含过，则不会再次包含。

20.3.3　系统修改密码功能页面

创建一个判断管理员是否登录的页面 book_check.php 文件。

```
<?php
require_once("config.php");  //引入数据库文件
if($_SESSION["admin"]=="") {
    echo "<script language=javascript>alert('请重新登录！');window.location='login.php'</script>";
}
?>
```

require_once 语句和 require 语句基本相同，唯一区别是 PHP 会检查该文件是否已经被包含过，如果包含过则不会再次包含。

下面是管理员修改登录密码 pwd.php 页面的完整代码。

```
<?php
include("config.php");
require_once('book_check.php');
//引入判断管理员是否登录文件
?>
<html>
<head>
    <meta http-equiv="Content-Type" content="text/html; charset=utf-8">
    <title>管理员密码修改</title>
</head>
<body>
<?php
$password = $_SESSION["pwd"];
$SQL = "SELECT * FROM admin where password='$password'";
$rs = mysqli_query($link,$SQL);
$rows = mysqli_fetch_assoc($rs);
$submit = isset($_POST["Submit"])?$_POST["Submit"]:"";
if($submit) {
    if($rows["password"]==$_POST["password"]) {
        $password2=$_POST["password2"];
        $SQL = "UPDATE admin SET password='$password2' where id=2";
        mysqli_query($link,$SQL);
        echo  "<script>alert('修改成功,请重新进行登录！');parent.location.href='login.php'
</script>";
```

```
            exit();
        } else
            ?>
        <?php { ?>
        <script>
            alert("原始密码不正确,请重新输入")
            //location.href="li_pwd.php";
        </script>
        <?php
    }
}
?>
    <table cellpadding="5" cellspacing="1" border="0" width="100%" align=center bgcolor="#FFFFFF">
        <form name="renpassword" method="post" action="">
            <tr>
                <th height=40 colspan=4 align="left" style="border-bottom: 5px solid #BBFFFF">更改
管理密码</th>
            </tr>
            <tr>
                <td width="40%" align="right">用户名: </td>
                <td width="60%"><?php echo $rows["username"] ?></td>
            </tr>
            <tr>
                <td align="right">原密码: </td>
                <td><input name="password" type="password" id="password" size="20"></td>
            </tr>
            <tr>
                <td align="right">新密码: </td>
                <td><input name="password1" type="password" id="password1" size="20"></td>
            </tr>
            <tr>
                <td align="right" style="border-bottom: 5px solid #BBFFFF">确认密码: </td>
                <td style="border-bottom: 5px solid #BBFFFF"><input  name="password2" type="password"
id="password2" size="20"></td>
            </tr>
            <tr>
                <td colspan="2" align="center">
                    <input class="button" onClick="return check();" type="submit" name="Submit" value=
"确定更改">
                </td>
            </tr>
        </form>
    </table>
    </body>
    </html>
    <script type="text/javascript">
        function checkspace(checkstr) {
            var str = '';
            for(i = 0; i < checkstr.length; i++) {
                str = str + ' ';
            }
            return (str == checkstr);
        }
        function check()
        {
            if(checkspace(document.renpassword.password.value)) {
                document.renpassword.password.focus();
                alert("原密码不能为空! ");
                return false;
            }
            if(checkspace(document.renpassword.password1.value)) {
                document.renpassword.password1.focus();
                alert("新密码不能为空! ");
```

```
            return false;
        }
        if(checkspace(document.renpassword.password2.value)) {
            document.renpassword.password2.focus();
            alert("确认密码不能为空！");
            return false;
        }
        if(document.renpassword.password1.value != document.renpassword.password2.value) {
            document.renpassword.password1.focus();
            document.renpassword.password1.value = '';
            document.renpassword.password2.value = '';
            alert("新密码与确认密码不相同，请重新输入");
            return false;
        }
        document.admininfo.submit();
    }
</script>
```

20.3.4　系统新书管理页面

本节是图书后台管理系统新书管理的完整功能页面代码。首选创建 book_list.php 文件，然后引入数据库文件 config.php 文件和判断管理员是否登录的 book_check.php 文件。

```php
<?php
include("config.php");
require_once('book_check.php');
?>
<html>
<head>
    <meta http-equiv="Content-Type" content="text/html; charset=utf-8" />
    <title>新书管理功能页</title>
</head>
<body>
<?php
$pagesize = 8;                                      //每页显示数
$sql = "select * from info_books";
$rs = mysqli_query($link,$sql);
$recordcount = mysqli_num_rows($rs);
//mysql_num_rows() 返回结果集中行的数目。此命令仅对 SELECT 语句有效
$pagecount = ($recordcount-1)/$pagesize+1;          //计算总页数
$pagecount = (int)$pagecount;
@$pageno = $_GET["pageno"];                          //获取当前页
if($pageno == "") {
    $pageno=1;                                      //当前页为空时显示第一页
}
if($pageno<1) {
    $pageno=1;                                      //当前页小于第一页时显示第一页
}
if($pageno>$pagecount) {                             //当前页数大于总页数时显示总页数
    $pageno=$pagecount;
}
$startno=($pageno-1)*$pagesize;                      //每页从第几条数据开始显示
$sql="select * from info_books order by id desc limit $startno,$pagesize";
$rs=mysqli_query($link,$sql);
?>
<table width="95%" border="1" align="center" cellpadding="0" cellspacing="1" bgcolor="#FFFFFF" >
    <tr>
        <td height="27" colspan="7" align="left" bgcolor="#FFFFFF"> 后台管理 &gt;&gt;
 新书管理</td>
    </tr>
```

```
        <tr>
            <td width="6%" height="35" align="center" bgcolor="#BBFFFF">ID</td>
            <td width="25%" align="center" bgcolor="#BBFFFF">书名</td>
            <td width="11%" align="center" bgcolor="#BBFFFF">价格</td>
            <td width="16%" align="center" bgcolor="#BBFFFF">入库时间</td>
            <td width="11%" align="center" bgcolor="#BBFFFF">类别</td>
            <td width="11%" align="center" bgcolor="#BBFFFF">入库总量</td>
            <td width="20%" align="center" bgcolor="#BBFFFF">操作</td>
        </tr>
        <?php
        while($rows=mysqli_fetch_assoc($rs)) {
            ?>
            <tr align="center">
                <td width="6%"><?php echo $rows["id"]?></td>
                <td width="25%" height="26"><?php echo $rows["name"]?></td>
                <td width="11%" height="26"><?php echo $rows["price"]?></td>
                <td width="16%" height="26"><?php echo $rows["uploadtime"]?></td>
                <td width="11%" height="26"><?php echo $rows["type"]?></td>
                <td width="11%" height="26"><?php echo $rows["total"]?></td>
                <td width="20%">
                    <a href="update_book.php?id=<?php echo $rows['id'] ?>">修改</a>  
                    <a href="del_book.php?id=<?php echo $rows['id'] ?>">删除</a>
                </td>
            </tr>
            <?php } ?>
        <tr>
            <th height="25" colspan="7" align="center">
                <?php if($pageno==1) { ?>
                    首页 | 上一页 | <a href="?pageno=<?php echo $pageno+1 ?> & id=<?php echo @$id ?>">
下一页</a> |
                    <a href="?pageno=<?php echo $pagecount ?> & id=<?php echo @$id ?>">末页</a>
                <?php } else if($pageno==$pagecount) { ?>
                    <a href="?pageno=1&id=<?php echo @$id ?>">首页</a> |
                    <a href="?pageno=<?php echo $pageno-1 ?>&id=<?php echo @$id ?>">上一页</a> | 下一
页 | 末页
                <?php } else { ?>
                    <a href="?pageno=1&id=<?php echo @$id?>">首页</a> |
                    <a href="?pageno=<?php echo $pageno-1?>&id=<?php echo @$id?>">上一页</a> |
                    <a href="?pageno=<?php echo $pageno+1?>&id=<?php echo @$id?>" >下一页</a> |
                    <a href="?pageno=<?php echo $pagecount?>&id=<?php echo @$id?>">末页</a>
                <?php } ?>
                 页次: <?php echo $pageno ?>/<?php echo $pagecount ?>页  共有<?php echo
$recordcount?>条信息
            </th>
        </tr>
    </table>
    </body>
    </html>
```

20.3.5 系统新书管理中修改和删除功能

在系统新书管理页面中单击"修改"和"删除"链接时，将分别跳转到 update_book.php 和 del_book.php 文件。

在这两个页面中首先引入数据库文件 config.php 文件和判断管理员是否登录的 book_check.php 文件。

删除功能——del_book.php 文件完整代码：

```
<?php
```

```
include("config.php");
require_once('book_check.php');
$SQL = "DELETE FROM info_books where id='".$_GET['id']."'";
$arry=mysqli_query($link,$SQL);
if($arry){
    echo "<script> alert('删除成功');location='book_list.php';</script>";
}
else
    echo "删除失败";
?>
```

修改功能——update_book.php 文件完整代码：

```
<?php
include("config.php");
require_once('book_check.php');
?>
<html>
<head>
    <meta http-equiv="Content-Type" content="text/html; charset=utf-8" />
    <title>图书管理系统新书修改</title>
    <script type="text/javascript">
        function myform_Validator(theForm) {
            if (theForm.name.value == "") {
                alert("请输入书名。");
                theForm.name.focus();
                return (false);
            }
            if (theForm.price.value == "") {
                alert("请输入书名价格。");
                theForm.price.focus();
                return (false);
            }
            if (theForm.type.value == "") {
                alert("请输入书名所属类别。");
                theForm.type.focus();
                return (false);
            }
            return (true);
        }
    </script>
</head>
<?php
$sql="select * from info_books where id='".$_GET['id']."'";
$arr=mysqli_query($link,$sql);
$rows=mysqli_fetch_row($arr);
//mysqli_fetch_row() 函数从结果集中取得一行，并作为枚举数组返回。一条一条获取，输出结果为
$rows[0],$rows[1],$rows[2]...
?>
<?php
if(@$_POST['action']=="modify"){
    $sqlstr = "update info_books set name = '".$_POST['name']."', price = '".$_POST['price']."',
uploadtime = '".$_POST['uptime']."', type = '".$_POST['type']."', total = '".$_POST['total']."' where
id='".$_GET['id']."'";
    $arry=mysqli_query($link,$sqlstr);
    if ($arry){
        echo "<script> alert('修改成功');location='book_list.php';</script>";
    }
    else{
        echo "<script>alert('修改失败');history.go(-1);</script>";
    }
}
?>
<body>
```

```
        <form id="myform" name="myform" method="post" action="" onSubmit="return myform_Validator
(this)">
            <table width="100%" height="173" border="0" align="center" cellpadding="5" cellspacing="1"
bgcolor="#ffffff">
                <tr>
                    <td colspan="2" align="left" style="border-bottom: 5px solid #BBFFFF"> 后台管理
 &gt;&gt; 新书修改</td>
                </tr>
                <tr>
                    <td width="31%" align="right">书名: </td>
                    <td width="69%">
                        <input name="name" type="text" id="name" value="<?php echo $rows[1] ?>" size="15"
maxlength="30" />
                    </td>
                </tr>
                <tr>
                    <td align="right">价格: </td>
                    <td>
                        <input name="price" type="text" id="price" value="<?php echo   $rows[2]; ?>"
size="5" maxlength="15" />
                    </td>
                </tr>
                <tr>
                    <td align="right">入库时间: </td>
                    <td>
                        <label>
                            <input name="uptime" type="text" id="uptime" value="<?php echo $rows[3] ; ?>"
size="17" />
                        </label>
                    </td>
                </tr>
                <tr>
                    <td align="right">所属类别: </td>
                    <td><label>
                            <input name="type" type="text" id="type" value="<?php echo $rows[4]; ?>"
size="6" maxlength="19" />
                        </label></td>
                </tr>
                <tr>
                    <td align="right" style="border-bottom: 5px solid #BBFFFF">入库总量: </td>
                    <td style="border-bottom: 5px solid #BBFFFF"><input name="total" type="text"
id="total" value="<?php echo $rows[5]; ?>" size="5" maxlength="15" />
                        本</td>
                </tr>
                <tr>
                    <td align="right">
                        <input type="hidden" name="action" value="modify">
                        <input type="submit" name="button" id="button" value="提交"/></td>
                    <td>
                        <input type="reset" name="button2" id="button2" value="重置"/></td>
                </tr>
            </table>
        </form>
    </body>
</html>
```

20.3.6   系统新书入库页面

创建 add_book.php 文件，接着引入数据库文件 config.php 文件和判断管理员是否登录的 bool_check.php
文件。

```php
<?php
include("config.php");
require_once('book_check.php');
?>
<!DOCTYPE html>
<html>
<head>
    <meta http-equiv="Content-Type" content="text/html; charset=utf-8" />
    <title>新书入库</title>
    <script type="text/javascript">
        function myform_Validator(theForm){
            if(theForm.name.value == ""){
                alert("请输入书名。");
                theForm.name.focus();
                return (false);
            }
            if(theForm.price.value == ""){
                alert("请输入书名价格。");
                theForm.price.focus();
                return (false);
            }
            if(theForm.type.value == ""){
                alert("请输入书名所属类别。");
                theForm.type.focus();
                return (false);
            }
            return (true);
        }
    </script>
</head>
<?php
if(@$_POST['action']=="insert"){
    $SQL = "INSERT INTO info_books (name,price,uploadtime,type,total,leave_number)

values('".$_POST['name']."','".$_POST['price']."','".$_POST['uptime']."','".$_POST['type']."','"
.$_POST['total']."','".$_POST['total']."')";
    $arr=mysqli_query($link,$SQL);
    if ($arr){
        echo "<script language=javascript>alert('添加成功！');window.location='add_book.php'
</script>";
    }
    else{
        echo "<script>alert('添加失败');history.go(-1);</script>";
    }
}
?>
<body>
<form id="myform" name="myform" method="post" action="" onsubmit="return myform_Validator
(this)">
    <table width="100%" height="173" border="0" align="center" cellpadding="5" cellspacing="1"
bgcolor="#ffffff">
        <tr>
            <td colspan="2" align="left"  style="border-bottom: 5px solid #BBFFFF"> 后台管
理 &gt;&gt; 新书入库</td>
        </tr>
        <tr>
            <td width="31%" align="right">书名：</td>
            <td width="69%">
                <input name="name" type="text" id="name" size="15" maxlength="30" />
            </td>
        </tr>
        <tr>
```

```
                    <td align="right">价格: </td>
                    <td>
                        <input name="price" type="text" id="price" size="5" maxlength="15" />
                    </td>
                </tr>
                <tr>
                    <td align="right">日期: </td>
                    <td>
                        <input name="uptime" type="text" id="uptime" value="<?php echo date("Y-m-d
h:i:s"); ?>" />
                    </td>
                </tr>
                <tr>
                    <td align="right">所属类别: </td>
                    <td>
                        <input name="type" type="text" id="type" size="6" maxlength="19" />
                    </td>
                </tr>
                <tr>
                    <td align="right" style="border-bottom: 5px solid #BBFFFF">入库总量: </td>
                    <td style="border-bottom: 5px solid #BBFFFF"><input name="total" type="text"
id="total" size="5" maxlength="15" />
                        本</td>
                </tr>
                <tr>
                    <td align="right">
                        <input type="hidden" name="action" value="insert">
                        <input type="submit" name="button" id="button" value="提交" />
                    </td>
                    <td>
                        <input type="reset" name="button2" id="button2" value="重置" />
                    </td>
                </tr>
            </table>
        </form>
    </body>
</html>
```

20.3.7　系统图书查询页面

创建 select_book.php 文件，然后引入数据库文件 config.php 文件和判断管理员是否登录的 book_check.php 文件。

```
<?php
include("config.php");
require_once('book_check.php');
?>
<!DOCTYPE html>
<html>
<head>
    <meta http-equiv="Content-Type" content="text/html; charset=utf-8" />
    <title>图书查询</title>
</head>
<body>
<table width="100%" border="0" align="center" cellpadding="2" cellspacing="1" bgcolor=" #ffffff">
    <tr>
        <td width="80%" height="27" valign="top" bgcolor="#FFFFFF"> 后台管理  &gt;
&gt; 图书查询</td>
    <tr>
        <td height="27" valign="top" bgcolor="#FFFFFF">
```

```
                <form id="form1" name="form1" method="post" action="" style="margin:0px; padding:0px;">
                    <table width="45%" height="42" border="0" align="center" cellpadding="0" cellspacing=
"0">
                        <caption>请输入查询条件</caption>
                        <tr>
                            <td width="36%" align="center">
                                <select name="seltype" id="seltype">
                                    <option value="id">图书序号</option>
                                    <option value="name">图书名称</option>
                                    <option value="price">图书价格</option>
                                    <option value="time">入库时间</option>
                                    <option value="type">图书类别</option>
                                </select>
                            </td>
                            <td width="31%" align="center">
                                <input type="text" name="coun" id="coun" />
                            </td>
                            <td width="33%" align="center">
                                <input type="submit" name="button" id="button" value="查询" />
                            </td>
                        </tr>
                    </table>
                </form>
            </td>
        </tr>
    </table>
    <table width="100%" border="1" align="center" cellpadding="0" cellspacing="1" bgcolor="#ffffff">
        <tr>
            <td width="7%" height="35" align="center" bgcolor="#FFFFFF">ID</td>
            <td width="28%" align="center" bgcolor="#FFFFFF">书名</td>
            <td width="12%" align="center" bgcolor="#FFFFFF">价格</td>
            <td width="24%" align="center" bgcolor="#FFFFFF">入库时间</td>
            <td width="12%" align="center" bgcolor="#FFFFFF">类别</td>
            <td width="24%" align="center" bgcolor="#FFFFFF">操作</td>
        </tr>
        <?php
        $pagesize = 8;  //每页显示数
        @$sql = "select * from info_books where ".$_POST['seltype']." like ('%".$_POST['coun']."%')";
        $rs=mysqli_query($link,$sql) or die("");
        $recordcount=mysqli_num_rows($rs);
        //mysql_num_rows() 返回结果集中行的数目。此命令仅对 SELECT 语句有效
        $pagecount=($recordcount-1)/$pagesize+1;             //计算总页数
        $pagecount=(int)$pagecount;
        @$pageno = $_GET["pageno"];                          //获取当前页
        if($pageno=="") {
            $pageno=1;                                       //当前页为空时显示第一页
        }
        if($pageno<1) {
            $pageno=1;                                       //当前页小于第一页时显示第一页
        }
        if($pageno>$pagecount) {
            $pageno=$pagecount;                              //当前页数大于总页数时显示总页数
        }
        $startno=($pageno-1)*$pagesize;                      //每页从第几条数据开始显示
        $sql="select * from info_books where ".$_POST['seltype']." like ('%".$_POST['coun']."%')
order by id desc limit $startno,$pagesize";
        $rs=mysqli_query($link,$sql);
        ?>
        <?php while(@$rows=mysqli_fetch_assoc($rs)) {  ?>
            <tr align="center">
```

```
            <td width="7%"><?php echo $rows["id"]?></td>
            <td width="28%" height="26"><?php echo $rows["name"]?></td>
            <td width="12%" height="26"><?php echo $rows["price"]?></td>
            <td width="24%" height="26"><?php echo $rows["uploadtime"]?></td>
            <td width="12%" height="26"><?php echo $rows["type"]?></td>
            <td width="24%">
                <a href="update_book.php?id=<?php echo $rows['id'] ?>">修改</a>  
                <a href="del_book.php?id=<?php echo $rows['id'] ?>">删除</a>
            </td>
        </tr>
    <?php } ?>
    <tr>
        <th height="25" colspan="6" align="center">
            <?php if($pageno==1) { ?>
                首页 | 上一页 | <a href="?pageno=<?php echo $pageno+1?>">下一页</a> |
                <a href="?pageno=<?php echo $_POST['seltype']?>">末页</a>
                <?php } else if($pageno==$pagecount) { ?>
                <a href="?pageno=1">首页</a> | <a href="?pageno=<?php echo $pageno-1?>">上一页</a>
| 下一页 | 末页
                <?php } else { ?>
                <a href="?pageno=1">首页</a> | <a href="?pageno=<?php echo $pageno-1?>">上一页</a>
|
                <a href="?pageno=<?php echo $pageno+1?>">下一页</a> |
                <a href="?pageno=<?php echo $pagecount?>">末页</a>
                <?php } ?>
             页次: <?php echo $pageno ?>/<?php echo $pagecount ?>页  共有<?php echo
$recordcount?>条信息 </th>
        </tr>
    </table>
    </body>
    </html>
```

在图书查询页面中的图书"修改"和"删除"功能，继续使用前面介绍的 update_book.php 修改页和 del_book.php 删除页的代码就可以了。

20.3.8 系统图书统计完整代码

创建 count.php 文件，然后引入数据库文件 config.php 文件和判断管理员是否登录的 book_check.php 文件。

```
<?php
include("config.php");
require_once('book_check.php');
?>
<html>
<head>
    <meta http-equiv="Content-Type" content="text/html; charset=utf-8" />
    <title>图书统计</title>
</head>
<body>
<table  width="100%"  border="0"  align="center"  cellpadding="0"  cellspacing="1"  bgcolor=
"#BBFFFF">
    <tr>
        <td height="27" colspan="2" align="left" bgcolor="#FFFFFF"> 后台管理  &gt;&gt;
 图书统计</td>
    </tr>
    <tr>
        <td align="center" bgcolor="#FFFFFF" height="27">图书类别</td>
        <td align="center" bgcolor="#FFFFFF">库内图书</td>
    </tr>
    <?php
```

```
$sql="select type, count(*) from info_books group by type";
$val=mysqli_query($link,$sql);
while($arr=mysqli_fetch_row($val)){
    echo "<tr height='30'>";
    echo "<td align='center' bgcolor='#FFFFFF'>".$arr[0]."</td>";
    echo "<td align='center' bgcolor='#FFFFFF'>本类目共有: ".$arr[1]." 种</td>";
    echo "</tr>";
}
?>
</table>
</body>
</html>
```

20.4 图书管理系统效果展示

介绍完整个图书管理系统,下面展示一下整体效果。

首先在 IE 浏览器中运行 login.php 文件,然后输入用户名(admin)、密码(123456)和验证码(6142),如图 20-22 所示。单击"登录"按钮,弹出如图 20-23 所示对话框,提示"登录成功"的信息。

图 20-22 登录界面

图 20-23 登录成功提示

单击"确定"按钮,页面跳转到图书后台管理中心页面,如图 20-24 所示。

图 20-24　管理中心页面

在系统的管理界面中可以完成系统设置中的密码修改、图书管理、查阅统计等操作。